摄影机器人运动学启发式算法
从入门到精通

贺京杰　刘　强　汪　苏　著

西北工业大学出版社

西安

【内容简介】 本书分 4 部分共 10 章,内容包括摄影机器人概述、摄影机器人运动学模型和标定、摄影机器人工作空间、摄影机器人关节空间显式遗传逆解算法、去冗余度摄影机器人运动学逆解、摄影机器人双冗余度物理约束空间隐式遗传逆解算法、摄影机器人双冗余自由度运动范围分析、摄影机器人双冗余度理论范围约束遗传逆解算法、摄影机器人最优逆解物理样机实现及随机生成空间坐标系的数学描述等。

本书适用于从事电影拍摄技术研究的专业人员,也可作为高等学校机器人专业、影视技术专业的本科生、硕士生以及对机器人艺术创作领域有兴趣的人员阅读参考。

本书的出版得到了北京市教育委员会科技一般项目(KM2023 1001 7001)、北京教育委员项目(2201 9821 001)和北京石油化工学院人工智能青年科学家攀等计划(AAI-2020-002,AAI-2021-008)的资助。

图书在版编目(CIP)数据

摄影机器人运动学启发式算法从入门到精通 / 贺京杰,刘强,汪苏著. —西安 : 西北工业大学出版社,2023.12

ISBN 978 - 7 - 5612 - 9105 - 4

Ⅰ. ①摄… Ⅱ. ①贺… ②刘… ③汪… Ⅲ. ①摄影-机器人-运动学 Ⅳ. ①TP242.3

中国国家版本馆 CIP 数据核字(2023)第 225726 号

SHEYING JIQIREN YUNDONGXUE QIFASHI SUANFA CONG RUMEN DAO JINGTONG
摄影机器人运动学启发式算法从入门到精通
贺京杰 刘强 汪苏 著

责任编辑:付高明		策划编辑:张 晖	
责任校对:朱晓娟		装帧设计:董晓伟	

出版发行:西北工业大学出版社
通信地址:西安市友谊西路 127 号　　　　邮编:710072
电　　话:(029)88493844,88491757
网　　址:www.nwpup.com
印 刷 者:陕西瑞升印务有限公司
开　　本:787 mm×1092 mm　　　1/16
印　　张:15
字　　数:356 千字
版　　次:2023 年 12 月第 1 版　　2023 年 12 月第 1 次印刷
书　　号:ISBN 978 - 7 - 5612 - 9105 - 4
定　　价:85.00 元

前　言

　　电影预演、动作捕捉等多种数字电影技术正在逐渐改变电影拍摄的过程。在多种数字技术成功应用到影视技术的过程中，拍摄使用的机械及自动化设备也在更新换代。本书以获得奥斯卡视觉特效奖影片所使用技术为导向，结合最新的数字特效技术的实际应用，分析机械及自动化设备在电影拍摄中的作用。在此基础上，本书分析了电影中机械及自动化设备的应用特点。通过调研和分析，可以得出，包含多种智能和自动化系统的综合型影棚将成为未来主要的拍摄场地。

　　摄影机的运动控制是电影创作过程的关键环节之一。在视觉特效需求牵引下，摄影机运动控制设备在自动化方面有了较大发展。本书从机械和控制两个角度分析了多种运动控制设备的性能和技术难点。通过分析，可以得出，虽然各种设备的自动化程度和控制方式不同，但是短期内它们均不会被替代，因此应针对不同的拍摄需求，选用适当的摄影机运动控制设备。

　　首先，摄影机器人具有拍摄轨迹精确再现功能，可将多层素材源经过数字处理制作成复合画面，形成多种类型的电影/广告视觉特效。其次，摄影机器人独有的机电特性，可完成人工无法实现的协同拍摄和复杂、高速轨迹拍摄任务。最后，摄影机器人通过预览数据与现实拍摄交互时具备的自动化和人工协作特性，可显著提升拍摄效率，节约拍摄经费。电影预演数据主要作用为通过视觉预览指导实际拍摄。借助摄影机器人，可高效利用预演系统中的轨迹信息，直接转换成现实拍摄。摄影机器人工作空间较大，但为得到稳定的、可重复的镜头拍摄运动轨迹，平衡机器人自重和结构刚度是设计难点。在对应用较广泛的现有摄影机器人进行结构分析的基础上，本书提炼出机构设计的主要参数。

　　第一部分，摄影机器人的概述及运动学模型建立和标定（第1～3章）。其目的是降低8自由度摄影机器人操作难度和缩短操作时间，以双冗余度摄影机器人运动学位置级逆解算法为研究对象。由于摄影机器人结构复杂，所以需要专业操作人员操作。示教器为主要控制方式。利用机器人运动学算法降低摄影机器人操作难度和缩短操作时间,是研究的出发点。本部分收集和整理冗余自由度机器人逆解算法方面的理论研究进展,分析现有位置级遗传逆解算法存在的缺陷。在综合考虑标定和逆解的需求下,建立 8 自由度摄影机器人的运动学模型并进行参数标定。基于运动学模型和机构运动特点,得到摄影机器人工作空间的精确边界解析表达,提出任意空间点工作空间隶属度的判定条件。

第二部分,摄影机器人运动学遗传算法的初级探索(第 4 章)。试验当前位置级关节空间遗传算法的反解方法在应用于摄影机器人时的优化效果。当前已有的关节空间冗余度机器人遗传逆解算法以末端执行器位姿误差最小为优化目标进行逆向求解。由于摄影机器人正向样本空间规模庞大,算法收敛性差,运行时间过长,所以基本找不到有效逆解。本书通过设定双参数变量得到去冗余度摄影机器人逆解;提出扩展试探法,以判定理论解的有效性。在此基础上,以各个运动轴加权运动幅度最小为优化目标,提出双冗余度物理约束隐式遗传逆解算法。该算法降低摄影机器人的解空间维度,提高有效解的质量。

第三部分,摄影机器人运动学遗传算法的高级探索(第 5～8 章)。由于冗余自由度空间大、各轴的物理运动范围限制以及初始种群的随机性,所以双冗余度物理约束隐式遗传逆解算法收敛效果不佳。依靠扩大种群规模和增加截止代数,无法有效提高收敛稳定性,很难在实际可承受时间内得到全局最优解。本书通过多种方式提高初始种群有效个体的比例,使算法稳定收敛至全局最优解,运行时间满足实际时间承受能力。基于摄影机器人工作空间分析,研究给定目标点条件下,冗余自由度的运动范围。在此基础上,依次提出多种遗传算法策略。对于 PRRPR－S 型摄影机器人,双冗余度理论有效取值范围的顺序性是遗传算法在逆解求解中的使用难点。通过设定理论有效初始种群以及配合模式搜索算法,得到可稳定收敛至全局最优解,且满足影视拍摄实际应用时间要求的逆解算法。使用时,只需在上位机中指定目标点位姿,通过逆解算法程序即可得到摄影机器人达到目标状态时的各关节目标向量。将此向量以一定格式传送至运动控制器,驱动各关节轴电机移动。摄影机器人末端执行器即可达到目标位姿。

第四部分,基于物理样机和辅助函数的算法验证(第 9～10 章)。借助便携式三坐标测量机,在自主设计研发的摄影机器人物理样机上,经过初始零位状态校准,实现以最优逆解数据,驱动样机到达指定目标位姿的运动。完成了简化摄影机器人操作难度和缩短操作时间的任务。

摄影机器人是一个新的研究领域。机器人技术最初产生的原因,是希望解决工厂中的简单、重复劳动,所以机器人设计的特点是工作空间较小、定位精度高、以标准轨迹运动方式为主。但是在艺术创作场景中,需要机器人具有可实现自由的空间曲线、实时变速、轨迹动态高精度的性能,所以艺术与机器人的交叉,具有一定的技术挑战。本书对摄影机器人的应用现状和启发式算法做了一定的介绍,希望能有助于读者体会启发式算法的核心思想及其优缺点。

贺京杰负责本书的全部撰写工作,刘强和汪苏负责部分编辑工作。

在撰写本书的过程中,笔者得到了北京石油化工学院人工智能研究院的支持,在此表示感谢;同时参阅了相关文献资料,在此谨向其作者表示感谢。

由于笔者的水平有限,书中的疏漏和不妥之处,在所难免,恳请广大读者批评指正。

著　者

2023 年 3 月

目　录

第二部分　摄影机器人运动学遗传算法的初级探索

第三部分　摄影机器人运动学遗传算法的高级探索

第一部分

摄影机器人的概述及运动学模型建立和标定

第1章 摄影机器人概述

摄影机器人是指依靠机电系统,通过控制算法,控制摄像机完成相关拍摄任务的机器人系统。本章依次介绍电影拍摄中机械及自动化设备、摄影机运动控制设备、摄影机器人以及摄影机器人未来发展方向的相关理论。

1.1 电影拍摄中机械及自动化设备发展现状分析

引起观众的新鲜感和好奇心,让观影人内心进入创作人构造的世界,且这个世界为观影人精神欲望释放提供一种途径,这种效果就是电影存在的原动力之一。另外,特效镜头可以让观众在很短的时间内进入幻觉空间。

CG(Computer Graphics)技术在电影特效内容制作中具有重要的作用。结合虚拟摄像机、动作捕捉以及表情捕捉等技术,艺术家创造出了各种奇幻和无法实际拍摄的震撼镜头。然而,在CG技术使用时,还需要有多种自动化设备配合使用,为演员表演、摄像机、灯光和道具等提供支撑、独立运动和配合运动控制。

本章考虑科技与艺术的融合,以近年来获得视觉特效奖及提名影片(见表1-1)所使用视觉特效技术为指引,分析电影拍摄中自动化设备的使用情况,并提出电影自动化设备的发展趋势,从视觉效果、特效制作方案以及技术特点或难点三个方面对机械及自动化设备在电影中的作用进行分析。

表 1-1 视觉特效奖影片列表

序号	上映年份	影片名字	导演	主要特效公司
1	2020	1917	Sam Mendes	Greg Butler,Guillaume Rocheron(视效总监)
2	2018	登月第一人	Damien Chazelle	Paul Lambert(视效总监)
3	2017	银翼杀手 2049	Denis Villeneuve	Roger Deakins(摄影指导)
4	2016	奇幻森林	Jon Favreau	MPC;Weta

续 表

序号	上映年份	影片名字	导演	主要特效公司
5	2016	魔弦传说	Arianne Sutner	Laika Entertainment
6	2016	星球大战外传:侠盗一号	Gareth Edwards	Industrial Light and Magic
7	2016	奇异博士	Scott Derrickson	Framestore(已经被中国收购)
8	2015	火星救援	Ridley Scott	多家公司分别负责不同镜头; Framestore; The Senate; Argon;The Third Floor; Territory Studio; ILM; Atomic Arts; MilkVFX
9	2015	星球大战:原力觉醒	J. J. Abrams	Industrial Light And Magic; Base FX(中国)有特效制作流程参与
10	2014	星际穿越	Christopher Nolan	Double negative
11	2013	地心引力	Alfonso Cuarón	Framestore
12	2012	少年派的奇幻漂流	李安	Rhythm & Hues(已经倒闭)
13	2009	阿凡达	James Cameron	Weta Digital

1.1.1 机械模型

在《魔弦传说》中,使用了大量的机械模型用于定格动画的拍摄[1],如图 1-1 所示。除了传神的美工技术,模型小关节的设计和制造要实现形象完整的灵活性。这类模型没有驱动装置,模型的造型和变化全部靠手工完成。

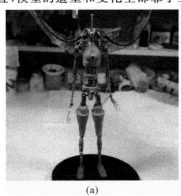
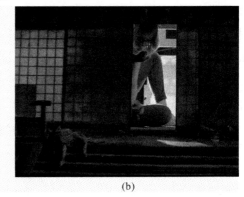

(a)　　　　　　　　　　　　　　(b)

图 1-1　《魔弦传说》模型
(a)骨架结构;(b)现场布景

1.1.2 电驱动机械模型

电驱动机械模型,主要用于解决多个运动轴同时运动的机械模型。这种自动化系统由于模型内部空间尺寸有限、模型质量或者内部需要安装照明等其他设备,而无法依靠演员在模型内部同时控制多个运动关节配合运动等原因,故使用电机控制束完成。通常,模型没有固定的结构体系,每个形象都需要单独设计一套相对简单的运动机构以及一套操作系统。这类模型通常与绿幕配合使用,如图 1-2 所示。

（a）　　　　　　　　　　（b）　　　　　　　　　　（c）

图 1-2　《魔弦传说》中的独眼怪

(a)机械结构;(b)眼球结构和驱动系统;(c)美工后的模型

1.2.3　支撑结构

在定格动画电影中,由于拍摄的离散性,所示模型一般都有支撑结构。支撑结构可以提供位姿调整功能,对于入镜的支撑结构,全部用绿色粉刷。部分场景的制作,也需要用到支撑结构,如图 1-3 所示。

图 1-3　《魔弦传说》中的模型支撑机构

  一些大型异形模型的支撑和静态位姿调整,有时会用到静态绳索系统[2],如图1-4所示。涉及失重的电影拍摄,演员的表演会用到动态绳索系统[3],如图1-5所示。在《阿凡达》中,为了拍摄演员与虚拟飞龙的互动,综合使用了动作捕捉设备、姿态控制运动平台以及绳索系统[4],如图1-6所示。

图1-4 《星际穿越》中的飞船姿态调整

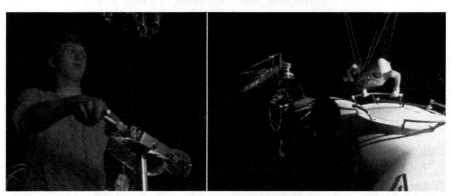

图1-5 《地心引力》中的绳索系统

图1-6 《阿凡达》中的绳索系统

由于电影拍摄的临时性,绳索系统的操作方式基本上都采用轴控制方式,大部分只控制演员的位置。这种方式的好处是操作方式简单易行;缺点是对于任意一个镜头,操作员需要提前练习一段时间用于学习理解相应运动的操作方法,并且现场还需要与其他部门配合。这个问题也存在于电动伸缩摇臂的使用过程中。对于复杂的绳索系统,绳索布局、控制算法以及操作方式是设计的难点。

1.1.4　姿态控制平台

姿态控制平台,主要用于调整道具或者演员的身体形态。大多数电影中的驾驶舱内镜头或真实无法实现的近景镜头都是按照这种方式拍摄的,通常与绿幕或者 LED 屏幕(或投影)配合使用[5-7],如图 1-7 所示。与绿幕相比,LED 屏幕可以让演员参照场景配合表演,降低后期制作的复杂程度。因此,近年来,所有需要演员与环境交互的镜头,大多采用光屏方法。

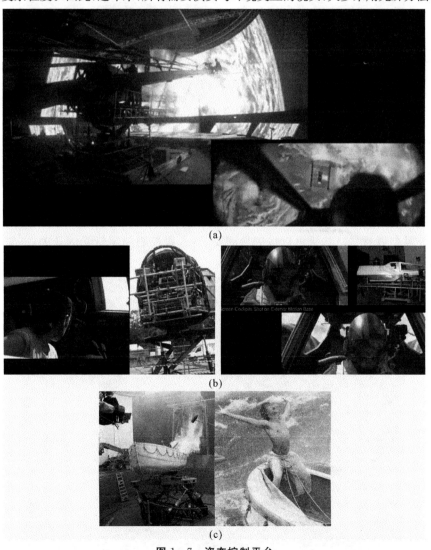

(a)

(b)

(c)

图 1-7　姿态控制平台

(a)《星球大战外传:侠盗一号》中的驾驶舱;(b)《星球大战:原力觉醒》中的驾驶舱;(c)《少年派的奇幻漂流》中的镜头

同时,姿态控制平台的另一个特点是可以和摄像机运动配合,通过两个自动化设备的相对运动,结合 Lighting Box,得到演员在太空中 360°失重旋转运动的合成效果,如图 1-8所示。

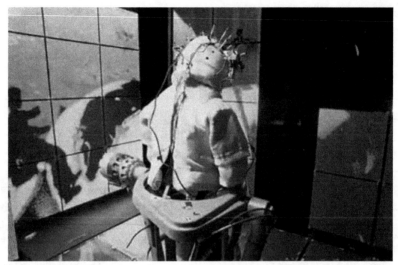

图 1-8　《地心引力》中的演员姿态控制平台

1.1.5　灯光系统

图 1-9 为《魔弦传说》中的灯光组架,可以随意安装多个光源。每个光源基座可以任意控制光线角度以及一定位移范围。如果希望获得灯光自动排布算法,除了人工智能可能助力,还必须有目标指引功能。在这种情况下,这种理念注定无法实现。什么叫美,这个太难描述了,并且仁者见仁。如果可以按照导演要求,远程控制制定灯光的开关,并进行光学参数调整,这在现有科技条件下,是可以实现的。

图 1-9　《魔弦传说》中的灯光组架

1.1.6　运动控制系统

Light box 与姿态调整平台以及（Motion Control，MoCo）系统配合使用，可以令后期 CG 技术虚拟环境光与实拍影像匹配，如图 1-10 所示。同时，演员在实际没有大幅度运动的情况下，获得复杂旋转运动的拍摄效果。MoCo 系统的特点在于摄像机和光影的配合完全一致，只要演员表演到位，拍摄即可成功。另外，配合的主要问题在于质量、运动范围和相互的运动关系。以保证所有部分都做到了导演希望的程度为目标。如果能控制并减少浮动变量数量，那么拍摄效率就会提高。

图 1-10　《地心引力》中的 MoCo 系统

The Third Floor 公司定义 MoCo 系统的作用为直接用 MoCo 系统实现预演中虚拟摄像机的运动轨迹[8]，加快实拍速度，提高预演数据的利用率。在《火星救援》的一个镜头中，该公司通过技术预览，描绘了包含光照情况下的 MoCo 系统以及演员的运动过程[9]，如图 1-11 所示。

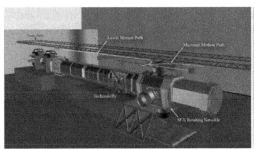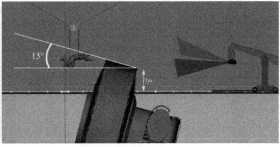

图 1-11　《火星救援》技术预览中的 MoCo 系统

1.1.7　综合型影棚

随着 CG 技术的成熟，电影拍摄越来越多地集中到一个具备天气模拟系统、道具快速成型系统、动作捕捉和表情捕捉系统、灯光和摄像机 MoCo 系统等的综合摄影棚中。

《奇异博士》中[10]，特效团队做了大量的数字环境替换工作。除了加德满都的外景是实地拍摄的，其他的寺庙内景、屋顶戏和香港的戏份，都是在伦敦的摄影棚拍摄的。《奇幻森林》《少年派的奇幻漂流》等影片也都有综合性影棚的特点[11]（见图 1-12）。

通过调研，电影中机械及自动化设备应具有以下 3 种功能：

（1）灵活的重组性能或者易搭建性能；

（2）控制摄像机等传统拍摄设备在物理上快速实现预演效果，并且可以根据现场情况反馈，灵活、快速、以简明的方式调整运动参数；

（3）控制演员、摄像机、灯光、道具和特殊效果等实现复杂运动分解和时序管理。

(a)   (b)

图 1-12　综合摄影棚

(a)《奇幻森林》；(b)《少年派的奇幻漂流》

大量的拍摄，正在逐渐离开真实场景，依靠前期外景收集和后期数字处理，只需要演员到位，智能影棚内可以实现任何场景的拍摄。具有多种机械及自动化设备的综合摄影棚承载了越来越多的拍摄任务。拍摄汇聚到影棚是未来的电影拍摄模式，是一种趋势。

灯光参数的集中式远程控制是一个有前景的方向。

1.2　摄影机运动控制设备发展现状

摄影机运动控制是电影拍摄中一个重要方面。摄影机运动控制设备的运动范围、运动稳定性和精度等影响着电影创作的创新宽度和实现能力。本书将设备按照自动化程度分类，从机械和控制两个角度对使用性能进行分析。摄影机运动控制设备主要有摇臂、简单运动控制（Simple Motion Control，SMoCo）系统和 MoCo 系统三种类型[12]。

1.2.1　摇臂

摇臂主要指自动控制轴数量较少的摄影机运动控制。摇臂的使用主要服从于当前摄影师艺术创作的使用习惯，即可以根据创作灵感，依靠自身力量完成对摄影机的运动控制。这里运动控制的轴，主要是摄影师不容易在固定位置实现控制的长臂伸缩轴。电机控制下的基于钢丝绳传动的伸缩机构（附带配重）被普遍使用。一般采用杠杆机构控制摇臂的起降和旋转。由此可知，摄像师通过自身在小范围的运动来控制摄影机的大范围运动。关于摇臂的水平移动，有车载式和人工推动式两种方式。两种方式均需要摄像师与负责移动的员工相互沟通，从而共同完成拍摄。

（1）各种摇臂在末端摄影机的运动范围、结构刚性、强度和质量等 4 个因素上不断地提升优化和平衡。为了减轻质量并保证摇臂的刚性，有矩形稳定架、牵引钢缆组和长方体框架方案，如图 1-13 所示。

(a)　　　　　　　　　　(b)　　　　　　　　　　(c)

图 1 - 13　摇臂种类

(a)矩形稳定架；(b)牵引钢缆组；(c)长方体框架

各种方案涉及不同的预紧机构和连接机构。从整体上看,国外产品在材料上尽可能多地采用新型复合材料。材料的选择涉及力学性能和异种材料连接等内容。车载式摇臂的越野车,摇臂动态力矩较大,车体架结构是主要技术之一。目前普遍采用的方法是,对现有的越野车进行调研,在性能最接近的车体上,进行相应结构和配重改装。

(2)由于大多数常规艺术创作对运动精度要求不高,但需要伸缩轴具有较大的伸缩范围,故摇臂的伸缩驱动主要采用轮轴钢缆方式。

(3)随着姿态云台成熟商品越来越多,并且具备一定的防抖动性能,因此摇臂机构逐渐和摄影机姿态控制组合分离。

1.2.2　SMoCo 系统

SMoCo 系统主要指可以自动控制多个(小于或等于 6 个)轴的运动控制系统,基本可以实现自动控制摄影机的位置和姿态,如图 1 - 14 所示。受限于机构选型和驱动方式,机构承载较低,运动精度和重复精度不高。为方便论述,记为 SMoCo 系统。

(1)SMoCo 系统控制方式主要是基于按钮摇杆的电气控制台,如图 1 - 15 所示。摄影机运动控制系统平移或旋转轴与摄影机的位置和姿态一一对应,故可以通过编程,使 SMoCo 系统自动实现预期轨迹。系统在使用时,主持人与虚拟形象的互动,需要提前设计虚拟形象的运动流程。在演播过程中,主持人通过眼前的显示屏了解虚拟形象的运动进程和虚拟位置,导播根据主持人讲解进度,实时控制虚拟形象运动进程。

图 1 - 14　SMoCo 运动控制系统　　　　图 1 - 15　SMoCo 系统控制方式

（2）线缆布局是 SMoCo 系统重要技术之一。布局方式主要有折叠型和拖链型,如图 1-16 所示。

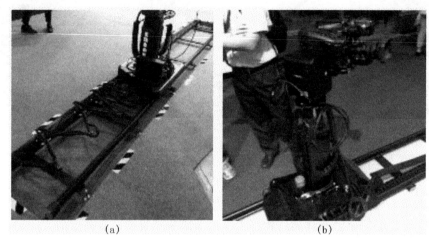

（a）　　　　　　　　　　　　　　（b）

图 1-16　线缆布局方式

(a)折叠型;(b)拖链型

工业拖链可保证使用质量和寿命。其缺点是收缩状态下,占用更多的空间。同时,必须有底层支撑结构。折叠式布局结构紧凑,但在弯折处的自由放置方式,缺少保证弯折角度的结构,此设计可能会缩短线缆使用寿命。

（3）运动精度的保障方式有主动轮、齿轮齿条和光学定位等方式,如图 1-17 所示。其中,主动轮运动精度较低。SLAM(Simulation Localizatiorl And Mapping)系统具备的灵便性,使其正逐渐成为摄影机运动控制系统发展的主要趋势。

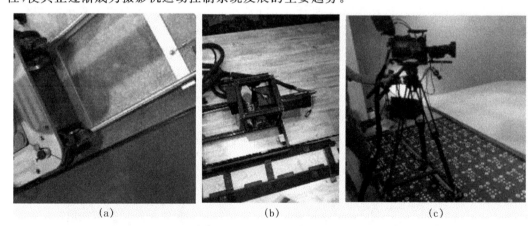

（a）　　　　　　　　　　　（b）　　　　　　　　　　　（c）

图 1-17　SMoCo 定位方式

(a)主动轮;(b)齿轮齿条;(c)光学定位

1.2.3　MoCo 系统

MoCo 系统的使用在国外电影行业中已经较为普遍,普通机型有 Milo,MK,Techno-dolly 等,高速机型有 G-Ka 和 Bolt 等,如图 1-18 所示。

(a)　　　　　　　　　　　　(b)

图 1-18　MoCo 系统

(a)普通机型;(b)高速机型

此类型特效的特点是时空的任意设置。虚拟形象来自 CG 技术,虚实结合不是该类型 MoCo 系统的主要特点。多个真实人物和场景的时空交错、比例伸缩和复杂轨迹实现和重复是该系统的特点。另外,该系统还可以为演员档期安排提供更多的灵活性。目前,国内代理厂家可以提供方案策划、现场拍摄等任务。

随着预演系统逐渐进入电影行业,摄影机自动控制系统将提高影视制作中虚实交互速度。The Third Floor 公司将 MoCo 系统定义为直接实现预演中的摄影机运动轨迹。

对于 MoCo 系统,其自重、载重、摄影机运动稳定性、运动范围和控制算法是主要的性能指标。具有高重复精度的机器人,末端运动范围、载重和自重是需要平衡的。普通型 MoCo 的特点是摄影机最大可达高度大。高速型 MoCo 系统,可以直接借鉴较为成熟的工业机器人技术,末端执行器运动速度快,通常为 7 轴联动机械臂。通过对摄影机位姿打点进行运动轨迹规划。特效拍摄机器人重复运动精度在 0.05 mm 以内。拍摄的原素材可由任意团队完成后期制作。

此外,还有无人机拍摄系统。这种系统的特点是工作范围非常大。其缺点是由于稳定性差和噪声,因此它尚无法完成某些近景或静态画面的拍摄。近年来,无人机和防抖系统的性能更新,使该系统在电影拍摄方面也得到较多应用。

1.2.4　摄影机控制设备思考

摄影机运动控制系统主要包括机械、电气和控制算法等。不论是摇臂、SMoCo 系统还是 MoCo 系统,目前并不存在谁替代谁的问题。每种系统有各自特点。人工拍摄很难被取代,因为镜头应用的目的是表达人类情感的,短时间内也没有机器人达到人类智能水平的情况。演播室内的播音员跟踪不属于艺术拍摄范畴。

摇臂依然是大多数艺术家创作的首选。SMoCo 系统在一个小型空间内,实现了一定程度的虚实结合,其开发主要针对演播室,应用方向清晰但单一。MoCo 系统配合 CG 技术,可以在镜头内实现无穷的想象力。其缺点是成本高,制作周期长。综上所述,应以拍摄需求为前提,选用适当的摄影机运动控制设备。

1.3　摄影机器人现状分析

经典影视作品可有效传播优秀的思想和文化,同时也有显著的经济效益。

视觉特效是影视创作的重要组成部分。合成技术是现代视觉特效重要制作手段之一。它是指将多层源素材画面合成单一复合画面的处理过程。摄影机器人具有人工操作无法实现的拍摄轨迹、精确再现和导出功能,是数字图像合成技术的重要源素材拍摄工具。摄影机器人控制摄像机运动,其轨迹被精准地记录、存储在计算机内,轨迹数据可以编辑、修改,拍摄轨迹可以精确再现。同一运动轨迹拍摄的各层影像素材在计算机中通过图像软件处理得到多种复杂的特技影视效果,例如比例缩放、群体效果、多次拍摄等[15]。

手持摄像机拍摄的优点是拍摄角度灵活,缺点是稳定性差和精确性低。辅助拍摄机械,可以提高镜头稳定性,提升拍摄质量,但是无法实现复杂高精度轨迹及再现。摄影机器人可以将两者的优势结合,既提供丰富灵活的艺术创作视角,又具备精确、稳定以及协同的特点。当前摄影机器人主要用于轨迹复现和复杂轨迹快速运动。其控制方案的缺点是,机器人的运动轨迹需要专业人员与艺术创作人员进行长时间沟通商议。拍摄方案确定后,专业机器人控制团队,需要提前准备相关轨迹,包括打点或者从虚拟预演中提取轨迹数据。摄影师无法简单有效地控制摄影机器人。轨迹再现无法配合演员现场表演节奏,限制演员主动的情感表达。可见,摄影机器人的发展方向,应该是艺术创作者可以自由使用摄影机器人,完成拍摄任务。

1.3.1　虚拟制作中的摄影机器人

当前,虚拟制作概念正在改变,从由视觉预览数据指导实际拍摄,逐渐转变为预览数据与现实拍摄的交互。具体为,以视觉预览数据作为拍摄初始基准(确保实际首次拍摄时,真人演员和布景与预演数据相匹配),制片人和摄影指导根据现场的拍摄效果,实时调整灯光、布景、镜片和拍摄角度等拍摄元素。在满足艺术表现需求后,再次令调整后的虚拟和现实拍摄数据一致,在后期制作中完成综合的视觉效果[13]。

在新的虚拟制作定义下,虚拟和现实拍摄元素的实现方法、效果质量和调整速度,决定了电影的制作效率。

在虚拟拍摄元素调整方面,The Third Floor公司的Chris Edwards提出在虚拟现实环境中,利用游戏引擎创建数据流,以便在虚拟拍摄环境中快速移动物体、灯光等元素[14]。

在现实拍摄元素调整方面,各个拍摄元素基本由人工实现。

在摄像机运动控制方面,目前主要由摄影组人员通过人工方式完成。摄影组在每场拍摄前,需要详细了解视觉预览设计的拍摄过程。在现场拍摄时依靠人工方式尽量控制摄像机完成预先设定的运动轨迹。与人工方式相比,如果依靠摄影机器人,可更加有效地利用视觉预览中摄像机运动数据,并以较短的时间实现预定设计的摄像机运动过程。影视创作者可更快地看到实际拍摄效果,并在现实中做临时拍摄调整。

综上所述,未来摄影机器人应有如下功能:

(1)根据摄像机运动轨迹数据,确定轨道的铺设方式,反解出机器人自身各轴的运动参数;

(2)摄影机器人运动反解算法要在较短时间内完成;

(3)摄影机器人要有灵活调整能力,即摄像机目标位姿指定工具的操作方式应足够简单,以便于没有机器人知识的艺术创作者完成操作。

未来,摄影机器人会成为虚拟制作和现实拍摄交互的关键技术之一。多种现实和虚拟拍摄元素调整技术的融合,将缩短现场拍摄和后期处理时间,成为影视创作者便捷高效的工具,让他们将更多的精力投入到创意工作中。

1.3.2　摄影机器人发展历史

早期摄影机器人的拓扑机构和现代最新型号基本一样。早期的 MK-1 摄影机器人如图 1-19 所示。新型 MK 系列摄影机器人臂展更长,工作空间更大。同时依靠新型材料以及结构优化设计,在保证系统刚性的同时,保持自重在较低的程度上,随着高性能的驱动系统引入,各运动轴的加速性和运动平稳性更强。另外,运动控制算法的更新使得摄像机的运动规划操作更加简单,摄像机运动更平滑、稳定[127,147]。

图 1-19　MK-1 摄影机器人

1.3.3　现代摄影机器人结构组成

摄影机器人包括摄像机位置控制,摄像机姿态(拍摄角度)控制,光圈、聚焦和变焦控制等三部分。其中,光圈、聚焦和变焦的自动控制,以及 3 自由度姿态控制系统已经有成熟产品[16-20]。为得到连续的任意拍摄轨迹和姿态,三部分需要相互协调工作。单一部分的产品需要提供外部控制接口。有一方式是中国的奥视佳系统摄影机器人,将 3 个单独部分通过上位机整合在一起[21],如图 1-20 所示。在通用型机械臂结构上增加底层直线运动轴和云台姿态调整的 3 旋转轴。在相同的工作空间中,奥视佳的重量约为同类国外产品的 3.5 倍。此重量不利于机构的移动和安装。另一方式是设计满足拍摄条件的专属机构系统,统一控制所有电机,实现多轴联动,摄像机所有轨迹参数可导出供其他数字软件使用。该机构类型相对于一般通用型工业机械臂,增加了底层直线运动轴和大臂的伸缩轴,主要作用是增大摄像机的有效运动长度和最大拍摄高度。此方式的特点是相同工作空间条件下,机器人自重相对轻。该部分的摄影机器人主要有美国 Pacific motion control 的 Technodolly 系列,如图 1 – 21 所示,英国 MRMC(Mark Roberts Motion Control)的 Milo 系列,如图 1 – 22 所示,美国 general lift 的 MK 系列,如图 1 – 23 所示。

图 1 – 20　奥视佳系列

图 1 – 21　Technodolly 系列

图 1 – 22　Milo 系列

图 1 – 23　MK 系列

　　综上所述,在拍摄空间和承载的要求下,专属机构的摄影机器人在使用中更方便。国外摄影机器人的研制已有多年。其物理样机在影视拍摄使用中,时间和费用成本高。国内的相关研究已经有一定进展,但距离实际使用尚有差距。国外摄影机器人每台设备售价在1 000 万元左右,主要以出租的方式来使用。具体使用方式为,导演与摄影机器人专业操作人员相互沟通,或者制作 3D(三维)预演场景使操作人员了解拍摄过程。操作人员手动调整每个轴,使得末端执行器达到目标位置。具体的调整方案由熟悉机器人运动特点的操作人员决定。这种方式,导演的需求不能直接转化为行动力,需要与摄影机器人操作人员沟通,且调整需要较长时间,方可进行试镜,效率较低。本书提出的摄影机器人位置级运动学逆解方法,使导演可直接指定末端执行器的目标位姿,无须专业操作人员参与,通过算法自动选择最优轨迹进行试镜,简化操作方式。同时,算法运行时间在实际可承受范围内[147]。

1.3.4　摄影机器人主要参数

　　摄影机器人的主要性能参数有系列机器人尺寸和重量、工作空间尺寸、各轴最大速度、承载能力、重复定位精度[147]。Milo 系列、MK 系列、Technodolly 系列、奥视佳的机型详细参数参见文献[21 – 24]。

　　考虑现代电影拍摄摄像机的尺寸和重量,以及系统的使用灵活性和运输性,摄影机器人的载重量、自重和工作空间尺寸是 3 项重要结构参数。在片场,经常会因为拍摄的需要,在不同的位置搭建机器人运动轨道。摄影机器人的自重越轻,运输和安装就越方便。摄影机器人另一个重要性能是使用灵活性,即可以获得较大可变的工作空间和任意的拍摄角度。机器人在运动过程中,摄像机运动的平稳性是保证拍摄质量的关键。但是目前厂家提供的参数,并没有提供与载重量和运动平稳性相关的数据。通过实地考察了解到 Milo 系列标准型的载重量是 15 kg。各产品标准型号的主要参数见表 1 - 2。

表 1 - 2　物理样机参数

名　称	质量/kg	摄像机最大有效高度/mm	参数说明
Milo 系列	710	4 120	不含导轨和摄像机
MK3 系列	386	3 840	不含导轨、摄像机和电机控制系统
Technodolly 系列	859	4 500	不含导轨和摄像机
奥视佳系列	2 793	4 066	不含导轨和摄像机

1.3.5　摄影机器人机构特性分析

摄影机器人的机构特性主要有使用灵活性、刚性、平稳性。下面根据已有摄影机器人的主要构型进行分类并分析其特点。

根据拍摄角度的可达性,可以将摄影机器人分成两类。第一类是全角度可达,例如Milo系列的摄像机 3 旋转轴姿态控制部分与顶部长框架末端的连接采用齿轮副。其优点是可以直接获得任意拍摄角度而不需要重新拆装下游组件和重新进行连杆参数标定。第二类是部分角度可达,例如 MK 系列的摄影机器人顶部的长框架采用平行四边形四杆机构,无论顶部长框架处于何种倾斜角度,均保证摄像机姿态控制部分的安装板处于与地面垂直的几何状态,调整方式符合影视摄像师的使用习惯,控制时可以减少一个旋转轴。但是姿态控制部分的安装架使镜头无法向正上方区域进行拍摄,拍摄视野与安装架发生干涉。解决方式就是反方向重新安装摄像机姿态控制部分,机器人需重新标定并更新模型参数。

根据机器人顶部长框架是否可以伸缩,可以将摄影机器人分成两类。

第一类是可以伸缩的,例如 Milo 系列,Technodolly 系列。其优势有以下两点:

(1)利于运输。同样的臂长使用要求,可以伸缩的机器人,在搬运时处于"收缩态",大部分时候以封闭式集装箱运输,较开放式运输方式,可减少设备损耗和维护。

(2)更符合实际调整需求。通常,导演在拍摄之前会在脑海中设想拍摄效果。根据想象,对摄像机的位姿范围提出一个大概的范围。在现场,导演和摄像需要在一定范围内试镜,将实际镜头效果贴近设想的画面。这种灵活的调整能力来自于长框架的伸缩运动。

可伸缩结构的劣势在于,顶部框架的伸缩,使得顶部机构的重心位置改变,需要在不同的伸缩状态调整配重,确保设定好的电机控制参数可以使电机稳定运行。如果配重调整不当或者不安装配重,机器人在运动中可能会发生振动,影响拍摄效果。如果无动态配重系统,那么起降机构需要在"伸出态"(或者"收缩态")承担支撑力,电机控制算法要有一定的鲁棒性,使机构运转流畅。

对于可伸缩结构,还可细分两种情况。一是内外套装型伸缩机构,例如 Milo 系列,其优点是收缩状态更节省空间。二是大臂整体移动的伸缩结构,例如京晶 1 号,整体移动伸缩结构的优点是伸缩驱动电机与旋转平台相对固,不随长框架移动而移动。电机的动力和信号线更容易安排。

第二类机构是不能伸缩的,例如 MK 系列,其优点在于配重可固定设置好,整体平衡性好,容易获得稳定的运动控制效果。

机器人根据顶部直线框架俯仰运动的驱动方式分为双臂推举式、旋转式和单臂推举式3 种。第一种双臂推举式机构,例如 Milo 系列,采用两个直线运动单元推动顶部长框架绕支撑轴旋转。其优点是由于推举机构与长框架无干涉,故俯仰角度大;缺点是机构复杂,双推臂的安装调试需要较长时间,否则容易出现机构在某些运动位置阻力过大,影响机构平稳运行。第二种是旋转式机构,例如 Technodolly 系列,主要采用蜗轮蜗杆机构或者高扭矩马达,直接驱动顶部直线框架旋转运动。其优点是,俯仰角度大,结构紧凑。如果使用高扭矩马达,那么成本较高。若采用蜗轮蜗杆机构,其优点是有自锁功能;缺点是会产生偏心力,最大运行速度不高。第三种是单臂推举式机构,例如 MK 系列,单臂两端分别与旋转平台和顶层长框架底部连接。其优点是结构简单,且电机位于旋转平台底部,机器人整体的重心低;缺点是俯仰幅度受单臂伸缩杆机构限制,且受单伸缩杆输出力矩限制。

基于以上分析,确定本书研究对象为 8 自由度的 PRRPR-S 型摄影机器人。该机器人的详细结构设计参见第 9 章。

1.4 摄影机器人未来发展方向分析预测

自动化是时代趋势。摄影机器人的操作方式有半自动和全自动两种。

在半自动模式中,通过末端 3 自由度姿态调整机构控制摄像机的拍摄角度。通过基于动滑轮组机构实现臂长自动伸缩,同时驱动重量配平机构,保持伸缩机构和姿态机构的重心位置一直控制在支撑柱上方。伸缩臂的俯仰和旋转、摄影机姿态和伸缩臂长度控制由人工完成。该模式可以让摄影师自如操作摄像机。依靠精巧的伸缩臂结构设计,该机型工作空间相对较大,例如 Moviebird、中国的杰讯。

在全自动模式中,摄影机的运动,全部由电机驱动完成。机器人的构型分成特殊型和臂型。特殊型典型样机有 MRMC,臂型典型样机有 BOLT,GKa。全自动模式下,可以实现快速复杂轨迹以及轨迹复现运动,制作多种特效。由于机器人系统的复杂性,因此摄影师只能与机器人控制团队沟通拍摄意图,间接控制摄影机。为便于描述,本书将半自动模式称为第一代摄影机器人,将全自动模式称为第二代摄影机器人。笔者认为,摄影师可以独自简单、自由地控制全自动模式摄影机器人是未来的发展方向,记为第三代摄影机器人。

1.4.1 摄影机器人系统基本原则

摄影机器人系统基本原则有以下 5 个方面:

(1)摄影机器人是协助摄影师更好地完成拍摄任务,而不是完全替代摄影师。艺术创作不同于演播室内拍摄。演播室内拍摄,主要任务是追踪主播的人脸或者身位,镜头焦点一直追踪在主播或者嘉宾身上。艺术创作更多的是摄影师通过各种拍摄参数、灯光以及摄影机运动状态的变化,用画面表达角色的内心活动,焦点的位置不确定。

综上所述,机器人系统用于辅助摄影师,增强镜头控制能力。摄影师对摄像机的运动轨迹和拍摄参数拥有绝对掌控权。

(2)摄影机器人应可以完成有时间要求的任意空间曲线轨迹运动。两个要点分别是任意空间曲线和时间要求。这与当前的工业应用场景有较大差别。机械臂最初诞生原因是希望代替工厂中流水线工作。这些工作的特点是工作空间固定且狭小,工作内容重复、枯燥和繁重。由此可知,机械臂的基本量化指标是静态定位精度,重复定位精度和载重。具体到某一工作环节时,需要设计相应的执行器,配合二次精确定位传感器,允许线下规划偏差补偿轨迹。相比之下,摄影机器人在面对任意的空间曲线时,都应该可以按照时间要求连续完成运动(假设为不超过机器人关节电机极限)。这是摄影机器人使用需求决定的。同时,不仅是固定位置的精度,整个运动过程中的重复精度都要满足拍摄需求。

(3)摄影机器人可以实时跟踪并复现摄影师的拍摄轨迹。艺术创作的成本比较高。在拍摄现场,剧组的活动以演员为中心。从到达片场开始,演员就进入专注工作状态。此时,对于拍摄组,首先要完成既定的拍摄任务。另外,需要具备临时调整拍摄方案的能力,例如改变拍摄位置、拍摄轨迹和参数。现有的摄影机器人系统,操作控制习惯是机器人专业人士熟悉的。面对临场调整,摄影师要将拍摄方案与机器人团队沟通,拍摄效果有不确定性,时间成本过高。故机器人系统应该为:

(1)系统操作方式应该是摄影师基于已有的技能即可轻松掌握。

(2)系统执行曲线轨迹低延时性。具备轨迹优化能力。

(3)系统具备可变速复现功能。变速复现轨迹,可以降低摄影师工作强度,同时给演员抒发感情提供时间和空间。

其目的是让摄影师像自己用摄像机一样地工作。

(4)摄影机器人应具备自动避障和避奇异点功能。摄影师在拍摄过程中,所有的注意力,都应放在镜头的表达上,而不用担心摄像机本身会出现意外情况,例如摄影机和机械臂发生碰撞,或者由于奇异点,减少摄影机运动维度。

(5)摄影机器人具备较大的运动范围、稳定的运动过程。这两个需求通常相互制约。飞行器带稳定平台以及摄像机的方案,运动范围足够大,但无法满足近景的稳定性要求。轨道型摄影机器人稳定性高,具有一定的运动范围。自由移动底盘方案目前不成熟。首先,底盘在移动过程中难免造成运动误差,重复精度低。其次,在运动过程中,地面状况影响整体稳定,机械臂的动态力矩,也会影响整体稳定。笔者认为,应将移动与稳定功能分开。稳定器或者稳定平台,是未来发展方向。对于单次拍摄而言,稳定器与机械臂的集成,是发展方向之一。移动功能考虑适当减震即可。

1.4.2　第三代摄影机器人系统功能优势和研究方向分析

第三代摄影机器人系统功能优势和研究方向有以下 6 方面:

(1)减轻摄像师的载重,改善摄影师工作环境。目前,在影视行业中,女性斯坦尼康工作者很少。其主要原因是斯坦尼康操作需要足够的力量,生理特征决定了女性的力量与男性相比偏小。

第三代摄影机器人将拍摄设备的重量从摄影师身上完全脱离。系统通过动作传感系统,例如光学或者惯性的传感系统,捕捉摄影师的拍摄轨迹和拍摄参数。机器人系统完成载重轨迹实现。目前,已经有了在虚拟环境下完成示例拍摄,再由现场摄像师完成真实拍摄的工作模式。第三代系统结合 5G 技术和遥操作技术,可减少现场摄影师的重复劳动,也避免真实拍摄场景与虚拟场景的环境差异造成摄影师真实意图实现欠缺的问题。

(2)与影视特效技术融合更加方便。CG 技术和光学追踪技术,扩展了人工机械辅助拍摄的应用场景。其中,光学追踪技术主要有两种。第一种是在拍摄场地的四周安装摄像头,在摄影机上安装刚体标记点,通过捕捉刚体标记点的位姿,计算摄影机的位姿。第二种是在拍摄场地四周画上标记点。通过处理镜头内标记点的情况,反算出摄影机的位姿。结合绿幕和 CG 技术,可降低拍摄时自然环境要求,降低演员拍摄环境的危险程度。

但是影视创作,更强的视觉冲击力是永恒目标之一。摄影机器人可以完成基于图层的重复轨迹拍摄,以及与其他机电系统超越人工协同能力进行工作,例如大型运动机构或 Lighting box 与机械臂的配合。

在第三代系统中,除预先编辑好的协同指令外,摄影师应可以通过类似 AR 等便携式系统,实时触发特殊指令,保证演员按照感情状态表演,环境随着摄影师的意图运动变换。以上,摄影师便携式控制接口系统是未来的发展方向之一。

(3)实现复杂高速轨迹拍摄。从影像表达诞生之日起,摄影师一直都希望镜头实现各种速率下的复杂轨迹。实际中拍摄设备重量较大,人工控制能力有限。慢速状态通过多次拍摄,勉强可以实现,但是高速状态稳定拍摄成功率太低。目前第二代系统已经实现了商业应用,例如 MV、电影和广告。该系统最大的特点是可以在慢速状态下确定拍摄轨迹,依靠机电系统在高速状态下精准完成轨迹复现。配合高速摄影机,将瞬间视角的冷酷感、炙热感等在镜头运动过程中强化呈现,具有更强的震撼力。中国近年来的艺术创作也越来越多地加入了基于摄影机器人的艺术表现形式,例如《飞驰人生》。

此外,第三代系统应具备一个较大的工作空间,即基于轨道的复杂高速近空间模式,或者低速远空间全自动模式。首先,任何人都希望获得全工作空间的高速复杂轨迹运动。但是往往受到机构结构刚度、传动精度等因素限制。低速远空间的全自动工作模式,也是提升拍摄方式的技术之一。例如,在某国产电影拍摄过程中,一个长镜头从距离地面 10 m 高度直接下降到 1.6 m 高度,此时女主角进入画面,步行向男主角方向移动,镜头随动,直到男、女主角同框。现场有 4 人共同协作控制一台第一代系统,远端有 2 人协助支撑引导末端姿态结构,2 人在棚内进行姿态和焦距的电机控制。共 8 人参与,拍摄 8 条,耗时接近 1 h,没有成功。其主要原因是,在超长臂展条件下,人工控制的随机不稳定性很难与演员表演完美配合。综上所述,低速远空间全自动系统为未来发展方向之一,但技术难度较大。

另外,通过运动速度比例设定,实现摄影机从长镜头拍摄的流畅小空间移动控制。例如,上例中从高处向低处的运动,并不需要摄影师真的运动 9 m,只需要设定距离映射比例,就可以通过 1 m 内的运动映射成机器人末端 9 m 的运动,从而扩展摄影师控制能力。

(4)可以直接利用前期制作生成的拍摄相关数字资产,例如摄影机轨迹和拍摄参数。预演系统已经进入影视制作流程。它主要用来形象化真实拍摄过程,提供预算,协调复杂场景拍摄资源和修正拍摄方案,降低实际拍摄过程中遇到的各种突发困难的出现概率。通过第三代系统,可将前期的镜头拍摄资产直接用于实拍,且减少重复劳动量。

(5)消除机器人专业操作团队与摄影师沟通的时间成本。摄影师可以直接控制机器人完成拍摄,无须具备机器人知识。更重要的是,在拍摄现场,可以更加快速、灵活地进行试镜拍摄,让机器人服务于创作灵感,兼顾创作成本。

(6)摄影机器人可以进行轨迹数据处理以及轨迹变速复现。轨迹数据处理,例如让自由曲线更加平滑,让轨迹与外部因素节奏对齐,或者给演员提供人性化的表演空间。在艺术创作过程中,节奏是一种重要的表现方式。在整体轨迹近似一致时,在关键时间点达到空间指定位姿,可以以低算力成本获得高艺术表达效果。

轨迹变速复现功能,主要为在剧情拍摄要求的框架下,让演员可以更加自由地进行艺术表达。例如,一场离别戏场景,演员从无言到含泪,最后落泪,镜头从人物面部特写转向离别方向。预演系统给定了摄影机器人的运动方案。但是实际拍摄时,演员不可能完全按照预先的时间点调动感情,这时需要机器人系统具备轨迹可实时调速功能,以满足实际拍摄需求。该功能的关键技术是运动轨迹的安全计算和插补。在确保机器人在其输出能力范围内时,尽可能接近摄影师要求的复现速度,同时尽可能复现真实拍摄路径。

摄影机器人的作用是辅助和扩展摄影师的拍摄方式,获得更加自由和丰富的艺术表达方式。第三代系统的功能不能盲目超越物理和工程技术限制,应分应用场景设定适当的技术指标。

第 2 章　摄影机器人运动学模型和标定

摄影机器人运动学研究的目的是降低 8 自由度摄影机器人操作难度和缩短操作时间，以双冗余度摄影机器人运动学位置级逆解算法为研究对象。由于摄影机器人结构复杂，所以需要专业操作人员操作。示教器为主要控制方式。利用机器人运动学算法降低摄影机器人操作难度和缩短操作时间，是研究的出发点。

2.1　摄影机器人相关理论研究现状和分析

2.1.1　机器人运动学模型

机器人运动学分析研究机器人各连杆之间的位移关系、速度关系和加速度关系，在机器人学中占有重要的地位。它直接关系到机器人运动分析、标定、轨迹规划、离线编程等方面。同时它也是机器人速度和加速度计算、工作空间分析、误差分析、动力分析等的基础。

分析串联结构机器人运动学，需要通过一定方法来建立机器人的运动学方程。Denavit[25]等提出建立连杆坐标系的方法，它按照一定的规则把关节坐标系固定在机器人的每个连杆上，坐标系之间通过齐次变换矩阵相互联系。国内外很多研究者利用 DH 模型建立了不同机器人的运动学和动力学方程[26,27]。

DH 模型的缺点是相邻两轴平行或接近平行时存在奇异点，模型参数不易被直接识别。对此，研究者提出了多种改进方法。Judd[28]针对转动轴提出四参数 MDH 模型，通过对平行轴引入一个额外的旋转参数来解决相邻平行轴的奇异点问题。Veitschegger[29]提出五参数 MDH 模型。当相邻关节轴线平行或接近平行时，该模型在 DH 模型基础上，通过增加绕 y 轴旋转的变换来克服奇异点问题。Stone[30]提出的 S 模型以 DH 模型基础，使每个坐标系可沿关节轴线作旋转和平移。在相邻关节轴线平行时该模型仍可以使用。CPC 模型（Complete and Parametrically Continuous Kinematic Model）由 Zhuang 等[31]提出。该模型强调参数的完整性与连续性，即实际参数的微小变化不会引起突变，只会引起位姿的微小变化。Kazerounian 等[32]提出用零参考位置中各运动轴的方位来描述机器人运动学方程的零参照位置模型。他们放弃了基于公共法线方向的连杆参数，从而避免了模型的奇异点。Chen 等[33]针对模块化机器人提出指数积模型。该模型的优点是局部坐标系可被放置在对应杆件的任意位置。该模型可处理一般的开链机器人，运动学参数变化平滑，无奇异点问题。姜柏森等[150]针对一种变几何桁架超冗余度机器人,提出了复杂机器人运动学计算简化成单模块运动学计算的方式,考虑到单模块的对称性,得到运动学显式表达式。

不同的模型可以解决标定时遇到的不同问题。在标定后,各个模型相互之间可以等价转换。故在本书中,考虑标定的需求,对摄影机器人前 7 个轴采用 DH 模型,最后的末端执行器姿态调整翻滚轴采用 6 参数模型。

2.1.2　机器人工作空间

串联机器人的工作空间是主要的设计指标。文献[34-39]借助循环数值算法依靠映射关系来描述工作空间。文献[40-45]介绍了解析解法,该方法基于雅可比矩阵,以解析方程来描述机器人工作空间。

Abdel-Malek 等[46]根据解析几何学理论和拓扑学理论提出利用流形分层法得到机器人工作空间边界方程。Ottaviano 等[47]在计算一种 3R 型机器人的工作空间边界时,提出了可以用 16 阶多项式描述任意工作空间的横截面边界曲线。Zein 等[48]将多种 3R 正交型机器人工作空间以横截面曲线边界的尖端和节点进行分类,发现有些工作空间是相互联结的,可以通过 4 个运动学逆解获得。提出了一种基于机器人运动学特性的工作空间水平集重构方程描述工作空间拓扑图形的方法。Yang 等[49]提出了一种解析算法来解决无单侧约束串联机器人的工作空间计算。其主要思路是利用摄动方法来识别工作空间边界上的超曲面的范围。文献[50]提出借助计算机辅助设计的变几何方法,来描绘 6 个自由度以内的并联机器人的可达工作空间。其主要思路为将机器人的位置解转变为空间样条曲线,在仿真模型上动态显示出工作空间的边界曲面。文献[51]在随机理论的基础上,提出了一种工作空间数值解法。该方法可以在条件约束下,例如末端执行器姿态约束、环境约束、关节约束等,求解工作空间。Wang 等[52]提出了一种利用切片曲线搜索工作空间边界的方法。

工作空间也是最常用的一种性能指标。Yang 等[53]考虑了障碍物的影响,提出了无碰可达工作空间的概念。强文义等[54]研究了空间机器人动力学耦合问题,推导了基座固定、自由飞行和自由漂浮等 3 种模式的运动学方程。以此为基础分析了避免动力学奇异的工作空间。Bergamaschi 等[55]采用解析法计算得到了 3R 机器人的工作空间边界方程,基于工作空间解析式对机器人进行优化结构。Ceccarelli 等[56]考虑工作空间的限制和结构约束,以工作空间最大和机构连杆总长最小为优化目标,采用序列二次规划算法对机器人进行结构优化。Gosselin 等提出了 Jacobian 条件数优化指标[57],目的是保证机器人逆解的存在,通过将雅可比条件数和工作空间结合,提出全局性能指标(Global Conditioning Index,GCI)[58],以表征雅可比条件数在工作空间上的分布情况。在机器人运动速度和精度要求较高时,机器人的动力学性能很关键,GCI 的缺点是没有考虑机器人的运动特性。郭希娟等[59,60]参考 Gosselin 的方法,考虑了速度性能和加速度性能,提出了包含一阶雅可比矩阵和二阶 Hessian 矩阵的综合动力学性能指标,可表征机构运动的平均性能。石志新等[61]提出了全局性能波动指标,可表征机器人在工作空间内某一点的性能相对于平均性能的波动情况。

对于串联 PRRPR-S 型 8-DOF 摄影机器人,目前尚未有相关的工作空间研究。本书考虑摄影机器人末端执行器姿态调节 3 组合轴结构,在垂直于底层直线轨道的平面内,以腕点的可达空间作为摄影机器人的理论有效工作空间,着重研究工作空间的边界,包括摄影机器人近身区域的腕点不可达区域。工作空间的研究为摄影机器人的实际应用提供支持,同时也为摄影机器人运动学逆解做准备。

2.1.3　机器人运动学逆解

运动学逆解是指已知输出件的位置和姿态,求解输入件的位置。机器人逆解求解的方法有解析法和数值法[62],其中解析法又分为几何解析法和代数解析法[63]。

几何解析解法是指根据机器人几何结构以及各个连杆的位置关系,将逆运动学问题分解为平面几何问题[64]或者立体几何问题[65],从而得各关节的移动位置或旋转角度。通常将几何法与代数法相结合来解决逆运动学问题。

对于具有特殊结构的机器人,用代数法求取逆运动学解能够有效地降低计算复杂性,适合在线应用。Pieper[66]证明了当机器人有 3 个相邻关节轴相交于一点时,一定存在解析形式的逆解。很多研究[67-72]基于这种结构求解逆运动学问题。Duffy[73]证明了当 3 个相邻的关节轴互相平行时,也一定存在解析形式的解。

冗余机器人具有高度非线性和强耦合性,一些研究利用数值解法,得到机器人逆解的近似值。文献[74,75]基于 Newton-Raphson 迭代求解方法,求解机器人正运动学构成的非线性方程组,得到了逆运动学的数值解;Damas[76]提出了在线学习机器人运动学输入/输出关系的算法,该算法可对正解和逆解同时学习;Ayusawa[77]研究了一种多自由度机器人的快速逆运动学解法,主要思路是通过 Newton-Euler 迭代算法计算梯度向量,从而求得逆运动学解;对于 6 个旋转自由度的机器人,Raghavan[78]利用矢量计算 14 个由 6 个逆运动学等式所构造的方程,消元后得到单变量的一元 24 次方程,求出了最多 16 组逆解。Manocha[79]对文献[78]的算法进行了改进,利用 24 阶矩阵特征分解方法提高了逆运动学解的稳定性及精度。此外,还有基于二次规划[80]、四元数[81]、共轭梯度法[82]、神经网络[83]、DFP 算法[84]、遗传算法[85]、信赖域方法[86]等数值迭代方法。

当多自由度串联机器人几何结构不满足 Pieper 准则,或者不完全满足 Pieper 准则而是有微小误差时,就不能由封闭解算法求出逆运动学解。此时必须有效结合数值解法和封闭解法,才能求出逆运动学解[87]。具体为,先忽略几何结构误差,采用封闭解法求出逆运动学解,以此作为初始值,用牛顿-拉夫森迭代算法修正结构误差对逆运动学解的影响,从而得到更为精确的逆运动学解。封闭解法和牛顿-拉夫森迭代算法构成的组合算法包含封闭解算法简洁和迭代算法局部收敛速度快的优势,可解决结构存在误差的机器人的逆运动学问题[88]。

数值解法可以解决任意结构机器人的逆解问题,但计算复杂,算法运行时间较长。

本书对去冗余的摄影机器人采用几何解析法和代数解析法综合方法进行逆解求解。同时,几何解析解法可以增加对摄影机器人结构特点的理解,为后面的冗余自由度运动范围分析做铺垫。

机器人作业在任务空间,任务空间的轨迹通过逆运动学算法转换到关节空间所需的运算时间须符合实际工作的时间承受能力[89]。

2.1.4　冗余自由度机器人

机器人的智能控制系统与机构的几何灵活性相结合,可完成多种复杂操作任务。冗余度机器人几何结构具有高度灵活性,具有较强的研究价值。目前研究的对象主要包括冗余度机械臂,多冗余度机器人和超冗余度机器人[90]。

冗余度机器人,指含有自由度数(主动关节数)多于作业任务所需最少自由度数的一类机器人。同一种机器人,在不同的任务环境下,既可能是冗余度机器人,也可能是非冗余度机器人。机器人在正常执行给定任务的前提下,通过冗余特性变换关节构型,可满足额外的优化目标,包括灵活性[91,92]、防止运动关节超出物理约束[93-96]、躲避障碍[97-100]、避免奇异性[101-104]、优化动力学性能和减小关节运动速度[105,106]等。

综上所述,冗余度机器人具有重要研究价值。本书研究的摄影机器人为 8 轴串联 PRRPR - S 型,属于双冗余自由度机器人,具有完整空间定位能力。与传统工业机器人相比,它的大臂可以伸长,主体结构可在直线轨道上移动。

2.1.4.1　自运动的研究

对于工作空间内任意点,冗余度机器人有无穷多不同的构形与之对应,即当末端执行器沿规定路径运动时,机器人连杆构形不唯一,可根据优化条件给定其运动规律,该规律生成的运动定义为自运动(self-motion)。自运动是冗余度机器人的重要特征。

C. L. Luck 研究了关节约束的冗余度机器人自运动拓扑学[107],描述了机器人从一个区域自运动到下一个区域时,自运动流形的挠曲规律。他发现有关节约束时,存在半奇异点。

赵建文[108]定义适用于位姿可解耦的冗余度机器人的位置子流形和姿态子流形。根据位置子流形和姿态子流形性质的不同将末端执行器位姿空间分解为 3 个子空间,基于矢量代数学,用参数方程的形式给出 3 个子空间中机构的位置子流形和姿态子流形,综合位置子流形和姿态子流形得到了机构的自运动流形。

单冗余度机器人可通过零空间向量确定其唯一的自运动解析表达式。多冗余度机器人自运动的描述和解析表达式还有待研究。

2.1.4.2　冗余自由度机器人运动学逆解算法

冗余自由度机器人位置级别上的逆运动学在数学上表现为非线性方程组的求解。只有某些特殊几何结构的机器人能够得到解析形式的方程组解,一般结构的冗余度机器人只能用数值迭代方法求解。速度级别上的逆运动学问题在数学上是线性方程组的形式[109]。冗余度机器人运动学逆问题的解不是有限多个,在无穷多组解中,结合优化目标的最优解求解是一个重要研究方向。

1.速度级逆解及优化

速度级冗余自由度机器人运动学逆解流程为,由轨迹规划得到当前末端位姿的输出速度。关节速度有多种求解优化方法,主要思路是根据优化目标函数确定自运动空间的优化解,进而得到优化后的冗余度机器人运动学逆解。其中,当优化目标函数为位置级时,速度级的优化,是从趋势角度进行调整,是一种更优的求解。

Liegeois[110]提出基于广义逆的梯度投影法。该方法将逆解分解为最小范数解和齐次解两部分。其中,放大系数 k 决定了冗余度机器人自运动的速度。梯度投影法的关节运动不可积,累计误差只能通过辅助定位系统消除。如果机器人末端沿着封闭路径多次重复回到初始状态,关节坐标可能会达到某个奇异位置,导致机器人失稳。Chen[111]提出了加权最小范数解法。这种方法通过对雅可比矩阵的加权,将拟优化的性能指标转换到加权雅可比矩阵中。其优点是无终态自运动。Baillieul[112]采用扩展空间法,对冗余度机器人进行了运动学逆解计算,其缺点是数值稳定性差。Yoshikawa[113]提出了机器人操作灵活度指标 w。当冗余度机器人接近奇异位形时,雅可比矩阵的最小奇异值接近零,w 接近零。w 越大,说明机器人的运动灵活性越好。Dubey[114]针对 7 自由度球腕机器人提出了基于雅可比矩阵分解的解析求解公式。但这种方法在分解雅可比矩阵时可能会出现算法奇异,具有局限性。李鲁亚[115]基于梯度投影法提出可优化度(the Motion Optimizability Measure,MOM)。MOM 越大,冗余度机器人自运动可优化的能力越强。当 MOM 为 0 时,冗余度机器人不具备自运动优化的潜力。Hollerbach 等[116]成功地优化了关节力矩,但该方法存在计算不稳定现象。Kazerounian[117]借助拉格朗日乘子法推导出了最小关节驱动力矩的最小二乘解问题的求解方法。该方法只需求解一次广义逆,改善了计算稳定性,但未完全解决计算不稳定问题。Jonghoon 等[118]通过解析讨论了扩展雅可比矩阵(EJM)平衡解和分解路径的特性,给出了基于 EJM 法的 nDOF 冗余度机器人的局部最优解的必要和充分条件。Charles 等[119]改进了 EJM 方法。Tan 等[120]用加权最小范数解来满足冗余关节机器人的物理关节约束,可自动选择自运动占机器人工作空间的比例。该方法与梯度投影法不同,可满足物理关节约束,最小化不必要的自运动。祖迪等[121]在投影梯度法得到部分优化解的基础上,利用二次计算消除了积累误差,对 7 自由度冗余机器人进行了实验,每次运算周期在 150 μs 左右。潘博等[122]在投影梯度法的基础上,通过位姿分解,将 7 自由度冗余机器人简化为 4 自由度位置逆运动学求解;通过投影梯度法的优化解,进行封闭逆解;每次的运算周期在 5 ms左右。Sung[123]用正运动学方程作为约束条件,以末端执行器运动速度偏差作为优化目标,在速度级进行最优解求解。该方法搜寻全局最优解,其缺点是由于冗余机器人正运动学的样本数量大,优化计算的实时性差。Abdelrahem Atawnih 等[152]在逆向微分运动方程的基础上,规定了一种规避障碍信号来满足冗余度机器人关节位置约束要求。Christoph Stöger 等[153]对具有冗余度的非完整约束移动型机器人逆解进行研究,提出了用加速度级局部优化解,来解决非完整约束轮造成微分方程解的不确定性。

速度级的优化算法,例如投影梯度法,其方程是线性的,容易进行处理。但只能找到局部最优解。另外,主流的投影梯度法,只适用于冗余度为 1 的机器人,不适用于本书的双冗余度摄影机器人。位置级的运动方程是非线性的,将位置目标转化成关节空间的轨迹规划,不会遇到奇异性问题,且可得到全局下只含有机构误差的优化解。

2.位置级逆解及优化

冗余机器人逆运动学由于具有无穷多组解,通常用关于某些参数变量的形式得到解析解。参数的选择方式非常灵活,无固定模式。目前较多研究选取适当的关节角作为参数变量。Lee[124]针对一个 8 自由度的冗余机器人提出了一种解析形式的逆运动学解法。在给定末端位姿矩阵后,选择两个关节角为参数,得到另外 6 个关节角的解析形式。同时发现对于一个特定的指定目标点位姿,存在多个自运动流形。Badler[125]通过代数解法得到了一个 7 自由度冗余机器人的逆解,并分别将不同的关节角作为冗余参数,讨论了各情况下的逆解。

Kreutz-Deigado 等[126]于 1992 年提出采用臂型角对 7-DOF 机械臂的冗余性进行参数化描述。在该文章中,主要针对的是 Spherical-Revolute-Spherical(SRS)型 7-DOF 机械臂进了行分析。采用臂型角(arm angle)参数来描述冗余度,分析了其对应的自运动流形,使机器人在满足末端执行器位姿控制的基本任务基础上,通过臂型角参数得到额外任务的性能。臂型角定义为参考平面和手臂平面之间的夹角。参考平面由基础坐标系的垂直方向的单位向量 V 和肩-腕线确定的平面 SW。手臂平面指由肩-肘-腕三点确定的平面 SEW。自运动为平面 SEW 绕着线 SW 转动的臂型角角度。将关节角映射到任务空间,用变换矩阵描述了臂型角。同时提出了用关节角速度描述末端执行器速度和臂型角的参数雅可比矩阵。讨论了参数雅可比矩阵的 algorithmic 和 kinematic 奇异位置。该文章将这一概念用到了速度级逆运动学分析上。

Masayuki Shimizu[127]将臂型角概念用到了 SRS 型机械臂的位置级逆运动学分析中,并重点分析了在全局空间中,关节角物理约束下,如何寻找所有非奇异的可行逆解。该文章用臂型角参数化方法推导出一个封闭形式的运动学逆解方程并改进了参考平面的选取原则。通过固定一个关节,使 7 自由度机器人变为 6 自由度机器人,并且 6 自由度机器人的末端在没有关节角度限制的情况下可以达到 7 自由度时的任意位姿。此时对于某个特定的末端执行器位姿,只有一个手臂平面存在,选取此平面为参考平面。推导末端执行器位姿矩阵对于臂型角参数的函数表达式。利用任意冗余运动下,肘部关节角不变的性质,得到其他关节角相对于臂型角的两种表达式,一种正切形式,另一种余弦形式。在此基础上,他研究了臂型角角度和关节角角度之间的关系,分情况讨论了 7 个轴最大关节角出现时的状态。利用罚函数,以所有关节角运动总和最小为目标,在关节角角度限制的条件下,用臂型角代替关节角,使得罚函数的参数降为单参数,肩、肘、腕都有各自的最小关节角,以全局最小为目标函数,得到最优的臂型角。最后在 7 自由度机械臂模型上进行仿真。

Singh[128]求解了一种 7 自由度机器人的逆运动学。基于给定的末端执行器位姿矩阵,通过对机器人几何构型分析,得到了肘关节的所有可能位置在一个圆环曲线上,从而用一个旋转角参数来表示肘关节的所有可能位置。再根据确定的肘关节位置,求出其他的关节角。

崔泽等[129]通过固定冗余自由度,对仿人 7 自由度机械臂进行逆解。该文未提及逆解算法的时间。马博军等[130]对具有冗余自由度的移动操作臂进行了逆运动学分析。该移动机器人模型具有 3 个自由度,机械臂具有 5 个自由度。该文章根据机器人结构,对末端自由度进行分配,通过增加约束条件得到逆解,未提及算法运行时间。文献[129]和文献[130]都属于通过约束条件将冗余自由度机器人转化成非冗余自由度机器人进行逆解。

马华栋等[131]求出超声检测机器人逆解的解析表达式,并提出 3 种自由度分配方案。以在检测参数一定的条件下,尽量减少导轨平台的运动次数为原则,通过选择合适的自由度分配方案,对超声波探头位姿集合做划分,结合逆解解析式求出运动学逆解。机器人由单自由度的导轨平台和置于导轨上的两个 5 自由度的检测操作臂组成,在导轨方向上存在冗余自由度。实验路径规划得到 37 004 个检测点。在研华 IPC-610H 工控机上,对该算法做时间测试,其时间为 130 ms 左右。

崔泽等[151]针对 SCHUNK 型 7-DOF 机械臂,提出了一种采用 SolidWorks/Motion 模块的虚拟仿真实现方案,分析了作为控制关节电机驱动的 STEP 函数的数学特性,将笛卡尔空间的运动学轨迹规划问题转换为机械臂各关节驱动的 STEP 函数表达,并规划了空间直线路径。

摄影机器人的运动学逆解,主要任务是在位置级上对末端执行器的位置和姿态进行控制。由于摄影机器人具有两个冗余自由度,故其自运动流型较复杂,同时也更加灵活。本书在研究了摄影机器人工作空间的基础上,提出的优化算法,这样可更好地利用机器人的结构特点。其优化结果和效率都有明显提升。

3. 基于遗传算法的冗余自由度机器人运动学逆解

遗传算法是一种非确定性的拟自然算法,具有优秀的鲁棒性、全局优化性、自适应性和隐含并行性,但是遗传算法也容易陷入局部最优或早熟问题[132]。

Parker 和 Goldberg[133]于 1989 年提出了用遗传算法求解冗余自由度机器人的运动学方程。刘永超等[134]提出用二次编码的遗传算法求解机器人运动学方程的算法,并将该算法用于求解冗余自由度机器人运动学方程,该实验在一定程度上提高了解的精度。

蔡锦达和李郝林[135]提出了一种改进的遗传算法求解机器人运动学方程,并将该算法应用于 3 自由度平面机器人,深入探讨了改善遗传算法搜索特性的控制参数。实验结果表明,过小或过大的群体规模都不利于算法的收敛速度。

李明林[136]采用实数编码,并采用自适应策略,调整交叉和变异概率,提出了基于扩大种群采样空间的改进遗传算法,克服了二进制编码的精度问题,稳定性较好,但是收敛速度较慢。

王立权[137]把遗传算法应用到机器人的运动学逆问题求解中,对选择、突变等操作进行分析,提出了编码转换和在多点交叉操作中交叉点偏置的方法,研究了交叉率和变异率对机器人逆解结果影响的规律。该文以 3R 型 SIWR-Ⅱ水下作业操作手为研究对象。遗传算法采用 C 语言编程实现。

金媛媛[138]以遗传算法为基础,提出了结合模拟退火和自适应策略的改进遗传算法,在保证算法收敛性的情况下加快了收敛的速度,能够在一定程度上减少遗传算法进入局部最优或早熟问题。该文以 Rhino 公司开发的 XR 系列的 5R 冗余自由度串联机器人为例,按 DH 模型建立机器人运动学方程。末端执行器位置有显示表达式,在关节空间内使用遗传算法,用 VC 编程实现。种群规模 100,最大遗传代数 250。目标函数为位置误差最小且关节角运动幅度最小。也就是说,到达目标时的状态,不是绝对地准,而是有偏差。

周冀平等[139]考虑到串联机器人运动学逆解的不确定性,将小生境进化引入到遗传算法中,通过求解出更多地逆解组来防止遗传算法过早成熟的问题。该文通过双层进化机制增强遗传算法的局域搜索能力,加快了收敛速度。该文研究对象为平面冗余自由度 3R 机器人,文中没有算法运行时间说明。

Joey[140]用遗传算法进行轨迹规划,但这种迭代算法由于种群数值的随机性,无法保证收敛性。

赵爽等[141]应用量子遗传算法[142]结合脊线模态[143]描述法,以最小关节运动幅度为优化目标,研究了平面十杆超冗余度机器人初始位形参数对优化效果的影响。算法可收敛,但未提及运算时间。艾跃[144]对平面 3 自由度冗余机器人,在只考虑位置不考虑姿态的条件下,应用差分演化算法结合有效解集进行优化。算法随代数收敛速度快,但是没有提及时间。

综上所述,当前采用遗传算法解决冗余自由度机器人的研究,主要在关节空间进行遗传算法的优化。优化目标函数为位置误差最小与各轴转角最小组成的适应度函数。由于是优化目标,所以优化解与目标位姿有一定差距。虽然以上实验的优化精度都能达到预期效果,但是,被优化的机器人结构简单,并且只优化机器人末端位置,并没有优化姿态。这样搜索空间相对较小。另外,大部分文献并没有给出算法运行的时间。同时,在关节空间使用遗传算法,适应度函数没有统一模式,尤其是多优化目标的情况。此时只能通过反复试验得到一个有效的适应度函数模式,使用时非常不方便。

2.2　摄影机器人机构简图和零状态参数表

8-DOF PRRPR-S 型摄影机器人物理样机及关键部件命名如图 2-所示。视机器人各连杆为刚体,建立机器人运动学模型。运动学模型研究主要解决机器人定位问题,具体为描述连杆与连杆之间的位置关系。

机器人建模方面,有很多成熟的方法。本书选用 DH 模型对摄影机器人进行建模,考虑到标定的需求,对末端执行器变换矩阵使用 6 变量建模方法。不同文献上 DH 建模方法略有差别。本书中的坐标系 $\{i\}$ 固连在连杆 i 上,原点在连杆末端关节轴的轴线上。连杆附加坐标系的规定简述如下。

(1)对于连杆 i 的坐标系 $\{i\}$,其 Z 轴指向关节轴的轴线方向,对于直线运动轴,其轴线方向为运动轴方向;

(2)坐标系$\{i\}$的 X 轴为坐标系$\{i-1\}Z$轴与坐标系$\{i\}Z$轴的公垂线方向。坐标系$\{i\}$的 Y 轴根据 X 轴和 Z 轴依据右手定则确定。

由此建立摄影机器人连杆附加坐标系如图 2-1 所示。

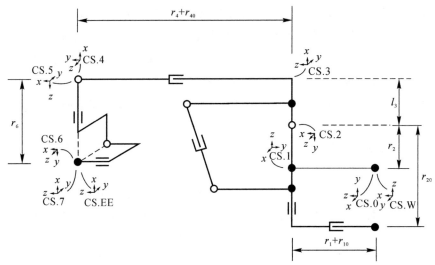

图 2-1　摄影机器人运动学用数学模型

摄影机器人共有 8 个运动轴,分别为,底层直线运动轴 r_1,底层环形旋转轴 θ_2,环形结构顶部俯仰旋转轴 θ_3,顶层直线运动轴 r_4,顶层直线结构远端俯仰旋转轴 θ_5,末端执行器姿态调整旋转轴 θ_6,俯仰轴 θ_7,翻滚轴 θ_{ee}。考虑摄影机器人的零状态,基于 DH 模型和 6 变量模型,得到摄影机器人运动学用连杆参数表,见表 2-1。摄影机器人在零状态时,即各个电机轴移动量为 0。

表 2-1　摄影机器人运动学连杆参数表

变　换	类　型	参数						
		i	1	2	3	4	5	6
W—0	1	0	$\pi/2$	0	0	$\pi/2$	—	—
0—1	1	1	0	r_1+r_{10}	0	$-\pi/2$	—	—
1—2	1	2	$-\pi/2$	r_2	0	$-\pi/2$	—	—
2—3	1	3	$-\pi/2$	0	l_3	$-\pi/2$	—	—
3—4	1	4	0	r_4+r_{40}	0	$\pi/2$	—	—
4—5	1	5	$\pi/2$	0	0	$-\pi/2$	—	—
5—6	1	6	0	r_6	0	$\pi/2$	—	—
6—7	1	7	$-\pi/2$	0	0	$-\pi/2$	—	—
7—EE	2	EE	0	0	0	0	0	0

2.3　不同类型的变换矩阵通式

2.3.1　变换矩阵类型 1 - DH

DH 模型的变换矩阵含义为,在坐标系$\{i\}$状态下,绕当前的 Z 轴旋转 θ,再沿 Z 轴移动 r,之后沿 X 轴移动 l,最后绕 X 轴旋转 α,即 $\mathrm{Rot}(Z,\theta) \cdot \mathrm{Trans}(Z,r) \cdot \mathrm{Trans}(X,l) \cdot \mathrm{Rot}(X,\alpha)$。DH 模型建模的变换矩阵通式为

$$\boldsymbol{A}_{\mathrm{DH}} = \begin{bmatrix} \cos\theta & -\cos\alpha \cdot \sin\theta & \sin\theta \cdot \sin\alpha & l \cdot \cos\theta \\ \sin\theta & \cos\alpha \cdot \sin\theta & -\cos\theta \cdot \sin\alpha & l \cdot \sin\theta \\ 0 & \sin\alpha & \cos\alpha & r \\ 0 & 0 & 0 & 1 \end{bmatrix}$$

2.3.2　变换矩阵类型 2 - EE

6 变量变换矩阵[149]含义为,在坐标系$\{i\}$状态下,依次在变换后新坐标系下做如下变换:绕 Z 轴旋转 θ,绕 Y 轴旋转 β,绕 X 轴旋转 α,沿 X 轴移动 x,沿 Y 轴移动 y,最后沿 Z 轴移动 z,即 $\mathrm{Rot}(Z,\theta) \cdot \mathrm{Rot}(Y,\beta) \cdot \mathrm{Rot}(X,\alpha) \cdot \mathrm{Trans}(X,x) \cdot \mathrm{Trans}(Y,y) \cdot \mathrm{Trans}(Z,z)$。EE 建模的变换矩阵通式为

$$\boldsymbol{A}_{\mathrm{ec}} = \begin{bmatrix} \cos\beta \cdot \cos\theta & \cos\theta \cdot \sin\alpha \cdot \sin\beta - \cos\alpha \cdot \sin\theta & \sin\alpha \cdot \sin\theta + \cos\alpha \cdot \sin\beta \cdot \cos\theta \\ \cos\beta \cdot \sin\theta & \sin\theta \cdot \sin\alpha \cdot \sin\beta + \cos\alpha \cdot \cos\theta & -\sin\alpha \cdot \cos\theta + \cos\alpha \cdot \sin\beta \cdot \sin\theta \\ -\sin\beta & \cos\beta \cdot \sin\alpha & \cos\alpha \cdot \cos\beta \\ 0 & 0 & 0 \end{bmatrix}$$

$$\begin{array}{l} z \cdot (\sin\alpha \cdot \sin\theta + \cos\alpha \cdot \sin\beta \cdot \cos\theta) - y \cdot (\cos\alpha \cdot \sin\theta - \cos\theta \cdot \sin\alpha \cdot \sin\beta) + x \cdot \cos\beta \cdot \cos\theta \\ -z \cdot (\sin\alpha \cdot \cos\theta - \cos\alpha \cdot \sin\beta \cdot \sin\theta) + y \cdot (\cos\alpha \cdot \cos\theta + \sin\theta \cdot \sin\alpha \cdot \sin\beta) + x \cdot \cos\beta \cdot \sin\theta \\ z \cdot \cos\alpha \cdot \cos\beta - x \cdot \sin\beta + y \cdot \cos\beta \cdot \sin\alpha \\ 1 \end{array}$$

2.4　摄影机器人变换矩阵

由上面分析得到摄影机器人变换矩阵为

$$\boldsymbol{A}_0 = \begin{bmatrix} 0 & 0 & 1 & 0 \\ 1 & 0 & 0 & 0 \\ 0 & 1 & 0 & 0 \\ 0 & 0 & 0 & 1 \end{bmatrix}$$

$$\boldsymbol{A}_1 = \begin{bmatrix} 1 & 0 & 0 & 0 \\ 0 & 0 & 1 & 0 \\ 0 & -1 & 0 & r_1 + r_{10} \\ 0 & 0 & 0 & 1 \end{bmatrix}$$

$$\boldsymbol{A}_2 = \begin{bmatrix} \cos(\theta_2 - \pi/2) & 0 & -\sin(\theta_2 - \pi/2) & 0 \\ \sin(\theta_2 - \pi/2) & 0 & \cos(\theta_2 - \pi/2) & 0 \\ 0 & -1 & 0 & r_2 \\ 0 & 0 & 0 & 1 \end{bmatrix}$$

$$\boldsymbol{A}_3 = \begin{bmatrix} \cos(\theta_3 - \pi/2) & 0 & -\sin(\theta_3 - \pi/2) & l_3 \cdot \cos(\theta_3 - \pi/2) \\ \sin(\theta_3 - \pi/2) & 0 & \cos(\theta_3 - \pi/2) & l_3 \cdot \sin(\theta_3 - \pi/2) \\ 0 & -1 & 0 & 0 \\ 0 & 0 & 0 & 1 \end{bmatrix}$$

$$\boldsymbol{A}_4 = \begin{bmatrix} 1 & 0 & 0 & 0 \\ 0 & 0 & -1 & 0 \\ 0 & 1 & 0 & r_4 + r_{40} \\ 0 & 0 & 0 & 1 \end{bmatrix}$$

$$\boldsymbol{A}_5 = \begin{bmatrix} \cos(\theta_5 + \pi/2) & 0 & -\sin(\theta_5 + \pi/2) & 0 \\ \sin(\theta_5 + \pi/2) & 0 & \cos(\theta_5 + \pi/2) & 0 \\ 0 & -1 & 0 & 0 \\ 0 & 0 & 0 & 1 \end{bmatrix}$$

$$\boldsymbol{A}_6 = \begin{bmatrix} \cos\theta_6 & 0 & \sin\theta_6 & 0 \\ \sin\theta_6 & 0 & -\cos\theta_6 & 0 \\ 0 & 1 & 0 & r_6 \\ 0 & 0 & 0 & 1 \end{bmatrix}$$

$$\boldsymbol{A}_7 = \begin{bmatrix} \cos(\theta_7 - \pi/2) & 0 & -\sin(\theta_7 - \pi/2) & 0 \\ \sin(\theta_7 - \pi/2) & 0 & \cos(\theta_7 - \pi/2) & 0 \\ 0 & -1 & 0 & 0 \\ 0 & 0 & 0 & 1 \end{bmatrix}$$

$$\boldsymbol{A}_{ee} = \begin{bmatrix} \cos\theta_{ee} & \sin\theta_{ee} & 0 & 0 \\ -\sin\theta_{ee} & \cos\theta_{ee} & 0 & 0 \\ 0 & 0 & 1 & 0 \\ 0 & 0 & 0 & 1 \end{bmatrix}$$

则末端执行器坐标系在世界坐标系中的位姿为

$$\boldsymbol{T}_{EE} = \boldsymbol{A}_0 \cdot \boldsymbol{A}_1 \cdot \boldsymbol{A}_2 \cdot \boldsymbol{A}_3 \cdot \boldsymbol{A}_4 \cdot \boldsymbol{A}_5 \cdot \boldsymbol{A}_6 \cdot \boldsymbol{A}_7 \cdot \boldsymbol{A}_{EE} \tag{2-1}$$

其中，$r_1=0$，$r_4=0$，$r_{10}=1\,000$，$r_2=300$，$l_3=333$，$r_{40}=2\,500$，$r_6=963$。

在图 2-1 中有 $r_{20}=1\,691$。r_{20} 是底层直线轨道上表面到环形结构顶部俯仰旋转轴轴线的距离。原本考虑使用底层直线轨道上表面的高度作为世界坐标系的原点高度，但是逆解算法确定了逆解运算时摄影机器人的世界坐标系位置。同时考虑到摄影机器人的标定位姿表达式含有相互关联的连杆参数，故将世界坐标系置于底层直线两轨道中间位置，高度低于环形结构顶部俯仰旋转轴的轴线高度，高于电气控制柜的上表面高度。

2.5　摄影机器人运动学模型有效性验证

本书借助 MATLAB 软件，将摄影机器人运动学模型用图形显示出来，并且尽可能在摄影机器人各个关节的运动范围内移动。如图 2-2 所示，虚线为摄影机器人初始零位状态，实线为摄影机器人运动结束状态，点划线为摄影机器人末端执行器运动轨迹。

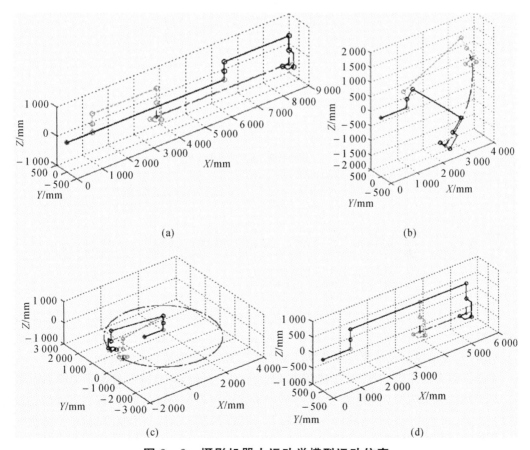

图 2-2　摄影机器人运动学模型运动仿真

(a)底层直线运动轴；(b)环形结构顶部俯仰旋转轴；(c)底层环形旋转轴；(d)顶层直线运动轴

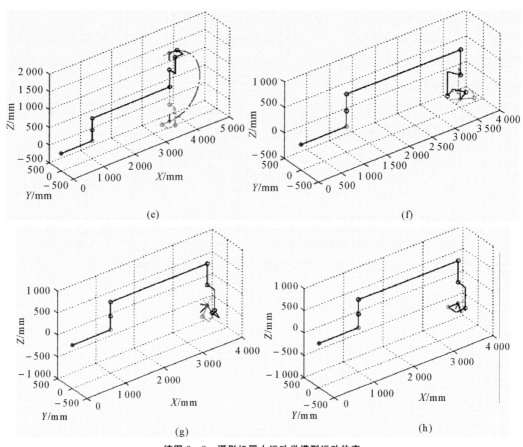

续图 2-2 摄影机器人运动学模型运动仿真

(e)顶层直线结构远端俯仰旋转轴;(f)末端执行器姿态调整旋转轴;

(g)末端执行器姿态调整俯仰轴;(h)末端执行器姿态调整翻滚轴

2.6 摄影机器人环形结构顶部俯仰旋转轴推举结构分析

摄影机器人整体上是一个串联机构。环形结构顶部俯仰旋转轴推举结构,是摄影机器人机构链中的一个闭环机构。具体描述为,电机产生的动能,驱动直线运动单元做直线运动。同时,直线运动单元绕固定轴旋转。两个运动复合,实现顶层机构的俯仰。

摄影机器人除环形结构顶部俯仰旋转轴以外的 7 个轴,均是电机直接驱动机器人名义轴。环形结构顶部俯仰旋转轴却不同,该轴电机直接驱动直线运动单元,控制直线运动单元的有效长度,间接控制顶层机构的俯仰角度。在摄影机器人的运动学模型中,环形结构顶部俯仰旋转轴旋转量指顶层直线结构与水平面的夹角。根据坐标系{2}的 Z 轴方向设定,基于右手规则,环形结构顶部俯仰旋转轴的正向为"顶层机构下沉",负方向为"顶层机构上仰"。从本质上看,该轴输入量依然是电机的位置控制命令,输出量为环形结构顶部俯仰旋转轴的旋转角度。与其他 7 个轴不同点为输入量与输出量不是线性关系。

考虑环形结构顶部俯仰旋转轴的运动状态,根据顶层结构与水平面的夹角,将俯仰角度分为 3 类,如图 2-3 所示。

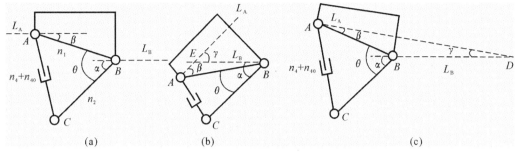

图 2-3　环形结构顶部俯仰旋转轴 3 种俯仰情况

(a)环形结构顶部俯仰旋转轴零状态;(b)顶层机构下沉状态;(c)顶层机构上仰状态

环形结构顶部俯仰旋转轴推举机构主要连杆参数见表 2-2。

表 2-2　环形结构顶部俯仰旋转轴推举机构主要连杆参数

连杆名称	设计值
n_1	1 096.141 mm
n_2	1 252.119 mm
n_{40}	1 251.09 mm
α	61.367 63°
β	2.614 4°
$n_{4\min}(\theta_{3\max})$	-739.91 mm
$n_{4\max}(\theta_{3\min})$	398.32 mm

在分析环形结构顶部俯仰旋转轴旋转角度表达式之前,做以下规定。

A,B,C 为推举机构的三个端点。其中,B 和 C 点是固定的,即 n_1 和 n_2 长度固定。直线运动单元在零状态时长度为 n_{40},即 $n_4=0$。

过 A 点,作平行于顶层直线机构的辅助线 L_A,L_A 与 AB 连线的夹角为 β。过 B 点,作平行于底层直线机构的辅助线 L_B,L_B 与 BC 的夹角为 α。L_A 与 L_B 的夹角为 γ,为环形结构顶部俯仰旋转轴的转角。AB 与 BC 的夹角为 θ。

在图 2-3(c)中,根据三角形外角等于不相邻的两个内角和,得

$$\theta-\alpha=\beta+\gamma \tag{2-2}$$

整理得

$$\gamma=\theta-\alpha-\beta \tag{2-3}$$

式中,$\gamma>0$。

根据环形结构顶部俯仰旋转轴转角的正负约定。这里转角应该为负值,故

$$\gamma=\alpha+\beta-\theta \tag{2-4}$$

式中,$\gamma<0$。

在图 2-3(b)中,根据三角形外角等于不相邻的两个内角和,得

$$\gamma=\beta+(\alpha-\theta) \tag{2-5}$$

式中，$\gamma > 0$。

在图 2-3(a)中，有 $\gamma = 0$。根据平行线角内角关系，有

$$\theta = \alpha + \beta \tag{2-6}$$

将式(2-6)代入式(2-4)或式(2-5)的 γ 角求解公式都成立。

综上所述，环形结构顶部俯仰旋转轴的旋转角度公式为

$$\gamma = \alpha + \beta - \theta \tag{2-7}$$

由 α 和 β 的定义可知，其数值是固定的，不随 n_4 的长度变化而变化。故将式(2-7)简记为

$$\gamma = \varphi - \theta \tag{2-8}$$

式中，$\varphi = \alpha + \beta$。

在 $\triangle ABC$ 中，根据余弦定理得

$$\theta = \arccos\left[\frac{n_1^2 + n_2^2 - (n_{40} + n_4)^2}{2n_1 n_2}\right] \tag{2-9}$$

由式(2-8)和式(2-9)得到环形结构顶部俯仰旋转轴推举机构的直线运动单元移动量和环形结构顶部俯仰旋转轴转角的关系为

$$\gamma = \varphi - \arccos\left[\frac{n_1^2 + n_2^2 - (n_{40} + n_4)^2}{2n_1 n_2}\right] \tag{2-10}$$

当已知环形结构顶部俯仰旋转轴的旋转角度时，由式(2-10)可得到推举直线运动单元的移动量，即

$$n_4 = \sqrt{n_1^2 + n_2^2 - 2n_1 n_2 \cos(\varphi - \gamma)} - n_{40} \tag{2-11}$$

2.7　模型参数标定原理解析

摄影机器人整体标定，除了位置，姿态也要考虑。这个是摄影的特殊需求。其他大多数文献只标定位置。通过位置标定来获得连杆参数的真值。但是通过环形结构顶部俯仰旋转轴转角标定的分析可知，对目标点的运动标定并不一定能保证连杆参数的名义值更接近真值，这要根据被标定点的名义计算公式是否足够独立，例如不含有比例成分。因此，为了实现摄影机器人的实际需求，对位置和姿态都进行标定，确保标定补偿后的连杆参数名义值可以使得模型的输入和输出关系更接近实际函数关系。

假设有矩阵

$$\boldsymbol{A} = \begin{bmatrix} a_{11} & a_{12} \\ a_{21} & a_{22} \end{bmatrix}$$

式中，a_{ij} 是变量 t 的函数，则

$$\mathrm{d}\boldsymbol{A} = \begin{bmatrix} \dfrac{\mathrm{d}a_{11}}{\mathrm{d}t} & \dfrac{\mathrm{d}a_{12}}{\mathrm{d}t} \\ \dfrac{\mathrm{d}a_{21}}{\mathrm{d}t} & \dfrac{\mathrm{d}a_{22}}{\mathrm{d}t} \end{bmatrix} \cdot \Delta t$$

即 $\mathrm{d}\boldsymbol{A}$ 的实质是对 $\boldsymbol{A}$ 矩阵中的每个元素进行数学表达式层面上的变化速度的求解,最后再乘以自变量 t 的微小偏差量。换句话说,$\mathrm{d}\boldsymbol{A}$ 是 $\boldsymbol{A}$ 的微小周边的偏差量预测,但不是微小周边的真实偏差值。

在机器人的变换矩阵中,有个容易混淆的地方。人类对物理概念的认知是:两个不同的空间坐标系 CS1 和 CS2,CS2 是 CS1 下一个变化趋势。人很容易想到:CS1 经过怎样的旋转和平移能和 CS2 的原点重合且姿态重合。这个物理概念在机器人学中的表达为

$$\boldsymbol{T}_2 = \boldsymbol{T}_1 \cdot \text{Transformation}_{12}$$

式中:$\boldsymbol{T}_1$ 是 CS1 在世界坐标系中的变换矩阵;$\boldsymbol{T}_2$ 是 CS2 在世界坐标系中的变换矩阵。

对此,机器人学中的两个坐标系的变化是"乘"的关系,$\text{Transformation}_{12}$ 中的元素是代表物理概念中的"平移和旋转"。如果用微分概念,只是从 $\boldsymbol{T}_1$ 的元素表达式层面上处理

$$\boldsymbol{T}_2 = \boldsymbol{T}_1 + \mathrm{d}\boldsymbol{T}_1$$

微分是"加"的关系。$\mathrm{d}\boldsymbol{T}_1$ 中的元素并没有"平移和旋转"的物理概念,它只是数学表达式层面的"微小临近空间偏差预测",但是微分表达式中含有矩阵元素表达式中包含的变量的偏差,是被标定的对象。

Paul 在其著作[149]中有这样的表达:

$$\mathbf{dNT}_{\text{ee}} = \mathbf{NT}_{\text{ee}} \cdot \boldsymbol{\delta}\mathbf{NT}_{\text{ee}}$$

式中,$\boldsymbol{\delta}\mathbf{NT}_{\text{ee}}$ 中的 $\mathrm{d}x$,$\mathrm{d}y$,$\mathrm{d}z$,δx,δy,δz 就是微小的坐标变换的平移和旋转的含义。这里说明一下,Paul 的说法没有问题,但是这并不代表 $\boldsymbol{\delta}\mathbf{NT}_{\text{ee}}$ 矩阵是和 $\text{Transformation}_{12}$ 的含义完全一致的。因为 $\mathbf{dNT}_{\text{ee}}$ 的物理意义只是 $\mathbf{NT}_{\text{ee}}$ 矩阵内的元素在其微小范围内的变化量预测。

为了说明原理,首先设定变量名及其含义。

$\mathbf{NT}_{\text{ee}}$(Nominal Transformation of End Effector)由连杆参数名义值计算的末端执行器坐标系在世界坐标系中的变换矩阵,即

$$\mathbf{NT}_{\text{ee}} = \boldsymbol{A}_0\boldsymbol{A}_1\boldsymbol{A}_2\boldsymbol{A}_3\boldsymbol{A}_4\boldsymbol{A}_5\boldsymbol{A}_6\boldsymbol{A}_7\boldsymbol{A}_{\text{ee}}$$

记 $\mathbf{dNT}_{\text{ee}}$ 为 $\mathbf{NT}_{\text{ee}}$ 的微分。

$\mathbf{MT}_{\text{ee}}$(Measured Transformation of End Effector)通过实际测量的末端执行器坐标系在世界坐标系中的变换矩阵。

$\text{Transformation}_{\text{NM}}$ 从坐标系 $\boldsymbol{N}_{\text{ee}}$ 变换到坐标系 $\boldsymbol{M}_{\text{ee}}$ 的变换矩阵:

$$\mathbf{MT}_{\text{ee}} = \mathbf{NT}_{\text{ee}} \cdot \text{Transformation}_{\text{NM}} \tag{2-12}$$

此时有

$$\text{Transformation}_{\text{NM}} = \text{Trans}(\mathrm{d}x,\mathrm{d}y,\mathrm{d}z) \cdot \text{Rot}(\boldsymbol{k},\mathrm{d}\theta) \tag{2-13}$$

式中,$\boldsymbol{k} = \begin{bmatrix} k_x & k_y & k_z \end{bmatrix}$ 为旋转轴向量。

式(2-12)的含义为:$\mathbf{NT}_{\text{ee}}$ 相对于自身的坐标轴平移 $\begin{bmatrix} \mathrm{d}x & \mathrm{d}y & \mathrm{d}z \end{bmatrix}$,绕相对于自身坐标系的 $\boldsymbol{k}$ 向量旋转 $\mathrm{d}\theta$,即旋转向量为 $\begin{bmatrix} k_x\mathrm{d}\theta & k_y\mathrm{d}\theta & k_z\mathrm{d}\theta \end{bmatrix}$,之后完全和 $\mathbf{MT}_{\text{ee}}$ 重合(位置和姿态)。这里所有的微小偏移量 $\begin{bmatrix} k_x\mathrm{d}\theta & k_y\mathrm{d}\theta & k_z\mathrm{d}\theta & \mathrm{d}x & \mathrm{d}y & \mathrm{d}z \end{bmatrix}$,都是人类认知的物理概念。只要能求出这 6 个量,即使这 6 个量不在 $\text{Transformation}_{\text{NM}}$ 中,也完全可以认为是确认了坐标系 $\mathbf{NT}_{\text{ee}}$ 到坐标系 $\mathbf{MT}_{\text{ee}}$ 的变换关系。

$$\mathrm{Trans}(\mathrm{d}x,\mathrm{d}y,\mathrm{d}z)=\begin{bmatrix} 1 & 0 & 0 & \mathrm{d}x \\ 0 & 1 & 0 & \mathrm{d}y \\ 0 & 0 & 1 & \mathrm{d}z \\ 0 & 0 & 0 & 1 \end{bmatrix}$$

$$\mathrm{Rot}(\boldsymbol{k},\mathrm{d}\theta)=\begin{bmatrix} k_xk_x\mathrm{vers}\theta & k_yk_x\mathrm{vers}\theta-k_z\sin\theta & k_zk_x\mathrm{vers}\theta+k_y\sin\theta & 0 \\ k_xk_y\mathrm{vers}\theta & k_yk_y\mathrm{vers}\theta+\cos\theta & k_zk_y\mathrm{vers}\theta-k_x\sin0 & 0 \\ k_xk_z\mathrm{vers}\theta & k_yk_z\mathrm{vers}\theta+k_x\sin\theta & k_zk_z\mathrm{vers}\theta+\cos\theta & 0 \\ 0 & 0 & 0 & 1 \end{bmatrix}$$

注意,这里 $\mathrm{d}\theta$ 是有限小量,不是无穷小量,所以在 $\theta\approx0$ 附近时,有

$$\sin\theta=(\sin\theta)_{\theta=0}+(\sin\theta)'_{\theta=0}\cdot\mathrm{d}\theta=\mathrm{d}\theta$$

$$\cos\theta=(\cos\theta)_{\theta=0}+(\cos\theta)'_{\theta=0}\cdot\mathrm{d}\theta=1$$

$$\mathrm{vers}\theta=(\mathrm{vers}\theta)_{\theta=0}+(\mathrm{vers}\theta)'_{\theta=0}\cdot\mathrm{d}\theta=(1-\cos\theta)_{\theta=0}+(1-\cos\theta)'_{\theta=0}\cdot\mathrm{d}\theta=0$$

于是有当 $\lim\theta\rightarrow0$ 时,得

$$\mathrm{Rot}(\boldsymbol{k},\mathrm{d}\theta)=\begin{bmatrix} 1 & -k_z\mathrm{d}\theta & k_y\mathrm{d}\theta & 0 \\ k_z\mathrm{d}\theta & 1 & -k_x\mathrm{d}\theta & 0 \\ -k_y\mathrm{d}\theta & k_x\mathrm{d}\theta & 1 & 0 \\ 0 & 0 & 0 & 1 \end{bmatrix} \tag{2-14}$$

另外,考虑任意坐标系分别对 x 轴,y 轴,z 轴旋转微小量 δx,δy,δz 的矩阵形式。首先,坐标系关于 x 轴,y 轴和 z 轴的旋转变换矩阵为

$$\mathrm{Rot}(x,\theta)=\begin{bmatrix} 1 & 0 & 0 & 0 \\ 0 & \cos\theta & -\sin\theta & 0 \\ 0 & \sin\theta & \cos\theta & 0 \\ 0 & 0 & 0 & 1 \end{bmatrix} \tag{2-15}$$

$$\mathrm{Rot}(y,\theta)=\begin{bmatrix} \cos\theta & 0 & \sin\theta & 0 \\ 0 & 1 & 0 & 0 \\ -\sin\theta & 0 & \cos\theta & 0 \\ 0 & 0 & 0 & 1 \end{bmatrix} \tag{2-16}$$

$$\mathrm{Rot}(z,\theta)=\begin{bmatrix} \cos\theta & -\sin\theta & 0 & 0 \\ \sin\theta & \cos\theta & 0 & 0 \\ 0 & 0 & 0 & 0 \\ 0 & 0 & 0 & 1 \end{bmatrix} \tag{2-17}$$

在微小变化的条件下,$\sin\theta\rightarrow\mathrm{d}\theta$,$\cos\theta\rightarrow1$。这时,式(2-15)~式(2-17)变为

$$\mathrm{Rot}(x,\delta x)=\begin{bmatrix} 1 & 0 & 0 & 0 \\ 0 & 1 & -\delta x & 0 \\ 0 & \delta x & 1 & 0 \\ 0 & 0 & 0 & 1 \end{bmatrix}$$

$$\text{Rot}(y,\delta y)=\begin{bmatrix}1 & 0 & \delta y & 0\\ 0 & 1 & 0 & 0\\ -\delta y & 0 & 1 & 0\\ 0 & 0 & 0 & 1\end{bmatrix}$$

$$\text{Rot}(z,\delta z)=\begin{bmatrix}1 & -\delta z & 0 & 0\\ \delta z & 1 & 0 & 0\\ 0 & 0 & 1 & 0\\ 0 & 0 & 0 & 1\end{bmatrix}$$

在忽略二阶及高阶微小量乘积因子的条件下,有

$$\begin{aligned}\text{Rot}(x,\delta x)\cdot\text{Rot}(y,\delta y)\cdot\text{Rot}(z,\delta z)&=\text{Rot}(x,\delta x)\cdot\text{Rot}(z,\delta z)\cdot\text{Rot}(y,\delta y)\\ &=\text{Rot}(y,\delta y)\cdot\text{Rot}(x,\delta x)\cdot\text{Rot}(z,\delta z)\\ &=\text{Rot}(y,\delta y)\cdot\text{Rot}(z,\delta z)\cdot\text{Rot}(x,\delta x)\\ &=\text{Rot}(z,\delta z)\cdot\text{Rot}(x,\delta x)\cdot\text{Rot}(y,\delta y)\\ &=\text{Rot}(z,\delta z)\cdot\text{Rot}(y,\delta y)\cdot\text{Rot}(x,\delta x)\\ &=\begin{bmatrix}1 & -\delta z & \delta y & 0\\ \delta z & 1 & -\delta x & 0\\ -\delta y & \delta x & 1 & 0\\ 0 & 0 & 0 & 1\end{bmatrix}\end{aligned}\tag{2-18}$$

由式(2-18)说明,在微小变化并忽略二阶及高阶微小量乘积因子的条件下,坐标系绕3个轴旋转的变换矩阵,与旋转的顺序无关。

对照式(2-14),有

$$\delta x=k_x\mathrm{d}\theta,\delta y=k_y\mathrm{d}\theta,\delta z=k_z\mathrm{d}\theta\tag{2-19}$$

式(2-19)说明微小旋转向量 $\boldsymbol{k}\cdot\mathrm{d}\theta$ 在 x 轴上的投影相当于坐标系绕 x 轴的微小旋转量,$\boldsymbol{k}\cdot\mathrm{d}\theta$ 在 y 轴上的投影相当于坐标系绕 y 轴的微小旋转量,$\boldsymbol{k}\cdot\mathrm{d}\theta$ 在 z 轴上的投影相当于坐标系绕 z 轴的微小旋转量。

此时,坐标系变换矩阵为

$$\begin{aligned}\text{Transformation}_{\text{NM}}&=\text{Trans}(\mathrm{d}x,\mathrm{d}y,\mathrm{d}z)\cdot\text{Rot}(\boldsymbol{k},\mathrm{d}\theta)\\ &=\begin{bmatrix}1 & -k_z\mathrm{d}\theta & k_y\mathrm{d}\theta & \mathrm{d}x\\ k_z\mathrm{d}\theta & 1 & -k_x\mathrm{d}\theta & \mathrm{d}y\\ -k_y\mathrm{d}\theta & k_x\mathrm{d}\theta & 1 & \mathrm{d}z\\ 0 & 0 & 0 & 1\end{bmatrix}\\ &=\begin{bmatrix}1 & -\delta z & \delta y & \mathrm{d}x\\ \delta z & 1 & -\delta x & \mathrm{d}y\\ -\delta y & \delta x & 1 & \mathrm{d}z\\ 0 & 0 & 0 & 1\end{bmatrix}\end{aligned}\tag{2-20}$$

当 $\mathbf{MT}_{\text{ee}}$ 在 $\mathbf{NT}_{\text{ee}}$ 微小临近空间范围时,有

$$\mathbf{MT}_{\text{ee}}=\mathbf{NT}_{\text{ee}}+\mathbf{dNT}_{\text{ee}}\tag{2-21}$$

联立式(2-12)和式(2-21)得

$$\mathbf{NT_{ee}} + d\mathbf{NT_{ee}} = \mathbf{NT_{ee}} \cdot \text{Transformation}_{NM}$$

整理得

$$d\mathbf{NT_{ee}} = \mathbf{NT_{ee}} \cdot (\text{Transformation}_{NM} - I) = \mathbf{NT_{ee}} \cdot \begin{bmatrix} 0 & -\delta z & \delta y & dx \\ \delta z & 0 & -\delta x & dy \\ -\delta y & \delta x & 0 & dz \\ 0 & 0 & 0 & 0 \end{bmatrix} \quad (2-22)$$

记

$$\delta\mathbf{NT_{ee}} = \begin{bmatrix} 0 & -\delta z & \delta y & dx \\ \delta z & 0 & -\delta x & dy \\ -\delta y & \delta x & 0 & dz \\ 0 & 0 & 0 & 0 \end{bmatrix} \quad (2-23)$$

于是有

$$d\mathbf{NT_{ee}} = \mathbf{NT_{ee}} \cdot \delta\mathbf{NT_{ee}}$$

式中：$d\mathbf{NT_{ee}}$中含有连杆参数误差微分量。$(\text{Transformation}_{NM} - I)$可以记作$\delta\mathbf{NT_{ee}}$,其中含有代表机器人平移和旋转概念的元素变量,并且各种移动概念单独存在,称为$\mathbf{NT_{ee}}$的微分平移和旋转变换矩阵。同样,对于任意机器人位姿齐次矩阵表达式$\mathbf{T}$,都有其对应的微分平移和旋转变换矩阵

$$\delta\boldsymbol{T} = \text{Rot}(\boldsymbol{k}, d\theta) \cdot \text{Trans}(x, y, z) - I$$

使得

$$d\boldsymbol{T} = \boldsymbol{T} \cdot \delta\boldsymbol{T} \quad (2-24)$$

至此,式(2-22)建立了坐标系位置偏差与连杆误差之间的关系。在标定过程中,$\mathbf{NT_{ee}}$为已知,只要可以得到$(\text{Transformation}_{NM} - I)$中代表物理位移的元素变量值,就可以计算$d\mathbf{NT_{ee}}$及其中的连杆误差参数。

2.7.1 物理平移和旋转元素变量值的求解

在求解之前,首先对坐标系$\mathbf{MT_{ee}}$和$\mathbf{NT_{ee}}$进行概念明晰。当中间变换矩阵中的元素含有微小误差时,会导致计算得到的名义坐标系的位姿与真实测量得到的坐标系位姿不重合,如图2-4所示。

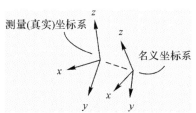

图2-4 名义坐标系与测量坐标系不重合

通过实际测量设备,可以得到末端执行器坐标系在世界坐标系中真实的位置和姿态,用

4×4 的齐次矩阵表示为

$$\mathbf{MT}_{ec} = \begin{bmatrix} \mathbf{mn} & \mathbf{mo} & \mathbf{ma} & \mathbf{mp} \\ 0 & 0 & 0 & 1 \end{bmatrix} = \begin{bmatrix} mn_x & mo_x & ma_x & mp_x \\ mn_y & mo_y & ma_y & mp_y \\ mn_z & mo_z & ma_z & mp_z \\ 0 & 0 & 0 & 1 \end{bmatrix}$$

同时,利用机器人连杆参数的名义值,也可以计算出末端执行器在世界坐标系中的名义位置和姿态,用 4×4 的齐次矩阵表示为

$$\mathbf{NT}_{ee} = \begin{bmatrix} \mathbf{nn} & \mathbf{no} & \mathbf{na} & \mathbf{np} \\ 0 & 0 & 0 & 1 \end{bmatrix} = \begin{bmatrix} nn_x & no_x & na_x & np_x \\ nn_y & no_y & na_y & np_y \\ nn_z & no_z & na_z & np_z \\ 0 & 0 & 0 & 1 \end{bmatrix}$$

值得注意的是,这里两个坐标系 $\mathbf{MT}_{ee}$ 和 $\mathbf{NT}_{ee}$ 所在的参考系是完美一致的,即在现场放置世界坐标系标志物,通过简单的相对世界坐标系标志物的变换参数测量以及下游坐标系相对于上游坐标系的变换参数测量(这里指的就是 A_i 中的各个元素的物理测量值,例如 r,α 等),可得到机器人位姿矩阵的名义值。同时,机器人实际测量设备的参考就是现场放置的世界坐标系标志物,从而 $\mathbf{MT}_{ee}$ 坐标系和 $\mathbf{NT}_{ee}$ 坐标系的参考系是一致的。

两个坐标系物理空间的差别为:

(1)名义(Nominal)坐标系经过怎样的旋转,可使得自身与测量(measures)坐标系姿态一致。

(2)名义坐标系经过怎样的平移,可使得自身原点与测量坐标系原点重合。

其中,$\mathbf{MT}_{ee}$ 和 $\mathbf{NT}_{ee}$ 姿态上的差别,由左上角的 3×3 子矩阵确定,位置上的差别,由第 4 列前 3 行的子矩阵确定。

由式(2-12)得

$$\text{Transformation}_{NM} = \mathbf{NT}_{ee}^{-1} \cdot \mathbf{MT}_{ee} \tag{2-25}$$

$\mathbf{MT}_{ee}$ 可由 DPA 位置姿态测量系统得到。$\mathbf{NT}_{ee}$ 由机器人串联变换矩阵得到。由式(2-20)可知,$\text{Transformation}_{NM}$ 中含有所有需要的物理位移元素变量,包括姿态调整元素变量 $[\delta x \quad \delta y \quad \delta z]$,和位移元素变量 $[\mathrm{d}x \quad \mathrm{d}y \quad \mathrm{d}z]$。由式(2-25)可知,只要避免机器人处于奇异位形或者接近奇异位形,即 $\mathbf{NT}_{ee}$ 不是奇异矩阵(这个就如同除法中的分母不能为零一样),就可以获得有效的 $\text{Transformation}_{NM}$。

在摄影机器人标定中,考虑到机器人机构复杂,制造加工以及装配误差,以及摄影机器人尺寸是其他现有工业机器人 2 倍以上。故末端执行器姿态的名义计算值和实际测量值之间会有较大的偏差。故式(2-18)不适合本机器人的标定。本书对此做如下分析和改进:

记 Gesture_{NM} 为 $\text{Transformation}_{NM}$ 中代表坐标系 $\mathbf{MT}_{ee}$ 和 $\mathbf{NT}_{ee}$ 之间姿态偏差的变换矩阵。记 Displacement_{NM} 为 $\text{Transformation}_{NM}$ 中代表坐标系 $\mathbf{MT}_{ee}$ 和 $\mathbf{NT}_{ee}$ 之间位置偏差的变换矩阵。有

$$\text{Transformation}_{NM} = \text{Displacement}_{NM} \cdot \text{Gesture}_{NM} \qquad (2-26)$$

式(2-26)为式(2-13)的一般式。

坐标姿态的描述方式有很多种，既可以是相对于 $\mathbf{NT}_{ee}$ 固定坐标系的 3 轴旋转，也可以是每一步都相对于最新坐标系的 3 轴旋转，还可以是任意一种欧拉姿态角表示方法，例如：$\text{Gesture}_{NM} = \text{Rot}(x,\phi) \cdot \text{Rot}(y,\theta) \cdot \text{Rot}(z,\varphi)$。

在摄影机器人误差模型中，由式(2-25)可知，名义坐标系 $\mathbf{NT}_{ee}$ 和测量坐标系 $\mathbf{MT}_{ee}$ 之间姿态上的差别主要为绕名义坐标系 $\mathbf{NT}_{ee}$ 的 3 个坐标轴的旋转量。故这里采用旋转，俯仰和翻滚的姿态描述方式(RPY)，即

$$\text{RPY}(\varphi,\theta,\Psi) = \text{Rot}(z,\varphi) \cdot \text{Rot}(y,\theta) \cdot \text{Rot}(x,\Psi)$$

$$= \begin{bmatrix} c\varphi c\theta & c\varphi s\theta s\Psi - s\theta c\Psi & c\varphi s\theta c\Psi + s\varphi s\Psi & 0 \\ s\varphi c\theta & s\varphi s\theta s\Psi + c\theta c\Psi & s\varphi s\theta c\Psi - c\varphi s\Psi & 0 \\ -s\theta & c\theta s\Psi & c\theta c\Psi & 0 \\ 0 & 0 & 0 & 1 \end{bmatrix} \qquad (2-27)$$

RPY 定义的旋转，其旋转轴为旋转前的固定坐标系(stationcoordinatesystem)的 3 个轴。首先，绕固定轴 x 旋转角度 Ψ，再绕固定轴 y 旋转角度 θ，最后绕固定轴 z 旋转角度 φ。注意到，旋转的书写顺序与说明的旋转顺序相反，这时因为书写的旋转顺序，旋转都是相对于变换后最新的坐标系进行的，而说明顺序是相对于初始的固定坐标系进行的。

2.7.2 RPY 变换矩阵反解

设

$$\text{RPY}(\varphi,\theta,\Psi) = \begin{bmatrix} n_x & o_x & a_x & 0 \\ n_y & o_y & a_y & 0 \\ n_z & o_z & a_z & 0 \\ 0 & 0 & 0 & 1 \end{bmatrix}$$

将式(2-27)两端同时左乘 $\text{Rot}(z,\varphi)^{-1}$ 得

$$\text{Rot}(z,\varphi)^{-1} \cdot \text{RPY}(\varphi,\theta,\Psi) = \text{Rot}(y,\theta) \cdot \text{Rot}(x,\Psi) \qquad (2-28)$$

展开式(2-28)得

$$\begin{bmatrix} f_{11}(n) & f_{11}(o) & f_{11}(a) & 0 \\ f_{12}(n) & f_{12}(o) & f_{12}(a) & 0 \\ f_{13}(n) & f_{13}(o) & f_{13}(a) & 0 \\ 0 & 0 & 0 & 1 \end{bmatrix} = \begin{bmatrix} c\theta & s\theta s\Psi & s\theta c\Psi & 0 \\ 0 & c\Psi & -s\Psi & 0 \\ -s\theta & c\theta s\Psi & c\theta c\Psi & 0 \\ 0 & 0 & 0 & 1 \end{bmatrix} \qquad (2-29)$$

式中

$$f_{11} = \cos\varphi \cdot x + \sin\varphi \cdot y, \quad f_{12} = -\sin\varphi \cdot x + \cos\varphi \cdot y, \quad f_{13} = z$$

由 $f_{12}(n) = 0$，得到

$$-\sin\varphi \cdot n_x + \cos\varphi \cdot n_y = 0 \qquad (2-30)$$

则

$$\varphi = a\tan 2(n_y, n_x) \qquad (2-31)$$

或者

$$\varphi = \varphi \pm \pi$$

注释：只有单独知道 sin 和 cos 值，才能有唯一的 $a\tan 2$ 的结果。这里只知道式（2-30）的一个同时含有 sin 和 cos 的等式，所以除了 $a\tan 2$ 的结果，还有一个相距 π 的结果。

考虑标定时，各个连杆参数初始名义值不会相差过分大，则 $\mathbf{NT}_{ee}$ 和 $\mathbf{MT}_{ee}$ 的姿态，在单个旋转轴上的偏差不会超过 $\pi/2$。也就是说，$\mathbf{NT}_{ee}$ 和 $\mathbf{MT}_{ee}$ 的在 z 轴方向的旋转角度差必定取 φ 和 $\varphi + \pi$ 中绝对值较小的值。由式（2-31）可知，$-\pi < \varphi \leqslant \pi$，由上述讨论有

$$\left. \begin{array}{l} \varphi = \varphi - \pi, \ \varphi > \dfrac{\pi}{2} \\[2mm] \varphi = \varphi + \pi, \ \varphi < -\dfrac{\pi}{2} \\[2mm] \text{报警提示}, \varphi = \dfrac{\pi}{2} \text{ 或 } \varphi = -\dfrac{\pi}{2} \end{array} \right\} \qquad (2-32)$$

其中，报警提示内容为："固定连杆参数名义值与真实值偏差过大，致使末端姿态的名义值和测量值相差过大。"当然，这种情况在标定中基本不会出现，毕竟机器人的制造精度和装配精度是有一定保证的。

由式（2-31）和式（2-32），可以得到 φ 的唯一解。

由式（2-29）的右边矩阵的（1,1）和（3,1）元素与左边矩阵相应元素对应得到

$$\begin{array}{c} -\sin\theta = n_z \\ \cos\theta = \cos\varphi \cdot n_x + \sin\varphi \cdot n_y \end{array} \qquad (2-33)$$

由此得到

$$\theta = a\tan 2(-n_z, \cos\varphi \cdot n_x + \sin\varphi \cdot n_y)$$

由式（2-29）的右边矩阵的（2,3）和（2,2）元素与左边矩阵相应元素对应得到

$$\left\{ \begin{array}{l} -\sin\boldsymbol{\Psi} = -\sin\varphi \cdot a_x + \cos\varphi \cdot a_y \\ \cos\boldsymbol{\Psi} = -\sin\varphi \cdot o_x + \cos\varphi \cdot o_y \end{array} \right.$$

由此得到

$$\boldsymbol{\Psi} = a\tan 2(\sin\varphi \cdot a_x - \cos\varphi \cdot a_y, -\sin\varphi \cdot o_x + \cos\varphi \cdot o_y) \qquad (2-34)$$

综上所述，可以得到名义坐标系和测量坐标系的姿态旋转变换元素值。同时确定摄影机器人标定流程为：

（1）设定若干个测量姿态，尽可能遍布机器人工作空间。

（2）通过 DPA 位置测量系统获得末端执行器的空间位姿信息。

（3）计算末端执行器的名义值，计算并记录名义值与测量值之间的位姿偏差。

（4）记录本姿态电机位置控制命令值，计算各轴运动值 $[\,r_1 \quad \theta_2 \quad \theta_3 \quad r_4 \quad \theta_5 \quad \theta_6 \quad \theta_7 \quad \theta_{ee}\,]$。

(5)计算误差雅可比矩阵。

(6)换下一姿态,重复步骤(2)～(5),直到所有标定姿态测量完毕。

(7)基于误差标定模型,用最小二乘法计算连杆参数补偿值,并对连杆参数名义值进行补偿。

(8)利用补偿后的连杆参数名义值计算末端执行器位置和姿态,并计算与测量得到的末端执行器的位置和姿态之间的偏差。

(9)若偏差足够小,则算法停止,或者迭代计算的次数满足要求后,算法停止。否则,使用补偿后的连杆参数名义值计算出末端执行器的位姿,代替步骤(3)中的名义值,重复步骤(3)～(8)。

(10)查看最终标定得到的补偿连杆参数名义值。

记

$$\text{Position Distance for MT}_{ee} \text{ and NT}_{ee}:\text{PDfMN}$$
$$\text{Attitude Distance for MT}_{ee} \text{ and NT}_{ee}:\text{ADfMN}$$

注释:参照式(2-20)。末端执行器的位置和姿态名义计算值和实际测量值的偏差记为

$$\left.\begin{array}{l}\text{PDfMN}=\sqrt{\mathrm{d}x^2+\mathrm{d}y^2+\mathrm{d}z^2}\\ \text{ADfMN}=\sqrt{\delta x^2+\delta y^2+\delta z^2}\end{array}\right\} \tag{2-35}$$

考虑到姿态偏差不是足够微小的情况,根据式(2-31)～式(2-34),有

$$\text{ADfMN}=\sqrt{\varphi^2+\theta^2+\Psi^2} \tag{2-36}$$

2.8　摄影机器人误差标定模型

在串联机器人建模中,要处理的一个问题描述如下:

已知串联坐标系为 $\boldsymbol{T}_n=\boldsymbol{A}_1\boldsymbol{A}_2\cdots\boldsymbol{A}_i\cdots\boldsymbol{A}_n$。对于任意的 $\boldsymbol{A}_i$ 变换矩阵,其中的连杆参数发生微小变化,使得变换产生微小的平移和旋转,$\delta\boldsymbol{A}_i$。此时,串联机构的末端坐标系 $\boldsymbol{T}_n$ 的位置和姿态会与理论计算位置也产生微小的平移和旋转。设

$$\boldsymbol{\Delta}_i=\begin{bmatrix}\boldsymbol{d}_i\\ \boldsymbol{\delta}_i\end{bmatrix}$$

式中:$\boldsymbol{\Delta}_i$ 为提取 $\delta\boldsymbol{A}_i$ 中位置偏差和角度偏差元素的向量。

设

$$\boldsymbol{U}_i=\boldsymbol{A}_{i+1}\boldsymbol{A}_{i+2}\cdots\boldsymbol{A}_n$$

式中:$\boldsymbol{U}_i$ 为从 $\boldsymbol{A}_{i+1}$ 沿下游一直到 n 坐标系的变换矩阵乘积。

记

$$U_i = \begin{bmatrix} \boldsymbol{n} & \boldsymbol{0} & \boldsymbol{a} & \boldsymbol{p} \\ 0 & 0 & 0 & 1 \end{bmatrix} = \begin{bmatrix} n_x & o_x & a_x & p_x \\ n_y & o_y & a_y & p_y \\ n_z & o_z & a_z & p_z \\ 0 & 0 & 0 & 1 \end{bmatrix}$$

串联机构的末端坐标系在世界坐标系中的微小位移与串联链中的变换矩阵的微小位移有

$$T_u \delta T_n = U_i^{-1} \delta A_i U_i$$

$$= \begin{bmatrix} \boldsymbol{n} \cdot (\boldsymbol{\delta} \times \boldsymbol{n}) & \boldsymbol{n} \cdot (\boldsymbol{\delta} \times \boldsymbol{0}) & \boldsymbol{n} \cdot (\boldsymbol{\delta} \times \boldsymbol{a}) & \boldsymbol{n} \cdot (\boldsymbol{\delta} \times \boldsymbol{p} + \boldsymbol{d}) \\ \boldsymbol{0} \cdot (\boldsymbol{\delta} \times \boldsymbol{n}) & \boldsymbol{0} \cdot (\boldsymbol{\delta} \times \boldsymbol{0}) & \boldsymbol{0} \cdot (\boldsymbol{\delta} \times \boldsymbol{a}) & \boldsymbol{n} \cdot (\boldsymbol{\delta} \times \boldsymbol{p} + \boldsymbol{d}) \\ \boldsymbol{a} \cdot (\boldsymbol{\delta} \times \boldsymbol{n}) & \boldsymbol{a} \cdot (\boldsymbol{\delta} \times \boldsymbol{0}) & \boldsymbol{a} \cdot (\boldsymbol{\delta} \times \boldsymbol{a}) & \boldsymbol{n} \cdot (\boldsymbol{\delta} \times \boldsymbol{p} + \boldsymbol{d}) \\ 0 & 0 & 0 & 0 \end{bmatrix}$$

$$= \begin{bmatrix} 0 & -\boldsymbol{\delta} \cdot \boldsymbol{a} & \boldsymbol{\delta} \cdot \boldsymbol{o} & \boldsymbol{\delta} \cdot (\boldsymbol{p} \times \boldsymbol{n}) + \boldsymbol{d} \cdot \boldsymbol{n} \\ \boldsymbol{\delta} \cdot \boldsymbol{a} & 0 & -\boldsymbol{\delta} \cdot \boldsymbol{n} & \boldsymbol{\delta} \cdot (\boldsymbol{p} \times \boldsymbol{0}) + \boldsymbol{d} \cdot \boldsymbol{0} \\ -\boldsymbol{\delta} \cdot \boldsymbol{0} & \boldsymbol{\delta} \cdot \boldsymbol{n} & 0 & \boldsymbol{\delta} \cdot (\boldsymbol{p} \times \boldsymbol{a}) + \boldsymbol{d} \cdot \boldsymbol{a} \\ 0 & 0 & 0 & 0 \end{bmatrix} \tag{2-37}$$

补充,这里对于 $\boldsymbol{a} \cdot (\boldsymbol{b} \times \boldsymbol{c})$ 形式的向量多项式,有

$$\boldsymbol{a} \cdot (\boldsymbol{b} \times \boldsymbol{c}) = -\boldsymbol{b} \cdot (\boldsymbol{a} \times \boldsymbol{c}) = \boldsymbol{b} \cdot (\boldsymbol{c} \times \boldsymbol{a})$$

且当任意两个向量相同时,有 $\boldsymbol{a} \cdot (\boldsymbol{b} \times \boldsymbol{c}) = \boldsymbol{0}$,例如:$\boldsymbol{a} \cdot (\boldsymbol{a} \times \boldsymbol{c}) = \boldsymbol{0}$。

同时,由式(2-23)有

$$T_n \delta T_n = \begin{bmatrix} 0 & -T_n \delta z & T_n \delta y & T_n \mathrm{d}x \\ T_n \delta z & 0 & -T_n \delta x & T_n \mathrm{d}y \\ -T_n \delta y & T_n \delta x & 0 & T_n \mathrm{d}z \\ 0 & 0 & 0 & 0 \end{bmatrix} \tag{2-38}$$

联立式(2-37)和式(2-38),得到

$$T_z \boldsymbol{\Delta} = \begin{bmatrix} T_n \boldsymbol{d} \\ T_n \boldsymbol{\delta} \end{bmatrix} = \begin{bmatrix} T_n \mathrm{d}x \\ T_n \mathrm{d}y \\ T_n \mathrm{d}z \\ T_n \delta x \\ T_n \delta y \\ T_n \delta z \end{bmatrix} = \begin{bmatrix} \boldsymbol{\delta} \cdot (\boldsymbol{p} \times \boldsymbol{n}) + \boldsymbol{d} \cdot \boldsymbol{n} \\ \boldsymbol{\delta} \cdot (\boldsymbol{p} \times \boldsymbol{0}) + \boldsymbol{d} \cdot \boldsymbol{o} \\ \boldsymbol{\delta} \cdot (\boldsymbol{p} \times \boldsymbol{a}) + \boldsymbol{d} \cdot \boldsymbol{a} \\ \boldsymbol{\delta} \cdot \boldsymbol{n} \\ \boldsymbol{\delta} \cdot \boldsymbol{0} \\ \boldsymbol{\delta} \cdot \boldsymbol{a} \end{bmatrix} \tag{2-39}$$

为记录简单,可将上述关系表述为

$$T_n \boldsymbol{\Delta} = U_i^{-1} \boldsymbol{\Delta}_i U_i$$

式中,$T_n \boldsymbol{\Delta}$ 为 $\boldsymbol{\Delta}_i$ 在 $\boldsymbol{T}_n$ 所在的基坐标系中的位置和角度偏差向量。

式(2-39)揭示了如果名义连杆参数有偏差,那么末端坐标系的实际测量位姿与名义计算位姿之间的偏差和各个连杆参数误差以及误差所在的串联链中的位置的关系。

2.8.1 考虑摄影机器人含有误差的末端坐标系在微小相邻空间的预测位置

当摄影机器人的连杆参数含有微小误差时,末端坐标系在微小相邻空间条件下,其预测偏差为$\mathrm{d}\boldsymbol{T}_{ee}$。末端坐标系的实际预测位置(理论位姿与预测偏差的和)等于各个串联链中变换矩阵理论位姿与预测偏差和的综合效应,即 $\boldsymbol{A}_i$ 中连杆参数误差使得 $\boldsymbol{A}_i$ 的预测实际位置为 $\boldsymbol{A}_i+\mathrm{d}\boldsymbol{A}_i$,由此得到末端坐标系实际预测位置为

$$\boldsymbol{T}_{ee}+\mathrm{d}\boldsymbol{T}_{ee}=(\boldsymbol{A}_0+\mathrm{d}\boldsymbol{A}_0)(\boldsymbol{A}_1+\mathrm{d}\boldsymbol{A}_1)(\boldsymbol{A}_2+\mathrm{d}\boldsymbol{A}_2)(\boldsymbol{A}_3+\mathrm{d}\boldsymbol{A}_3)(\boldsymbol{A}_4+\mathrm{d}\boldsymbol{A}_4) \cdot$$
$$(\boldsymbol{A}_5+\mathrm{d}\boldsymbol{A}_5)(\boldsymbol{A}_6+\mathrm{d}\boldsymbol{A}_6)(\boldsymbol{A}_7+\mathrm{d}\boldsymbol{A}_7)(\boldsymbol{A}_{ee}+\mathrm{d}\boldsymbol{A}_{ee}) \quad (4-40)$$

式中:$\boldsymbol{A}_i$ 为第$(i-1)$号坐标系到第i号坐标系的变换矩阵;$\boldsymbol{A}_0$ 为世界坐标系到第 0 号坐标系的变换矩阵;$\boldsymbol{A}_{ee}$ 为第 7 号坐标系到末端执行器坐标系的变换矩阵,即

$$\{世界\}\rightarrow\{0\}\rightarrow\{1\}\rightarrow\cdots\rightarrow\{7\}\rightarrow\{末端执行器\}$$

对于式(2-40),忽略二阶及高阶微分乘积,得到

$$\boldsymbol{T}_{ee}+\mathrm{d}\boldsymbol{T}_{ee}=\boldsymbol{A}_0\boldsymbol{A}_1\boldsymbol{A}_2\boldsymbol{A}_3\boldsymbol{A}_4\boldsymbol{A}_5\boldsymbol{A}_6\boldsymbol{A}_7\boldsymbol{A}_{ee}+(\mathrm{d}\boldsymbol{A}_0)\boldsymbol{A}_1\boldsymbol{A}_2\boldsymbol{A}_3\boldsymbol{A}_4\boldsymbol{A}_5\boldsymbol{A}_6\boldsymbol{A}_7\boldsymbol{A}_{ee}+$$
$$\boldsymbol{A}_0(\mathrm{d}\boldsymbol{A}_1)\boldsymbol{A}_2\boldsymbol{A}_3\boldsymbol{A}_4\boldsymbol{A}_5\boldsymbol{A}_6\boldsymbol{A}_7\boldsymbol{A}_{ee}+\boldsymbol{A}_0\boldsymbol{A}_1(\mathrm{d}\boldsymbol{A}_2)\boldsymbol{A}_3\boldsymbol{A}_4\boldsymbol{A}_5\boldsymbol{A}_6\boldsymbol{A}_7\boldsymbol{A}_{ee}+$$
$$\boldsymbol{A}_0\boldsymbol{A}_1\boldsymbol{A}_2(\mathrm{d}\boldsymbol{A}_3)\boldsymbol{A}_4\boldsymbol{A}_5\boldsymbol{A}_6\boldsymbol{A}_7\boldsymbol{A}_{ee}+\boldsymbol{A}_0\boldsymbol{A}_1\boldsymbol{A}_2\boldsymbol{A}_3(\mathrm{d}\boldsymbol{A}_4)\boldsymbol{A}_5\boldsymbol{A}_6\boldsymbol{A}_7\boldsymbol{A}_{ee}+$$
$$\boldsymbol{A}_0\boldsymbol{A}_1\boldsymbol{A}_2\boldsymbol{A}_3\boldsymbol{A}_4(\mathrm{d}\boldsymbol{A}_5)\boldsymbol{A}_6\boldsymbol{A}_7\boldsymbol{A}_{ee}+\boldsymbol{A}_0\boldsymbol{A}_1\boldsymbol{A}_2\boldsymbol{A}_3\boldsymbol{A}_4\boldsymbol{A}_5(\mathrm{d}\boldsymbol{A}_6)\boldsymbol{A}_7\boldsymbol{A}_{ee}+$$
$$\boldsymbol{A}_0\boldsymbol{A}_1\boldsymbol{A}_2\boldsymbol{A}_3\boldsymbol{A}_4\boldsymbol{A}_5\boldsymbol{A}_6(\mathrm{d}\boldsymbol{A}_7)\boldsymbol{A}_{ee}+\boldsymbol{A}_0\boldsymbol{A}_1\boldsymbol{A}_2\boldsymbol{A}_3\boldsymbol{A}_4\boldsymbol{A}_5\boldsymbol{A}_6\boldsymbol{A}_7(\mathrm{d}\boldsymbol{A}_{ee})$$

由于

$$\boldsymbol{T}_{ee}=\boldsymbol{A}_0\boldsymbol{A}_1\boldsymbol{A}_2\boldsymbol{A}_3\boldsymbol{A}_4\boldsymbol{A}_5\boldsymbol{A}_6\boldsymbol{A}_7\boldsymbol{A}_{ee}$$

有

$$\mathrm{d}\boldsymbol{T}_{ee}=(\mathrm{d}\boldsymbol{A}_0)\boldsymbol{A}_1\boldsymbol{A}_2\boldsymbol{A}_3\boldsymbol{A}_4\boldsymbol{A}_5\boldsymbol{A}_6\boldsymbol{A}_7\boldsymbol{A}_{ee}+\boldsymbol{A}_0(\mathrm{d}\boldsymbol{A}_1)\boldsymbol{A}_2\boldsymbol{A}_3\boldsymbol{A}_4\boldsymbol{A}_5\boldsymbol{A}_6\boldsymbol{A}_7\boldsymbol{A}_{ee}+$$
$$\boldsymbol{A}_0\boldsymbol{A}_1(\mathrm{d}\boldsymbol{A}_2)\boldsymbol{A}_3\boldsymbol{A}_4\boldsymbol{A}_5\boldsymbol{A}_6\boldsymbol{A}_7\boldsymbol{A}_{ee}+\boldsymbol{A}_0\boldsymbol{A}_1\boldsymbol{A}_2(\mathrm{d}\boldsymbol{A}_3)\boldsymbol{A}_4\boldsymbol{A}_5\boldsymbol{A}_6\boldsymbol{A}_7\boldsymbol{A}_{ee}+$$
$$\boldsymbol{A}_0\boldsymbol{A}_1\boldsymbol{A}_2\boldsymbol{A}_3(\mathrm{d}\boldsymbol{A}_4)\boldsymbol{A}_5\boldsymbol{A}_6\boldsymbol{A}_7\boldsymbol{A}_{ee}+\boldsymbol{A}_0\boldsymbol{A}_1\boldsymbol{A}_2\boldsymbol{A}_3\boldsymbol{A}_4(\mathrm{d}\boldsymbol{A}_5)\boldsymbol{A}_6\boldsymbol{A}_7\boldsymbol{A}_{ee}+$$
$$\boldsymbol{A}_0\boldsymbol{A}_1\boldsymbol{A}_2\boldsymbol{A}_3\boldsymbol{A}_4\boldsymbol{A}_5(\mathrm{d}\boldsymbol{A}_6)\boldsymbol{A}_7\boldsymbol{A}_{ee}+\boldsymbol{A}_0\boldsymbol{A}_1\boldsymbol{A}_2\boldsymbol{A}_3\boldsymbol{A}_4\boldsymbol{A}_5\boldsymbol{A}_6(\mathrm{d}\boldsymbol{A}_7)\boldsymbol{A}_{ee}+$$
$$\boldsymbol{A}_0\boldsymbol{A}_1\boldsymbol{A}_2\boldsymbol{A}_3\boldsymbol{A}_4\boldsymbol{A}_5\boldsymbol{A}_6\boldsymbol{A}_7(\mathrm{d}\boldsymbol{A}_{ee})$$

由式(2-24)得

$$\mathrm{d}\boldsymbol{A}_0=\boldsymbol{A}_0 \cdot \delta\boldsymbol{A}_0 \quad (2-41)$$
$$\mathrm{d}\boldsymbol{A}_1=\boldsymbol{A}_1 \cdot \delta\boldsymbol{A}_1 \quad (2-42)$$
$$\mathrm{d}\boldsymbol{A}_2=\boldsymbol{A}_2 \cdot \delta\boldsymbol{A}_2 \quad (2-43)$$
$$\mathrm{d}\boldsymbol{A}_3=\boldsymbol{A}_3 \cdot \delta\boldsymbol{A}_3 \quad (2-44)$$
$$\mathrm{d}\boldsymbol{A}_4=\boldsymbol{A}_4 \cdot \delta\boldsymbol{A}_4 \quad (2-45)$$
$$\mathrm{d}\boldsymbol{A}_5=\boldsymbol{A}_5 \cdot \delta\boldsymbol{A}_5 \quad (2-46)$$
$$\mathrm{d}\boldsymbol{A}_6=\boldsymbol{A}_6 \cdot \delta\boldsymbol{A}_6 \quad (2-47)$$
$$\mathrm{d}\boldsymbol{A}_7=\boldsymbol{A}_7 \cdot \delta\boldsymbol{A}_7 \quad (2-48)$$
$$\mathrm{d}\boldsymbol{A}_{ee}=\boldsymbol{A}_{ee} \cdot \delta\boldsymbol{A}_{ee} \quad (2-49)$$

dT_{ee}第 1 项：

$$(dA_0)A_1A_2A_3A_4A_5A_6A_7A_{ee} = (A_0 \cdot \delta A_0)A_1A_2A_3A_4A_5A_6A_7A_{ee}$$
$$= T_{ee}(A_{ee}^{-1}A_7^{-1}A_6^{-1}A_5^{-1}A_4^{-1}A_3^{-1}A_2^{-1}A_1^{-1}) \cdot$$
$$\delta A_0(A_1A_2A_3A_4A_5A_6A_7A_{ee})$$
$$= T_{ee}(A_1A_2A_3A_4A_5A_6A_7A_{ee})^{-1} \cdot$$
$$\delta A_0(A_1A_2A_3A_4A_5A_6A_7A_{ee})$$

dT_{ee}第 2 项：

$$A_0(dA_1)A_2A_3A_4A_5A_6A_7A_{ee} = A_0(A_1 \cdot \delta A_1)A_2A_3A_4A_5A_6A_7A_{ee}$$
$$= T_{ee}(A_{ee}^{-1}A_7^{-1}A_6^{-1}A_5^{-1}A_4^{-1}A_3^{-1}A_2^{-1}) \cdot$$
$$\delta A_1(A_2A_3A_4A_5A_6A_7A_{ee})$$
$$= T_{ee}(A_2A_3A_4A_5A_6A_7A_{ee})^{-1} \cdot$$
$$\delta A_1(A_2A_3A_4A_5A_6A_7A_{ee})$$

dT_{ee}第 3 项：

$$A_0A_1(dA_2)A_3A_4A_5A_6A_7A_{ee} = A_0A_1(A_2 \cdot \delta A_2)A_3A_4A_5A_6A_7A_{ee}$$
$$= T_{ee}(A_{ee}^{-1}A_7^{-1}A_6^{-1}A_5^{-1}A_4^{-1}A_3^{-1}) \cdot$$
$$\delta A_2(A_3A_4A_5A_6A_7A_{ee})$$
$$= T_{ee}(A_3A_4A_5A_6A_7A_{ee})^{-1} \cdot$$
$$\delta A_2(A_3A_4A_5A_6A_7A_{ee})$$

dT_{ee}第 4 项：

$$A_0A_1A_2(dA_3)A_4A_5A_6A_7A_{ee} = A_0A_1A_2(A_3 \cdot \delta A_3)A_4A_5A_6A_7A_{ee}$$
$$= T_{ee}(A_{ee}^{-1}A_7^{-1}A_6^{-1}A_5^{-1}A_4^{-1}) \cdot$$
$$\delta A_3(A_4A_5A_6A_7A_{ee})$$
$$= T_{ee}(A_4A_5A_6A_7A_{ee})^{-1} \cdot \delta A_3(A_4A_5A_6A_7A_{ee})$$

dT_{ee}第 5 项：

$$A_0A_1A_2A_3(dA_4)A_5A_6A_7A_{ee} = A_0A_1A_2A_3(A_4 \cdot \delta A_4)A_5A_6A_7A_{ee}$$
$$= T_{ee}(A_{ee}^{-1}A_7^{-1}A_6^{-1}A_5^{-1}) \cdot \delta A_4(A_5A_6A_7A_{ee})$$
$$= T_{ee}(A_5A_6A_7A_{ee})^{-1} \cdot \delta A_4(A_5A_6A_7A_{ee})$$

dT_{ee}第 6 项：

$$A_0A_1A_2A_3A_4(dA_5)A_6A_7A_{ee} = A_0A_1A_2A_3A_4(A_5 \cdot \delta A_5)A_6A_7A_{ee}$$
$$= T_{ee}(A_{ee}^{-1}A_7^{-1}A_6^{-1}) \cdot \delta A_5(A_6A_7A_{ee})$$
$$= T_{ee}(A_6A_7A_{ee})^{-1} \cdot \delta A_5(A_6A_7A_{ee})$$

dT_{ee}第 7 项：

$$A_0A_1A_2A_3A_4A_5(dA_6)A_7A_{ee} = A_0A_1A_2A_3A_4A_5(A_6 \cdot \delta A_6)A_7A_{ee}$$
$$= T_{ee}(A_{ee}^{-1}A_7^{-1}) \cdot \delta A_6(A_7A_{ee})$$
$$= T_{ee}(A_7A_{ee})^{-1} \cdot \delta A_6(A_7A_{ee})$$

dT_{ee}第 8 项：

$$A_0A_1A_2A_3A_4A_5A_6(dA_7)A_{ee} = A_0A_1A_2A_3A_4A_5A_6(A_7 \cdot \delta A_7)A_{ee}$$

$$= \boldsymbol{T}_{ee}(\boldsymbol{A}_{ee}^{-1}) \cdot \delta\boldsymbol{A}_7(\boldsymbol{A}_{ee})$$
$$= \boldsymbol{T}_{ee}(\boldsymbol{A}_{ee})^{-1} \cdot \delta\boldsymbol{A}_7(\boldsymbol{A}_{ee})$$

$\mathrm{d}\boldsymbol{T}_{ee}$ 第 9 项：

$$\boldsymbol{A}_0\boldsymbol{A}_1\boldsymbol{A}_2\boldsymbol{A}_3\boldsymbol{A}_4\boldsymbol{A}_5\boldsymbol{A}_6\boldsymbol{A}_7(\mathrm{d}\boldsymbol{A}_{ee}) = \boldsymbol{A}_0\boldsymbol{A}_1\boldsymbol{A}_2\boldsymbol{A}_3\boldsymbol{A}_4\boldsymbol{A}_5\boldsymbol{A}_6\boldsymbol{A}_7(\boldsymbol{A}_{ee} \cdot \delta\boldsymbol{A}_{ee}) = \boldsymbol{T}_{ee} \cdot \delta\boldsymbol{A}_{ee}$$

由于

$$\mathrm{d}\boldsymbol{T}_{ee} = \boldsymbol{T}_{ee} \cdot \delta\boldsymbol{T}_{ee}$$

故

$$
\begin{aligned}
\delta\boldsymbol{T}_{ee} =& (\boldsymbol{A}_1\boldsymbol{A}_2\boldsymbol{A}_3\boldsymbol{A}_4\boldsymbol{A}_5\boldsymbol{A}_6\boldsymbol{A}_7\boldsymbol{A}_{ee})^{-1} \cdot \delta\boldsymbol{A}_0(\boldsymbol{A}_1\boldsymbol{A}_2\boldsymbol{A}_3\boldsymbol{A}_4\boldsymbol{A}_5\boldsymbol{A}_6\boldsymbol{A}_7\boldsymbol{A}_{ee}) + \\
& (\boldsymbol{A}_2\boldsymbol{A}_3\boldsymbol{A}_4\boldsymbol{A}_5\boldsymbol{A}_6\boldsymbol{A}_7\boldsymbol{A}_{ee})^{-1} \cdot \delta\boldsymbol{A}_1(\boldsymbol{A}_2\boldsymbol{A}_3\boldsymbol{A}_4\boldsymbol{A}_5\boldsymbol{A}_6\boldsymbol{A}_7\boldsymbol{A}_{ee}) + \\
& (\boldsymbol{A}_3\boldsymbol{A}_4\boldsymbol{A}_5\boldsymbol{A}_6\boldsymbol{A}_7\boldsymbol{A}_{ee})^{-1} \cdot \delta\boldsymbol{A}_2(\boldsymbol{A}_3\boldsymbol{A}_4\boldsymbol{A}_5\boldsymbol{A}_6\boldsymbol{A}_7\boldsymbol{A}_{ee}) + \\
& (\boldsymbol{A}_4\boldsymbol{A}_5\boldsymbol{A}_6\boldsymbol{A}_7\boldsymbol{A}_{ee})^{-1} \cdot \delta\boldsymbol{A}_3(\boldsymbol{A}_4\boldsymbol{A}_5\boldsymbol{A}_6\boldsymbol{A}_7\boldsymbol{A}_{ee}) + \\
& (\boldsymbol{A}_5\boldsymbol{A}_6\boldsymbol{A}_7\boldsymbol{A}_{ee})^{-1} \cdot \delta\boldsymbol{A}_4(\boldsymbol{A}_5\boldsymbol{A}_6\boldsymbol{A}_7\boldsymbol{A}_{ee}) + \\
& (\boldsymbol{A}_6\boldsymbol{A}_7\boldsymbol{A}_{ee})^{-1} \cdot \delta\boldsymbol{A}_5(\boldsymbol{A}_6\boldsymbol{A}_7\boldsymbol{A}_{ee}) + \\
& (\boldsymbol{A}_7\boldsymbol{A}_{ee})^{-1} \cdot \delta\boldsymbol{A}_6(\boldsymbol{A}_7\boldsymbol{A}_{ee}) + (\boldsymbol{A}_{ee})^{-1} \cdot \delta\boldsymbol{A}_7(\boldsymbol{A}_{ee}) + \delta\boldsymbol{A}_{ee} \\
=& \boldsymbol{U}_0^{-1}\delta\boldsymbol{A}_0\,\boldsymbol{U}_0 + \boldsymbol{U}_1^{-1}\delta\boldsymbol{A}_1\,\boldsymbol{U}_1 + \boldsymbol{U}_2^{-1}\delta\boldsymbol{A}_2\,\boldsymbol{U}_2 + \boldsymbol{U}_3^{-1}\delta\boldsymbol{A}_3\,\boldsymbol{U}_3 + \\
& \boldsymbol{U}_4^{-1}\delta\boldsymbol{A}_4\,\boldsymbol{U}_4 + \boldsymbol{U}_5^{-1}\delta\boldsymbol{A}_5\,\boldsymbol{U}_5 + \boldsymbol{U}_6^{-1}\delta\boldsymbol{A}_6\,\boldsymbol{U}_6 + \boldsymbol{U}_7^{-1}\delta\boldsymbol{A}_7\,\boldsymbol{U}_7 + \boldsymbol{U}_{ee}^{-1}\delta\boldsymbol{A}_{ee}\boldsymbol{U}_{ee} \\
=& \sum_{i=0}(\boldsymbol{U}_i^{-1}\delta\boldsymbol{A}_i\,\boldsymbol{U}_i) + \delta\boldsymbol{A}_{ee} \quad\quad\quad\quad\quad\quad\quad (2-50)
\end{aligned}
$$

式中：

$$\boldsymbol{U}_i = \boldsymbol{A}_{i+1}\boldsymbol{A}_{i+2}\cdots\boldsymbol{A}_7\boldsymbol{A}_{ee}$$

注释：$\mathrm{d}\boldsymbol{T}_{ee}$ 是矩阵微分。$\delta\boldsymbol{T}_{ee}$ 是微小偏移矩阵，具有实际意义。

式(2-50)的左边是 $\boldsymbol{T}_{ee}$ 预测位姿与实际位姿的微小平移和旋转变换。式(2-50)右边由串联链中各个变换的预测偏差对应的微小平移和旋转变换组成。

摄影机器人串联链中各个变换矩阵的微分平移和旋转变换矩阵求解。

考虑式(2-41)～式(2-49)。借助 MATLAB 软件的符号运算能力，可以通过"运算直接求解各个串联链中微分平移和旋转变换矩阵。同时利用式(2-39)，得到串联链中微分平移和旋转变换矩阵对末端坐标系位姿的影响。

2.8.2　变换矩阵 $\boldsymbol{A}_0$

$\boldsymbol{A}_0$ 为世界坐标系到机器人基坐标系的变换矩阵。根据 DH 建模规则，$\boldsymbol{A}_0$ 中的连杆参数有 4 个，分别为 $[\theta_0 \quad r_0 \quad l_0 \quad \alpha_0]$，并且这 4 个连杆参数全部为固定连杆参数，即不会随着关节轴的变化而变化。

$$\delta\boldsymbol{A}_0 = \boldsymbol{A}_0 \backslash \mathrm{d}\boldsymbol{A}_0 = \begin{bmatrix} 0 & -\Delta\theta_0 c\alpha_0 & \Delta\theta_0 s\alpha_0 & \Delta l_0 \\ \Delta\theta_0 c\alpha_0 & 0 & -\Delta\alpha_0 & \Delta r_0 s\alpha_0 + \Delta\theta_0 l_0 c\alpha_0 \\ -\Delta\theta_0 s\alpha_0 & \Delta\alpha_0 & 0 & \Delta r_0 c\alpha_0 - \Delta\theta_0 l_0 s\alpha_0 \\ 0 & 0 & 0 & 0 \end{bmatrix}$$

则

$$\boldsymbol{d}_0 = \begin{bmatrix} \mathrm{d}x_0 \\ \mathrm{d}y_0 \\ \mathrm{d}z_0 \end{bmatrix} = \begin{bmatrix} \Delta l_0 \\ \Delta r_0 s\alpha_0 + \Delta\theta_0 l_0 c\alpha_0 \\ \Delta r_0 c\alpha_0 - \Delta\theta_0 l_0 s\alpha_0 \end{bmatrix} = \begin{bmatrix} 0 \\ l_0 c\alpha_0 \\ -l_0 s\alpha_0 \end{bmatrix} \cdot \Delta\theta_0 + \begin{bmatrix} 0 \\ s\alpha_0 \\ c\alpha_0 \end{bmatrix} \cdot \Delta r_0 + \begin{bmatrix} 1 \\ 0 \\ 0 \end{bmatrix} \cdot \Delta l_0$$

$$= \boldsymbol{k}_0^1 \cdot \Delta\theta_0 + \boldsymbol{k}_0^2 \cdot \Delta r_0 + \boldsymbol{k}_0^3 \cdot \Delta l_0$$

$$\boldsymbol{\delta}_0 = \begin{bmatrix} \delta x_0 \\ \delta y_0 \\ \delta z_0 \end{bmatrix} = \begin{bmatrix} \Delta\alpha_0 \\ \Delta\theta_0 s\alpha_0 \\ \Delta\theta_0 c\alpha_0 \end{bmatrix} = \begin{bmatrix} 0 \\ s\alpha_0 \\ c\alpha_0 \end{bmatrix} \cdot \Delta\theta_0 + \begin{bmatrix} 1 \\ 0 \\ 0 \end{bmatrix} \cdot \Delta\alpha_0 = \boldsymbol{k}_0^2 \cdot \Delta\theta_0 + \boldsymbol{k}_0^3 \cdot \Delta\alpha_0$$

$${}^{\mathrm{w}}\mathrm{d}x = \boldsymbol{\delta}_0 \cdot (\boldsymbol{p}_0 \times \boldsymbol{n}_0) + \boldsymbol{d}_0 \cdot \boldsymbol{n}_0$$

$$= (\boldsymbol{k}_0^2 \cdot \Delta\theta_0 + \boldsymbol{k}_0^3 \cdot \Delta\alpha_0) \cdot (\boldsymbol{p}_0 \times \boldsymbol{n}_0) + (\boldsymbol{k}_0^1 \cdot \Delta\theta_0 + \boldsymbol{k}_0^2 \cdot \Delta r_0 + \boldsymbol{k}_0^3 \cdot \Delta l_0) \cdot \boldsymbol{n}_0$$

$$= [\boldsymbol{k}_0^2 \cdot (\boldsymbol{p}_0 \times \boldsymbol{n}_0) + \boldsymbol{k}_0^1 \cdot \boldsymbol{n}_0] \cdot \Delta\theta_0 + (\boldsymbol{k}_0^2 \cdot \boldsymbol{n}_0) \cdot \Delta r_0 + (\boldsymbol{k}_0^3 \cdot \boldsymbol{n}_0) \cdot \Delta l_0 +$$

$$[\boldsymbol{k}_0^3 \cdot (\boldsymbol{p}_0 \times \boldsymbol{n}_0)] \cdot \Delta\alpha_0$$

$$= \mathrm{VP}_0\mathrm{d}x_1 \cdot \Delta\theta_0 + \mathrm{VP}_0\mathrm{d}x_2 \cdot \Delta r_0 + \mathrm{VP}_0\mathrm{d}x_3 \cdot \Delta l_0 + \mathrm{VP}_0\mathrm{d}x_4 \cdot \Delta\alpha_0$$

$${}^{\mathrm{w}}\mathrm{d}y = \boldsymbol{\delta}_0 \cdot (\boldsymbol{p}_0 \times \boldsymbol{o}_0) + \boldsymbol{d}_0 \cdot \boldsymbol{o}_0$$

$$= (\boldsymbol{k}_0^2 \cdot \Delta\theta_0 + \boldsymbol{k}_0^3 \cdot \Delta\alpha_0) \cdot (\boldsymbol{p}_0 \times \boldsymbol{o}_0) + (\boldsymbol{k}_0^1 \cdot \Delta\theta_0 + \boldsymbol{k}_0^2 \cdot \Delta r_0 + \boldsymbol{k}_0^3 \cdot \Delta l_0) \cdot \boldsymbol{o}_0$$

$$= [\boldsymbol{k}_0^2 \cdot (\boldsymbol{p}_0 \times \boldsymbol{o}_0) + \boldsymbol{k}_0^1 \cdot \boldsymbol{o}_0] \cdot \Delta\theta_0 + (\boldsymbol{k}_0^2 \cdot \boldsymbol{o}_0) \cdot \Delta r_0 + (\boldsymbol{k}_0^3 \cdot \boldsymbol{o}_0) \cdot \Delta l_0 +$$

$$[\boldsymbol{k}_0^3 \cdot (\boldsymbol{p}_0 \times \boldsymbol{o}_0)] \cdot \Delta\alpha_0$$

$$= \mathrm{VP}_0\mathrm{d}y_1 \cdot \Delta\theta_0 + \mathrm{VP}_0\mathrm{d}y_2 \cdot \Delta r_0 + \mathrm{VP}_0\mathrm{d}y_3 \cdot \Delta l_0 + \mathrm{VP}_0\mathrm{d}y_4 \cdot \Delta\alpha_0$$

$${}^{\mathrm{w}}\mathrm{d}z = \boldsymbol{\delta}_0 \cdot (\boldsymbol{p}_0 \times \boldsymbol{a}_0) + \boldsymbol{d}_0 \cdot \boldsymbol{a}_0$$

$$= (\boldsymbol{k}_0^2 \cdot \Delta\theta_0 + \boldsymbol{k}_0^3 \cdot \Delta\alpha_0) \cdot (\boldsymbol{p}_0 \times \boldsymbol{a}_0) + (\boldsymbol{k}_0^1 \cdot \Delta\theta_0 + \boldsymbol{k}_0^2 \cdot \Delta r_0 + \boldsymbol{k}_0^3 \cdot \Delta l_0) \cdot \boldsymbol{a}_0$$

$$= [\boldsymbol{k}_0^2 \cdot (\boldsymbol{p}_0 \times \boldsymbol{a}_0) + \boldsymbol{k}_0^1 \cdot \boldsymbol{a}_0] \cdot \Delta\theta_0 + (\boldsymbol{k}_0^2 \cdot \boldsymbol{a}_0) \cdot \Delta r_0 + (\boldsymbol{k}_0^3 \cdot \boldsymbol{a}_0) \cdot \Delta l_0 +$$

$$[\boldsymbol{k}_0^3 \cdot (\boldsymbol{p}_0 \times \boldsymbol{a}_0)] \cdot \Delta\alpha_0$$

$$= \mathrm{VP}_0\mathrm{d}z_1 \cdot \Delta\theta_0 + \mathrm{VP}_0\mathrm{d}z_2 \cdot \Delta r_0 + \mathrm{VP}_0\mathrm{d}z_3 \cdot \Delta l_0 + \mathrm{VP}_0\mathrm{d}z_4 \cdot \Delta\alpha_0$$

$${}^{\mathrm{w}}\delta x = \boldsymbol{\delta}_0 \cdot \boldsymbol{n}_0$$

$$= (\boldsymbol{k}_0^2 \cdot \Delta\theta_0 + \boldsymbol{k}_0^3 \cdot \Delta\alpha_0) \cdot \boldsymbol{n}_0$$

$$= (\boldsymbol{k}_0^2 \cdot \boldsymbol{n}_0) \cdot \Delta\theta_0 + (\boldsymbol{k}_0^3 \cdot \boldsymbol{n}_0) \cdot \Delta\alpha_0$$

$$= \mathrm{VP}_0\delta x_1 \cdot \Delta\theta_0 + \mathrm{VP}_0\delta x_2 \cdot \Delta\alpha_0$$

$${}^{\mathrm{w}}\delta y = \boldsymbol{\delta}_0 \cdot \boldsymbol{o}_0$$

$$= (\boldsymbol{k}_0^2 \cdot \Delta\theta_0 + \boldsymbol{k}_0^3 \cdot \Delta\alpha_0) \cdot \boldsymbol{o}_0$$

$$= (\boldsymbol{k}_0^2 \cdot \boldsymbol{o}_0) \cdot \Delta\theta_0 + (\boldsymbol{k}_0^3 \cdot \boldsymbol{o}_0) \cdot \Delta\alpha_0$$

$$= \mathrm{VP}_0\delta y_1 \cdot \Delta\theta_0 + \mathrm{VP}_0\delta y_2 \cdot \Delta\alpha_0$$

$${}^{\mathrm{w}}\delta z = \boldsymbol{\delta}_0 \cdot \boldsymbol{a}_0$$

$$= (\boldsymbol{k}_0^2 \cdot \Delta\theta_0 + \boldsymbol{k}_0^3 \cdot \Delta\alpha_0) \cdot \boldsymbol{a}_0$$

$$= (\boldsymbol{k}_0^2 \cdot \boldsymbol{a}_0) \cdot \Delta\theta_0 + (\boldsymbol{k}_0^3 \cdot \boldsymbol{a}_0) \cdot \Delta\alpha_0$$

$$= \mathrm{VP}_0\delta z_1 \cdot \Delta\theta_0 + \mathrm{VP}_0\delta z_2 \cdot \Delta\alpha_0$$

式中:左上标 W 代表世界坐标系;VP(Vector Polynomial)代表向量多项式,是逆雅可比矩阵的元素变量名,则 $\boldsymbol{A}_0$ 矩阵中连杆参数误差对于末端关节位姿偏差影响为

$$
\begin{bmatrix} ^{\mathrm{w}}\mathrm{d}x \\ ^{\mathrm{w}}\mathrm{d}y \\ ^{\mathrm{w}}\mathrm{d}z \\ ^{\mathrm{w}}\mathrm{d}z \\ ^{\mathrm{w}}\delta x \\ ^{\mathrm{w}}\delta y \\ ^{\mathrm{w}}\delta z \end{bmatrix} = \begin{bmatrix} \mathrm{VP}_0\mathrm{d}x_1 & \mathrm{VP}_0\mathrm{d}x_2 & \mathrm{VP}_0\mathrm{d}x_3 & \mathrm{VP}_0\mathrm{d}x_4 \\ \mathrm{VP}_0\mathrm{d}y_1 & \mathrm{VP}_0\mathrm{d}y_2 & \mathrm{VP}_0\mathrm{d}y_3 & \mathrm{VP}_0\mathrm{d}y_4 \\ \mathrm{VP}_0\mathrm{d}z_1 & \mathrm{VP}_0\mathrm{d}z_2 & \mathrm{VP}_0\mathrm{d}z_3 & \mathrm{VP}_0\mathrm{d}z_4 \\ \mathrm{VP}_0\delta x_1 & 0 & 0 & \mathrm{VP}_0\delta x_2 \\ \mathrm{VP}_0\delta y_1 & 0 & 0 & \mathrm{VP}_0\delta y_2 \\ \mathrm{VP}_0\delta z_1 & 0 & 0 & \mathrm{VP}_0\delta z_2 \end{bmatrix} \cdot \begin{bmatrix} \Delta\theta_0 \\ \Delta r_0 \\ \Delta l_0 \\ \Delta\alpha_0 \end{bmatrix}
$$

记

$$
\delta\boldsymbol{k}_0 = \begin{bmatrix} \Delta\theta_0 \\ \Delta r_0 \\ \Delta l_0 \\ \Delta\alpha_0 \end{bmatrix}, \quad \boldsymbol{J}_0 = \begin{bmatrix} \mathrm{VP}_0\mathrm{d}x_1 & \mathrm{VP}_0\mathrm{d}x_2 & \mathrm{VP}_0\mathrm{d}x_3 & \mathrm{VP}_0\mathrm{d}x_4 \\ \mathrm{VP}_0\mathrm{d}y_1 & \mathrm{VP}_0\mathrm{d}y_2 & \mathrm{VP}_0\mathrm{d}y_3 & \mathrm{VP}_0\mathrm{d}y_4 \\ \mathrm{VP}_0\mathrm{d}z_1 & \mathrm{VP}_0\mathrm{d}z_2 & \mathrm{VP}_0\mathrm{d}z_3 & \mathrm{VP}_0\mathrm{d}z_4 \\ \mathrm{VP}_0\delta x_1 & 0 & 0 & \mathrm{VP}_0\delta x_2 \\ \mathrm{VP}_0\delta y_1 & 0 & 0 & \mathrm{VP}_0\delta y_2 \\ \mathrm{VP}_0\delta z_1 & 0 & 0 & \mathrm{VP}_0\delta z_2 \end{bmatrix}
$$

2.8.3 变换矩阵 $\boldsymbol{A}_1$

$\boldsymbol{A}_1$ 为摄影机器人基坐标系通过直线平移关节到第 1 号坐标系的变换矩阵。根据 DH 模型建模规则,$\boldsymbol{A}_1$ 中的连杆参数有 5 个,分别是 $[\theta_1 \quad r_1 \quad r_{10} \quad l_1 \quad \alpha_1]$。其中,$[\theta_1 \quad r_{10} \quad l_1 \quad \alpha_1]$ 4 个连杆参数为固定连杆参数,r_{10} 为机器人初始零状态时底层直线平移轴的初始值。机器人标定时,固定连杆参数需要标定。r_1 随着直线平移关节的运动而变化,不属于被标定连杆参数。

$$
\delta\boldsymbol{A}_1 = \boldsymbol{A}_1 \backslash \mathrm{d}\boldsymbol{A}_1 = \begin{bmatrix} 0 & -\Delta\theta_1\mathrm{c}\,\alpha_1 & \Delta\theta_1\mathrm{s}\,\alpha_1 & \Delta l_1 \\ \Delta\theta_1\mathrm{c}\,\alpha_1 & 0 & -\Delta\alpha_1 & \Delta r_{10}\mathrm{s}\,\alpha_1 + \Delta\theta_1 l_1\mathrm{c}\,\alpha_1 \\ -\Delta\theta_1\mathrm{s}\,\alpha_1 & \Delta\alpha_1 & 0 & \Delta r_{10}\mathrm{c}\,\alpha_1 - \Delta\theta_1 l_1\mathrm{s}\,\alpha_1 \end{bmatrix}
$$

$$
\boldsymbol{d}_1 = \begin{bmatrix} \mathrm{d}x_1 \\ \mathrm{d}y_1 \\ \mathrm{d}z_1 \end{bmatrix} = \begin{bmatrix} \Delta l_1 \\ \Delta r_{10}\mathrm{s}\,\alpha_1 + \Delta\theta_1 l_1\mathrm{c}\,\alpha_1 \\ \Delta r_{10}\mathrm{c}\,\alpha_1 - \Delta\theta_1 l_1\mathrm{s}\,\alpha_1 \end{bmatrix} = \begin{bmatrix} 0 \\ l_1\mathrm{c}\,\alpha_1 \\ -l_1\mathrm{s}\,\alpha_1 \end{bmatrix} \cdot \Delta\theta_1 + \begin{bmatrix} 0 \\ \mathrm{s}\,\alpha_1 \\ \mathrm{c}\,\alpha_1 \end{bmatrix} \cdot \Delta r_{10} + \begin{bmatrix} 1 \\ 0 \\ 0 \end{bmatrix} \cdot \Delta l_1
$$

$$
= \boldsymbol{k}_1^1 \cdot \Delta\theta_1 + \boldsymbol{k}_1^2 \cdot \Delta r_{10} + \boldsymbol{k}_1^3 \cdot \Delta l_1
$$

$$
\boldsymbol{\delta}_1 = \begin{bmatrix} \delta x_1 \\ \delta y_1 \\ \delta z_1 \end{bmatrix} = \begin{bmatrix} \Delta\alpha_1 \\ \Delta\theta_1\mathrm{s}\,\alpha_1 \\ \Delta\theta_1\mathrm{c}\,\alpha_1 \end{bmatrix} = \begin{bmatrix} 0 \\ \mathrm{s}\,\alpha_1 \\ \mathrm{c}\,\alpha_1 \end{bmatrix} \cdot \Delta\theta_1 + \begin{bmatrix} 1 \\ 0 \\ 0 \end{bmatrix} \cdot \Delta\alpha_1 = \boldsymbol{k}_1^2 \cdot \Delta\theta_1 + \boldsymbol{k}_1^3 \cdot \Delta\alpha_1
$$

$$
^{\mathrm{w}}\mathrm{d}x = \boldsymbol{\delta}_1 \cdot (\boldsymbol{p}_1 \times \boldsymbol{n}_1) + \boldsymbol{d}_1 \cdot \boldsymbol{n}_1
$$

$$= (\boldsymbol{k}_1^2 \cdot \Delta\theta_1 + \boldsymbol{k}_1^3 \cdot \Delta\alpha_1) \cdot (\boldsymbol{p}_1 \times \boldsymbol{n}_1) + (\boldsymbol{k}_1^1 \cdot \Delta\theta_1 + \boldsymbol{k}_1^2 \cdot \Delta r_{10} + \boldsymbol{k}_1^3 \cdot \Delta l_1) \cdot \boldsymbol{n}_1$$

$$= [\boldsymbol{k}_1^2 \cdot (\boldsymbol{p}_1 \times \boldsymbol{n}_1) + \boldsymbol{k}_1^1 \cdot \boldsymbol{n}_1] \cdot \Delta\theta_1 + (\boldsymbol{k}_1^2 \cdot \boldsymbol{n}_1) \cdot \Delta r_{10} + (\boldsymbol{k}_1^3 \cdot \boldsymbol{n}_1) \cdot \Delta l_1 + [\boldsymbol{k}_1^3 \cdot (\boldsymbol{p}_1 \times \boldsymbol{n}_1)] \cdot \Delta\alpha_1$$

$$= \mathrm{VP}_1 \mathrm{d}x_1 \cdot \Delta\theta_1 + \mathrm{VP}_1 \mathrm{d}x_2 \cdot \Delta r_{10} + \mathrm{VP}_1 \mathrm{d}x_3 \cdot \Delta l_1 + \mathrm{VP}_1 \mathrm{d}x_4 \cdot \Delta\alpha_1$$

$${}^{\mathrm{w}}\mathrm{d}y = \boldsymbol{\delta}_1 \cdot (\boldsymbol{p}_1 \times \boldsymbol{o}_1) + \boldsymbol{d}_1 \cdot \boldsymbol{o}_1$$

$$= (\boldsymbol{k}_1^2 \cdot \Delta\theta_1 + \boldsymbol{k}_1^3 \cdot \Delta\alpha_1) \cdot (\boldsymbol{p}_1 \times \boldsymbol{o}_1) + (\boldsymbol{k}_1^1 \cdot \Delta\theta_1 + \boldsymbol{k}_1^2 \cdot \Delta r_1 + \boldsymbol{k}_1^3 \cdot \Delta l_1) \cdot \boldsymbol{o}_1$$

$$= [\boldsymbol{k}_1^2 \cdot (\boldsymbol{p}_1 \times \boldsymbol{o}_1) + \boldsymbol{k}_1^1 \cdot \boldsymbol{o}_1] \cdot \Delta\theta_1 + (\boldsymbol{k}_1^2 \cdot \boldsymbol{o}_1) \cdot \Delta r_{10} + (\boldsymbol{k}_1^3 \cdot \boldsymbol{o}_1) \cdot \Delta l_1 + [\boldsymbol{k}_1^3 \cdot (\boldsymbol{p}_1 \times \boldsymbol{o}_1)] \cdot \Delta\alpha_1$$

$$= \mathrm{VP}_1 \mathrm{d}y_1 \cdot \Delta\theta_1 + \mathrm{VP}_1 \mathrm{d}y_2 \cdot \Delta r_{10} + \mathrm{VP}_1 \mathrm{d}y_3 \cdot \Delta l_1 + \mathrm{VP}_1 \mathrm{d}y_4 \cdot \Delta\alpha_1$$

$${}^{\mathrm{w}}\mathrm{d}z = \boldsymbol{\delta}_1 \cdot (\boldsymbol{p}_1 \times \boldsymbol{a}_1) + \boldsymbol{d}_1 \cdot \boldsymbol{a}_1$$

$$= (\boldsymbol{k}_1^2 \cdot \Delta\theta_1 + \boldsymbol{k}_1^3 \cdot \Delta\alpha_1) \cdot (\boldsymbol{p}_1 \times \boldsymbol{a}_1) + (\boldsymbol{k}_1^1 \cdot \Delta\theta_1 + \boldsymbol{k}_1^2 \cdot \Delta r_{10} + \boldsymbol{k}_1^3 \cdot \Delta l_1) \cdot \boldsymbol{a}_1$$

$$= [\boldsymbol{k}_1^2 \cdot (\boldsymbol{p}_1 \times \boldsymbol{a}_1) + \boldsymbol{k}_1^1 \cdot \boldsymbol{a}_1] \cdot \Delta\theta_1 + (\boldsymbol{k}_1^2 \cdot \boldsymbol{a}_1) \cdot \Delta r_{10} + (\boldsymbol{k}_1^3 \cdot \boldsymbol{a}_1) \cdot \Delta l_1 + [\boldsymbol{k}_1^3 \cdot (\boldsymbol{p}_1 \times \boldsymbol{a}_1)] \cdot \Delta\alpha_1$$

$$= \mathrm{VP}_1 \mathrm{d}z_1 \cdot \Delta\theta_1 + \mathrm{VP}_1 \mathrm{d}z_2 \cdot \Delta r_{10} + \mathrm{VP}_1 \mathrm{d}z_3 \cdot \Delta l_1 + \mathrm{VP}_1 \mathrm{d}z_4 \cdot \Delta\alpha_1$$

$${}^{\mathrm{w}}\delta x = \boldsymbol{\delta}_1 \cdot \boldsymbol{n}_1$$
$$= (\boldsymbol{k}_1^2 \cdot \Delta\theta_1 + \boldsymbol{k}_1^3 \cdot \Delta\alpha_1) \cdot \boldsymbol{n}_1$$
$$= (\boldsymbol{k}_1^2 \cdot \boldsymbol{n}_1) \cdot \Delta\theta_1 + (\boldsymbol{k}_1^3 \cdot \boldsymbol{n}_1) \cdot \Delta\alpha_1$$
$$= \mathrm{VP}_1 \delta x_1 \cdot \Delta\theta_1 + \mathrm{VP}_1 \delta x_2 \cdot \Delta\alpha_1$$

$${}^{\mathrm{w}}\delta y = \boldsymbol{\delta}_1 \cdot \boldsymbol{o}_1$$
$$= (\boldsymbol{k}_1^2 \cdot \Delta\theta_1 + \boldsymbol{k}_1^3 \cdot \Delta\alpha_1) \cdot \boldsymbol{o}_1$$
$$= (\boldsymbol{k}_1^2 \cdot \boldsymbol{o}_1) \cdot \Delta\theta_1 + (\boldsymbol{k}_1^3 \cdot \boldsymbol{o}_1) \cdot \Delta\alpha_1$$
$$= \mathrm{VP}_1 \delta y_1 \cdot \Delta\theta_1 + \mathrm{VP}_1 \delta y_2 \cdot \Delta\alpha_1$$

$${}^{\mathrm{w}}\delta z = \boldsymbol{\delta}_1 \cdot \boldsymbol{a}_1$$
$$= (\boldsymbol{k}_1^2 \cdot \Delta\theta_1 + \boldsymbol{k}_1^3 \cdot \Delta\alpha_1) \cdot \boldsymbol{a}_1$$
$$= (\boldsymbol{k}_1^2 \cdot \boldsymbol{a}_1) \cdot \Delta\theta_1 + (\boldsymbol{k}_1^3 \cdot \boldsymbol{a}_1) \cdot \Delta\alpha_1$$
$$= \mathrm{VP}_1 \delta z_1 \cdot \Delta\theta_1 + \mathrm{VP}_1 \delta z_2 \cdot \Delta\alpha_1$$

则 $\boldsymbol{A}_1$ 矩阵中连杆参数误差对于末端关节位姿偏差影响为

$$\begin{bmatrix} {}^{\mathrm{w}}\mathrm{d}x \\ {}^{\mathrm{w}}\mathrm{d}y \\ {}^{\mathrm{w}}\mathrm{d}z \\ {}^{\mathrm{w}}\delta x \\ {}^{\mathrm{w}}\delta y \\ {}^{\mathrm{w}}\delta z \end{bmatrix} = \begin{bmatrix} \mathrm{VP}_1\mathrm{d}x_1 & \mathrm{VP}_1\mathrm{d}x_2 & \mathrm{VP}_1\mathrm{d}x_3 & \mathrm{VP}_1\mathrm{d}x_4 \\ \mathrm{VP}_1\mathrm{d}y_1 & \mathrm{VP}_1\mathrm{d}y_2 & \mathrm{VP}_1\mathrm{d}y_3 & \mathrm{VP}_1\mathrm{d}y_4 \\ \mathrm{VP}_1\mathrm{d}z_1 & \mathrm{VP}_1\mathrm{d}z_2 & \mathrm{VP}_1\mathrm{d}z_3 & \mathrm{VP}_1\mathrm{d}z_4 \\ \mathrm{VP}_1\delta x_1 & 0 & 0 & \mathrm{VP}_1\delta x_2 \\ \mathrm{VP}_1\delta y_1 & 0 & 0 & \mathrm{VP}_1\delta y_2 \\ \mathrm{VP}_1\delta z_1 & 0 & 0 & \mathrm{VP}_1\delta z_2 \end{bmatrix} \cdot \begin{bmatrix} \Delta\theta_1 \\ \Delta r_{10} \\ \Delta l_1 \\ \Delta\alpha_1 \end{bmatrix}$$

记

$$\delta \boldsymbol{k}_1 = \begin{bmatrix} \Delta\theta_1 \\ \Delta r_{10} \\ \Delta l_1 \\ \Delta\alpha_1 \end{bmatrix}, \ \boldsymbol{J}_1 = \begin{bmatrix} \mathrm{VP}_1 \mathrm{d}x_1 & \mathrm{VP}_1 \mathrm{d}x_2 & \mathrm{VP}_1 \mathrm{d}x_3 & \mathrm{VP}_1 \mathrm{d}x_4 \\ \mathrm{VP}_1 \mathrm{d}y_1 & \mathrm{VP}_1 \mathrm{d}y_2 & \mathrm{VP}_1 \mathrm{d}y_3 & \mathrm{VP}_1 \mathrm{d}y_4 \\ \mathrm{VP}_1 \mathrm{d}z_1 & \mathrm{VP}_1 \mathrm{d}z_2 & \mathrm{VP}_1 \mathrm{d}z_3 & \mathrm{VP}_1 \mathrm{d}z_4 \\ \mathrm{VP}_1 \delta x_1 & 0 & 0 & \mathrm{VP}_1 \delta x_2 \\ \mathrm{VP}_1 \delta y_1 & 0 & 0 & \mathrm{VP}_1 \delta y_2 \\ \mathrm{VP}_1 \delta z_1 & 0 & 0 & \mathrm{VP}_1 \delta z_2 \end{bmatrix}$$

2.8.4 变换矩阵 $\boldsymbol{A}_2$

$\boldsymbol{A}_2$ 为摄影机器人第 1 号坐标系通过底层环形旋转关节到第 2 号坐标系的变换矩阵。根据 DH 模型建模规则，$\boldsymbol{A}_2$ 中的连杆参数有 5 个，分别是 $\begin{bmatrix} \theta_2 & \theta_{20} & r_2 & l_2 & \alpha_2 \end{bmatrix}$。其中，$\begin{bmatrix} \theta_{20} & r_2 & l_2 & \alpha_2 \end{bmatrix}$ 4 个连杆参数为固定连杆参数，θ_{20} 为机器人初始零状态时底层环形平台旋转轴的初始值。θ_2 随着底层旋转关节的运动而变化，不属于被标定连杆参数。

$$\delta\boldsymbol{A}_2 = \boldsymbol{A}_2 \backslash \mathrm{d}\boldsymbol{A}_2 = \begin{bmatrix} 0 & -\Delta\theta_{20}c\alpha_2 & \Delta\theta_{20}s\alpha_2 & \Delta l_2 \\ \Delta\theta_{20}c\alpha_2 & 0 & -\Delta\alpha_2 & \Delta r_2 s\alpha_2 + \Delta\theta_{20}l_2 c\alpha_2 \\ -\Delta\theta_{20}s\alpha_2 & \Delta\alpha_2 & 0 & \Delta r_2 c\alpha_2 - \Delta\theta_{20}l_2 s\alpha_2 \\ 0 & 0 & 0 & 0 \end{bmatrix}$$

$$\boldsymbol{d}_2 = \begin{bmatrix} \mathrm{d}x_2 \\ \mathrm{d}y_2 \\ \mathrm{d}z_2 \end{bmatrix} = \begin{bmatrix} \Delta l_2 \\ \Delta r_2 s\alpha_2 + \Delta\theta_{20}l_2 c\alpha_2 \\ \Delta r_2 c\alpha_2 - \Delta\theta_{20}l_2 s\alpha_2 \end{bmatrix} = \begin{bmatrix} 0 \\ l_2 c\alpha_2 \\ -l_2 s\alpha_2 \end{bmatrix} \cdot \Delta\theta_{20} + \begin{bmatrix} 0 \\ s\alpha_2 \\ c\alpha_2 \end{bmatrix} \cdot \Delta r_2 + \begin{bmatrix} 1 \\ 0 \\ 0 \end{bmatrix} \cdot \Delta l_2$$

$$= \boldsymbol{k}_2^1 \cdot \Delta\theta_{20} + \boldsymbol{k}_2^2 \cdot \Delta r_2 + \boldsymbol{k}_2^3 \cdot \Delta l_2$$

$$\boldsymbol{\delta}_2 = \begin{bmatrix} \delta x_2 \\ \delta y_2 \\ \delta z_2 \end{bmatrix} = \begin{bmatrix} \Delta\alpha_2 \\ \Delta\theta_{20}s\alpha_2 \\ \Delta\theta_{20}c\alpha_2 \end{bmatrix} = \begin{bmatrix} 0 \\ s\alpha_2 \\ c\alpha_2 \end{bmatrix} \cdot \Delta\theta_{20} + \begin{bmatrix} 1 \\ 0 \\ 0 \end{bmatrix} \cdot \Delta\alpha_2 = \boldsymbol{k}_2^2 \cdot \Delta\theta_{20} + \boldsymbol{k}_2^3 \cdot \Delta\alpha_2$$

$$\begin{aligned}
{}^{\mathrm{w}}\mathrm{d}x &= \boldsymbol{\delta}_2 \cdot (\boldsymbol{p}_2 \times \boldsymbol{n}_2) + \boldsymbol{d}_2 \cdot \boldsymbol{n}_2 \\
&= (\boldsymbol{k}_2^2 \cdot \Delta\theta_2 + \boldsymbol{k}_2^3 \cdot \Delta\alpha_2) \cdot (\boldsymbol{p}_2 \times \boldsymbol{n}_2) + (\boldsymbol{k}_2^1 \cdot \Delta\theta_{20} + \boldsymbol{k}_2^2 \cdot \Delta r_2 + \boldsymbol{k}_2^3 \cdot \Delta l_2) \cdot \boldsymbol{n}_2 \\
&= [\boldsymbol{k}_2^2 \cdot (\boldsymbol{p}_2 \times \boldsymbol{n}_2) + \boldsymbol{k}_2^1 \cdot \boldsymbol{n}_2] \cdot \Delta\theta_{20} + (\boldsymbol{k}_2^2 \cdot \boldsymbol{n}_2) \cdot \Delta r_2 + (\boldsymbol{k}_2^3 \cdot \boldsymbol{n}_2) \cdot \Delta l_2 + \\
&\quad [\boldsymbol{k}_2^3 \cdot (\boldsymbol{p}_2 \times \boldsymbol{n}_2)] \cdot \Delta\alpha_2 \\
&= \mathrm{VP}_2 \mathrm{d}x_1 \cdot \Delta\theta_{20} + \mathrm{VP}_2 \mathrm{d}x_2 \cdot \Delta r_2 + \mathrm{VP}_2 \mathrm{d}x_3 \cdot \Delta l_2 + \mathrm{VP}_2 \mathrm{d}x_4 \cdot \Delta\alpha_2 \\
{}^{\mathrm{w}}\mathrm{d}y &= \boldsymbol{\delta}_2 \cdot (\boldsymbol{p}_2 \times \boldsymbol{o}_2) + \boldsymbol{d}_2 \cdot \boldsymbol{o}_2 \\
&= (\boldsymbol{k}_2^2 \cdot \Delta\theta_{20} + \boldsymbol{k}_2^3 \cdot \Delta\alpha_2) \cdot (\boldsymbol{p}_2 \times \boldsymbol{o}_2) + (\boldsymbol{k}_2^1 \cdot \Delta\theta_{20} + \boldsymbol{k}_2^3 \cdot \Delta r_2 + \boldsymbol{k}_2^3 \cdot \Delta l_2) \cdot \boldsymbol{o}_2 \\
&= [\boldsymbol{k}_2^2 \cdot (\boldsymbol{p}_2 \times \boldsymbol{o}_2) + \boldsymbol{k}_2^1 \cdot \boldsymbol{o}_2] \cdot \Delta\theta_{20} + (\boldsymbol{k}_2^2 \cdot \boldsymbol{o}_2) \cdot \Delta r_2 + (\boldsymbol{k}_2^3 \cdot \boldsymbol{o}_2) \cdot \Delta l_2 + \\
&\quad [\boldsymbol{k}_2^3 \cdot (\boldsymbol{p}_2 \times \boldsymbol{o}_2)] \cdot \Delta\alpha_2 \\
&= \mathrm{VP}_2 \mathrm{d}y_1 \cdot \Delta\theta_{20} + \mathrm{VP}_2 \mathrm{d}y_2 \cdot \Delta r_2 + \mathrm{VP}_2 \mathrm{d}y_3 \cdot \Delta l_2 + \mathrm{VP}_2 \mathrm{d}y_4 \cdot \Delta\alpha_2
\end{aligned}$$

$$^{\mathrm{w}}\mathrm{d}z = \boldsymbol{\delta}_2 \cdot (\boldsymbol{p}_2 \times \boldsymbol{a}_2) + \boldsymbol{d}_2 \cdot \boldsymbol{a}_2$$
$$= (\boldsymbol{k}_2^2 \cdot \Delta\theta_{20} + \boldsymbol{k}_2^3 \cdot \Delta\alpha_2) \cdot (\boldsymbol{p}_2 \times \boldsymbol{a}_2) + (\boldsymbol{k}_2^1 \cdot \Delta\theta_{20} + \boldsymbol{k}_2^2 \cdot \Delta r_2 + \boldsymbol{k}_2^3 \cdot \Delta l_2) \cdot \boldsymbol{a}_2$$
$$= [\boldsymbol{k}_2^2 \cdot (\boldsymbol{p}_2 \times \boldsymbol{a}_2) + \boldsymbol{k}_2^1 \cdot \boldsymbol{a}_2] \cdot \Delta\theta_{20} + (\boldsymbol{k}_2^2 \cdot \boldsymbol{a}_2) \cdot \Delta r_2 + (\boldsymbol{k}_2^3 \cdot \boldsymbol{a}_2) \cdot \Delta l_2 +$$
$$[\boldsymbol{k}_2^3 \cdot (\boldsymbol{p}_2 \times \boldsymbol{a}_2)] \cdot \Delta\alpha_2$$
$$= \mathrm{VP}_2\mathrm{d}z_1 \cdot \Delta\theta_{20} + \mathrm{VP}_2\mathrm{d}z_2 \cdot \Delta r_2 + \mathrm{VP}_2\mathrm{d}z_3 \cdot \Delta l_2 + \mathrm{VP}_2\mathrm{d}z_4 \cdot \Delta\alpha_2$$

$$^{\mathrm{w}}\delta x = \boldsymbol{\delta}_2 \cdot \boldsymbol{n}_2$$
$$= (\boldsymbol{k}_2^2 \cdot \Delta\theta_{20} + \boldsymbol{k}_2^3 \cdot \Delta\alpha_2) \cdot \boldsymbol{n}_2$$
$$= (\boldsymbol{k}_2^2 \cdot \boldsymbol{n}_2) \cdot \Delta\theta_{20} + (\boldsymbol{k}_2^3 \cdot \boldsymbol{n}_2) \cdot \Delta\alpha_2$$
$$= \mathrm{VP}_2\delta x_1 \cdot \Delta\theta_{20} + \mathrm{VP}_2\delta x_2 \cdot \Delta\alpha_2$$

$$^{\mathrm{w}}\delta y = \boldsymbol{\delta}_2 \cdot \boldsymbol{o}_2$$
$$= (\boldsymbol{k}_2^2 \cdot \Delta\theta_{20} + \boldsymbol{k}_2^3 \cdot \Delta\alpha_2) \cdot \boldsymbol{o}_2$$
$$= (\boldsymbol{k}_2^2 \cdot \boldsymbol{o}_2) \cdot \Delta\theta_{20} + (\boldsymbol{k}_2^3 \cdot \boldsymbol{o}_2) \cdot \Delta\alpha_2$$
$$= \mathrm{VP}_2\delta y_1 \cdot \Delta\theta_{20} + \mathrm{VP}_2\delta y_2 \cdot \Delta\alpha_2$$

$$^{\mathrm{w}}\delta z = \boldsymbol{\delta}_2 \cdot \boldsymbol{a}_2$$
$$= (\boldsymbol{k}_2^2 \cdot \Delta\theta_{20} + \boldsymbol{k}_2^3 \cdot \Delta\alpha_2) \cdot \boldsymbol{a}_2$$
$$= (\boldsymbol{k}_2^2 \cdot \boldsymbol{a}_2) \cdot \Delta\theta_{20} + (\boldsymbol{k}_2^3 \cdot \boldsymbol{a}_2) \cdot \Delta\alpha_2$$
$$= \mathrm{VP}_2\delta z_1 \cdot \Delta\theta_{20} + \mathrm{VP}_2\delta z_2 \cdot \Delta\alpha_2$$

则 $\boldsymbol{A}_2$ 矩阵中连杆参数误差对于末端关节位姿偏差影响为

$$\begin{bmatrix} ^{\mathrm{w}}\mathrm{d}x \\ ^{\mathrm{w}}\mathrm{d}y \\ ^{\mathrm{w}}\mathrm{d}z \\ ^{\mathrm{w}}\delta x \\ ^{\mathrm{w}}\delta y \\ ^{\mathrm{w}}\delta z \end{bmatrix} = \begin{bmatrix} \mathrm{VP}_2\mathrm{d}x_1 & \mathrm{VP}_2\mathrm{d}x_2 & \mathrm{VP}_2\mathrm{d}x_3 & \mathrm{VP}_2\mathrm{d}x_4 \\ \mathrm{VP}_2\mathrm{d}y_1 & \mathrm{VP}_2\mathrm{d}y_2 & \mathrm{VP}_2\mathrm{d}y_3 & \mathrm{VP}_2\mathrm{d}y_4 \\ \mathrm{VP}_2\mathrm{d}z_1 & \mathrm{VP}_2\mathrm{d}z_2 & \mathrm{VP}_2\mathrm{d}z_3 & \mathrm{VP}_2\mathrm{d}z_4 \\ \mathrm{VP}_2\delta x_1 & 0 & 0 & \mathrm{VP}_2\delta x_2 \\ \mathrm{VP}_2\delta y_1 & 0 & 0 & \mathrm{VP}_2\delta y_2 \\ \mathrm{VP}_2\delta z_1 & 0 & 0 & \mathrm{VP}_2\delta z_2 \end{bmatrix} \cdot \begin{bmatrix} \Delta\theta_{20} \\ \Delta r_2 \\ \Delta l_2 \\ \Delta\alpha_2 \end{bmatrix}$$

记

$$\delta\boldsymbol{k}_2 = \begin{bmatrix} \Delta\theta_{20} \\ \Delta r_2 \\ \Delta l_2 \\ \Delta\alpha_2 \end{bmatrix}, \quad \boldsymbol{J}_2 = \begin{bmatrix} \mathrm{VP}_2\mathrm{d}x_1 & \mathrm{VP}_2\mathrm{d}x_2 & \mathrm{VP}_2\mathrm{d}x_3 & \mathrm{VP}_2\mathrm{d}x_4 \\ \mathrm{VP}_2\mathrm{d}y_1 & \mathrm{VP}_2\mathrm{d}y_2 & \mathrm{VP}_2\mathrm{d}y_3 & \mathrm{VP}_2\mathrm{d}y_4 \\ \mathrm{VP}_2\mathrm{d}z_1 & \mathrm{VP}_2\mathrm{d}z_2 & \mathrm{VP}_2\mathrm{d}z_3 & \mathrm{VP}_2\mathrm{d}z_4 \\ \mathrm{VP}_2\delta x_1 & 0 & 0 & \mathrm{VP}_2\delta x_2 \\ \mathrm{VP}_2\delta y_1 & 0 & 0 & \mathrm{VP}_2\delta y_2 \\ \mathrm{VP}_2\delta z_1 & 0 & 0 & \mathrm{VP}_2\delta z_2 \end{bmatrix}$$

2.8.5　变换矩阵 $\boldsymbol{A}_3$

$\boldsymbol{A}_3$ 为摄影机器人第 2 号坐标系通过环形结构顶端俯仰旋转关节到第 3 号坐标系的变

换矩阵。根据 DH 模型建模规则，$\boldsymbol{A}_3$ 中的连杆参数有 5 个，分别是 $\begin{bmatrix} \theta_3 & \theta_{30} & r_3 & l_3 & \alpha_3 \end{bmatrix}$。其中，$\begin{bmatrix} \theta_{30} & r_3 & l_3 & \alpha_3 \end{bmatrix}$ 4 个连杆参数为固定连杆参数，θ_{30} 为机器人初始零状态时环形结构顶端俯仰旋转轴的初始值。θ_3 随着旋转关节的运动而变化，不属于被标定连杆参数。

$$\delta\boldsymbol{A}_3 = \boldsymbol{A}_3 \backslash \mathrm{d}\boldsymbol{A}_3 = \begin{bmatrix} 0 & -\Delta\theta_{30}c\alpha_3 & \Delta\theta_{30}s\alpha_3 & \Delta l_3 \\ \Delta\theta_{30}c\alpha_3 & 0 & -\Delta\alpha_3 & \Delta r_3 s\alpha_3 + \Delta\theta_{30}l_3 c\alpha_3 \\ -\Delta\theta_{30}s\alpha_3 & \Delta\alpha_3 & 0 & \Delta r_3 c\alpha_3 - \Delta\theta_{30}l_3 s\alpha_3 \\ 0 & 0 & 0 & 0 \end{bmatrix}$$

$$\boldsymbol{d}_3 = \begin{bmatrix} \mathrm{d}x_3 \\ \mathrm{d}y_3 \\ \mathrm{d}z_3 \end{bmatrix} = \begin{bmatrix} \Delta l_3 \\ \Delta r_3 s\alpha_3 + \Delta\theta_{30}l_3 c\alpha_3 \\ \Delta r_3 c\alpha_3 - \Delta\theta_{30}l_3 s\alpha_3 \end{bmatrix} = \begin{bmatrix} 0 \\ l_3 c\alpha_3 \\ -l_3 s\alpha_3 \end{bmatrix} \cdot \Delta\theta_{30} + \begin{bmatrix} 0 \\ s\alpha_3 \\ c\alpha_3 \end{bmatrix} \cdot \Delta r_3 + \begin{bmatrix} 1 \\ 0 \\ 0 \end{bmatrix} \cdot \Delta l_3$$

$$= \boldsymbol{k}_3^1 \cdot \Delta\theta_{30} + \boldsymbol{k}_3^2 \cdot \Delta r_3 + \boldsymbol{k}_3^3 \cdot \Delta l_3$$

$$\boldsymbol{\delta}_3 = \begin{bmatrix} \delta x_3 \\ \delta y_3 \\ \delta z_3 \end{bmatrix} = \begin{bmatrix} \Delta\alpha_3 \\ \Delta\theta_{30}s\alpha_3 \\ \Delta\theta_{30}c\alpha_3 \end{bmatrix} = \begin{bmatrix} 0 \\ s\alpha_3 \\ c\alpha_3 \end{bmatrix} \cdot \Delta\theta_{30} + \begin{bmatrix} 1 \\ 0 \\ 0 \end{bmatrix} \cdot \Delta\alpha_3 = \boldsymbol{k}_3^2 \cdot \Delta\theta_{30} + \boldsymbol{k}_3^3 \cdot \Delta\alpha_3$$

$$^w\mathrm{d}x = \boldsymbol{\delta}_3 \cdot (\boldsymbol{p}_3 \times \boldsymbol{n}_3) + \boldsymbol{d}_3 \cdot \boldsymbol{n}_3$$
$$= (\boldsymbol{k}_3^2 \cdot \Delta\theta_{30} + \boldsymbol{k}_3^3 \cdot \Delta\alpha_3) \cdot (\boldsymbol{p}_3 \times \boldsymbol{n}_3) + (\boldsymbol{k}_3^1 \cdot \Delta\theta_{30} + \boldsymbol{k}_3^2 \cdot \Delta r_3 + \boldsymbol{k}_3^3 \cdot \Delta l_3) \cdot \boldsymbol{n}_3$$
$$= [\boldsymbol{k}_3^2 \cdot (\boldsymbol{p}_3 \times \boldsymbol{n}_3) + \boldsymbol{k}_3^1 \cdot \boldsymbol{n}_3] \cdot \Delta\theta_{30} + (\boldsymbol{k}_3^2 \cdot \boldsymbol{n}_3) \cdot \Delta r_3 + (\boldsymbol{k}_3^3 \cdot \boldsymbol{n}_3) \cdot \Delta l_3 +$$
$$[\boldsymbol{k}_3^3 \cdot (\boldsymbol{p}_3 \times \boldsymbol{n}_3)] \cdot \Delta\alpha_3$$
$$= \mathrm{VP}_3\mathrm{d}x_1 \cdot \Delta\theta_{30} + \mathrm{VP}_3\mathrm{d}x_2 \cdot \Delta r_3 + \mathrm{VP}_3\mathrm{d}x_3 \cdot \Delta l_3 + \mathrm{VP}_3\mathrm{d}x_4 \cdot \Delta\alpha_3$$

$$^w\mathrm{d}y = \boldsymbol{\delta}_3 \cdot (\boldsymbol{p}_3 \times \boldsymbol{o}_3) + \boldsymbol{d}_3 \cdot \boldsymbol{o}_3$$
$$= (\boldsymbol{k}_3^2 \cdot \Delta\theta_{30} + \boldsymbol{k}_3^3 \cdot \Delta\alpha_3) \cdot (\boldsymbol{p}_3 \times \boldsymbol{o}_3) + (\boldsymbol{k}_3^1 \cdot \Delta\theta_{30} + \boldsymbol{k}_3^3 \cdot \Delta r_3 + \boldsymbol{k}_3^3 \cdot \Delta l_3) \cdot \boldsymbol{o}_3$$
$$= [\boldsymbol{k}_3^2 \cdot (\boldsymbol{p}_3 \times \boldsymbol{o}_3) + \boldsymbol{k}_3^1 \cdot \boldsymbol{o}_3] \cdot \Delta\theta_{30} + (\boldsymbol{k}_3^2 \cdot \boldsymbol{o}_3) \cdot \Delta r_3 + (\boldsymbol{k}_3^3 \cdot \boldsymbol{o}_3) \cdot \Delta l_3 +$$
$$[\boldsymbol{k}_3^3 \cdot (\boldsymbol{p}_3 \times \boldsymbol{o}_3)] \cdot \Delta\alpha_3$$
$$= \mathrm{VP}_3\mathrm{d}y_1 \cdot \Delta\theta_{30} + \mathrm{VP}_3\mathrm{d}y_2 \cdot \Delta r_3 + \mathrm{VP}_3\mathrm{d}y_3 \cdot \Delta l_3 + \mathrm{VP}_3\mathrm{d}y_4 \cdot \Delta\alpha_3$$

$$^w\mathrm{d}z = \boldsymbol{\delta}_3 \cdot (\boldsymbol{p}_3 \times \boldsymbol{a}_3) + \boldsymbol{d}_3 \cdot \boldsymbol{a}_3$$
$$= (\boldsymbol{k}_3^2 \cdot \Delta\theta_{30} + \boldsymbol{k}_3^3 \cdot \Delta\alpha_3) \cdot (\boldsymbol{p}_3 \times \boldsymbol{a}_3) + (\boldsymbol{k}_3^1 \cdot \Delta\theta_{30} + \boldsymbol{k}_3^2 \cdot \Delta r_3 + \boldsymbol{k}_3^3 \cdot \Delta l_3) \cdot \boldsymbol{a}_3$$
$$= [\boldsymbol{k}_3^2 \cdot (\boldsymbol{p}_3 \times \boldsymbol{a}_3) + \boldsymbol{k}_3^1 \cdot \boldsymbol{a}_3] \cdot \Delta\theta_{30} + (\boldsymbol{k}_3^2 \cdot \boldsymbol{a}_3) \cdot \Delta r_3 + (\boldsymbol{k}_3^3 \cdot \boldsymbol{a}_3) \cdot \Delta l_3 +$$
$$[\boldsymbol{k}_3^3 \cdot (\boldsymbol{p}_3 \times \boldsymbol{a}_3)] \cdot \Delta\alpha_3$$
$$= \mathrm{VP}_3\mathrm{d}z_1 \cdot \Delta\theta_{30} + \mathrm{VP}_3\mathrm{d}z_2 \cdot \Delta r_3 + \mathrm{VP}_3\mathrm{d}z_3 \cdot \Delta l_3 + \mathrm{VP}_3\mathrm{d}z_4 \cdot \Delta\alpha_3$$

$$^w\delta x = \boldsymbol{\delta}_3 \cdot \boldsymbol{n}_3$$
$$= (\boldsymbol{k}_3^2 \cdot \Delta\theta_{20} + \boldsymbol{k}_3^3 \cdot \Delta\alpha_3) \cdot \boldsymbol{n}_3$$
$$= (\boldsymbol{k}_3^2 \cdot \boldsymbol{n}_3) \cdot \Delta\theta_{30} + (\boldsymbol{k}_3^3 \cdot \boldsymbol{n}_3) \cdot \Delta\alpha_3$$
$$= \mathrm{VP}_3\delta x_1 \cdot \Delta\theta_{30} + \mathrm{VP}_3\delta x_2 \cdot \Delta\alpha_3$$

$$
\begin{aligned}
{}^{\mathrm{w}}\delta y &= \boldsymbol{\delta}_3 \cdot \boldsymbol{o}_3 \\
&= (\boldsymbol{k}_3^2 \cdot \Delta\theta_{20} + \boldsymbol{k}_3^3 \cdot \Delta\alpha_3) \cdot \boldsymbol{o}_3 \\
&= (\boldsymbol{k}_3^2 \cdot \boldsymbol{o}_3) \cdot \Delta\theta_{30} + (\boldsymbol{k}_3^3 \cdot \boldsymbol{o}_3) \cdot \Delta\alpha_3 \\
&= \mathrm{VP}_3\delta y_1 \cdot \Delta\theta_{30} + \mathrm{VP}_3\delta y_2 \cdot \Delta\alpha_3 \\
{}^{\mathrm{w}}\delta z &= \boldsymbol{\delta}_3 \cdot \boldsymbol{a}_3 \\
&= (\boldsymbol{k}_3^2 \cdot \Delta\theta_{30} + \boldsymbol{k}_3^3 \cdot \Delta\alpha_3) \cdot \boldsymbol{a}_3 \\
&= (\boldsymbol{k}_3^2 \cdot \boldsymbol{a}_3) \cdot \Delta\theta_{30} + (\boldsymbol{k}_3^3 \cdot \boldsymbol{a}_3) \cdot \Delta\alpha_3 \\
&= \mathrm{VP}_3\delta z_1 \cdot \Delta\theta_{30} + \mathrm{VP}_3\delta z_2 \cdot \Delta\alpha_3
\end{aligned}
$$

则 $\boldsymbol{A}_3$ 矩阵中连杆参数误差对于末端关节位姿偏差影响为

$$
\begin{bmatrix}
{}^{\mathrm{w}}\mathrm{d}x \\
{}^{\mathrm{w}}\mathrm{d}y \\
{}^{\mathrm{w}}\mathrm{d}z \\
{}^{\mathrm{w}}\delta x \\
{}^{\mathrm{w}}\delta y \\
{}^{\mathrm{w}}\delta z
\end{bmatrix}
=
\begin{bmatrix}
\mathrm{VP}_3\mathrm{d}x_1 & \mathrm{VP}_3\mathrm{d}x_2 & \mathrm{VP}_3\mathrm{d}x_3 & \mathrm{VP}_3\mathrm{d}x_4 \\
\mathrm{VP}_3\mathrm{d}y_1 & \mathrm{VP}_3\mathrm{d}y_2 & \mathrm{VP}_3\mathrm{d}y_3 & \mathrm{VP}_3\mathrm{d}y_4 \\
\mathrm{VP}_3\mathrm{d}z_1 & \mathrm{VP}_3\mathrm{d}z_2 & \mathrm{VP}_3\mathrm{d}z_3 & \mathrm{VP}_3\mathrm{d}z_4 \\
\mathrm{VP}_3\delta x_1 & 0 & 0 & \mathrm{VP}_3\delta x_2 \\
\mathrm{VP}_3\delta y_1 & 0 & 0 & \mathrm{VP}_3\delta y_2 \\
\mathrm{VP}_3\delta z_1 & 0 & 0 & \mathrm{VP}_3\delta z_2
\end{bmatrix}
\cdot
\begin{bmatrix}
\Delta\theta_{30} \\
\Delta r_3 \\
\Delta l_3 \\
\Delta\alpha_3
\end{bmatrix}
$$

记

$$
\delta\boldsymbol{k}_3 =
\begin{bmatrix}
\Delta\theta_{30} \\
\Delta r_3 \\
\Delta l_3 \\
\Delta\alpha_3
\end{bmatrix}, \quad
\boldsymbol{J}_3 =
\begin{bmatrix}
\mathrm{VP}_3\mathrm{d}x_1 & \mathrm{VP}_3\mathrm{d}x_2 & \mathrm{VP}_3\mathrm{d}x_3 & \mathrm{VP}_3\mathrm{d}x_4 \\
\mathrm{VP}_3\mathrm{d}y_1 & \mathrm{VP}_3\mathrm{d}y_2 & \mathrm{VP}_3\mathrm{d}y_3 & \mathrm{VP}_3\mathrm{d}y_4 \\
\mathrm{VP}_3\mathrm{d}z_1 & \mathrm{VP}_3\mathrm{d}z_2 & \mathrm{VP}_3\mathrm{d}z_3 & \mathrm{VP}_3\mathrm{d}z_4 \\
\mathrm{VP}_3\delta x_1 & 0 & 0 & \mathrm{VP}_3\delta x_2 \\
\mathrm{VP}_3\delta y_1 & 0 & 0 & \mathrm{VP}_3\delta y_2 \\
\mathrm{VP}_3\delta z_1 & 0 & 0 & \mathrm{VP}_3\delta z_2
\end{bmatrix}
$$

2.8.6　变换矩阵 $\boldsymbol{A}_4$

$\boldsymbol{A}_4$ 为摄影机器人第 3 号坐标系通过顶层直线平移关节到第 4 号坐标系的变换矩阵。根据 DH 模型建模规则，$\boldsymbol{A}_4$ 中的连杆参数有 5 个，分别是 $[\theta_4 \quad r_4 \quad r_{40} \quad l_4 \quad \alpha_4]$。其中，$[\theta_4 \quad r_{40} \quad l_4 \quad \alpha_4]$ 4 个连杆参数为固定连杆参数，r_{40} 为机器人初始零状态时顶层直线平移轴的初始值。r_4 随着顶层直线平移关节的运动而变化，不属于被标定连杆参数。

$$
\delta\boldsymbol{A}_4 = \boldsymbol{A}_4 \backslash \mathrm{d}\boldsymbol{A}_4 =
\begin{bmatrix}
0 & -\Delta\theta_4 c\alpha_4 & \Delta\theta_4 s\alpha_4 & \Delta l_4 \\
\Delta\theta_4 c\alpha_4 & 0 & -\Delta\alpha_4 & \Delta r_{40}s\alpha_4 + \Delta\theta_4 l_4 c\alpha_4 \\
-\Delta\theta_4 s\alpha_4 & \Delta\alpha_4 & 0 & \Delta r_{40}c\alpha_4 - \Delta\theta_4 l_4 s\alpha_4 \\
0 & 0 & 0 & 0
\end{bmatrix}
$$

$$
\boldsymbol{d}_4 =
\begin{bmatrix}
\mathrm{d}x_4 \\
\mathrm{d}y_4 \\
\mathrm{d}z_4
\end{bmatrix}
=
\begin{bmatrix}
\Delta l_4 \\
\Delta r_{40}s\alpha_4 + \Delta\theta_4 l_4 c\alpha_4 \\
\Delta r_{40}c\alpha_4 - \Delta\theta_4 l_4 s\alpha_4
\end{bmatrix}
=
\begin{bmatrix}
0 \\
l_4 c\alpha_4 \\
-l_4 s\alpha_4
\end{bmatrix}
\cdot \Delta\theta_4 +
\begin{bmatrix}
0 \\
s\alpha_4 \\
c\alpha_4
\end{bmatrix}
\cdot \Delta r_{40} +
\begin{bmatrix}
1 \\
0 \\
0
\end{bmatrix}
\cdot \Delta l_4
$$

$$= \boldsymbol{k}_4^1 \cdot \Delta\theta_4 + \boldsymbol{k}_4^2 \cdot \Delta r_{40} + \boldsymbol{k}_4^3 \cdot \Delta l_4$$

$$\boldsymbol{\delta}_4 = \begin{bmatrix} \delta x_4 \\ \delta y_4 \\ \delta z_4 \end{bmatrix} = \begin{bmatrix} \Delta\alpha_4 \\ \Delta\theta_4 s\alpha_4 \\ \Delta\theta_4 c\alpha_4 \end{bmatrix} = \begin{bmatrix} 0 \\ s\alpha_4 \\ c\alpha_4 \end{bmatrix} \cdot \Delta\theta_4 + \begin{bmatrix} 1 \\ 0 \\ 0 \end{bmatrix} \cdot \Delta\alpha_4 = \boldsymbol{k}_4^2 \cdot \Delta\theta_4 + \boldsymbol{k}_4^3 \cdot \Delta\alpha_4$$

$$
\begin{aligned}
{}^{\mathrm{W}}\mathrm{d}x &= \boldsymbol{\delta}_4 \cdot (\boldsymbol{p}_4 \times \boldsymbol{n}_4) + \boldsymbol{d}_4 \cdot \boldsymbol{n}_4 \\
&= (\boldsymbol{k}_4^2 \cdot \Delta\theta_4 + \boldsymbol{k}_4^3 \cdot \Delta\alpha_4) \cdot (\boldsymbol{p}_4 \times \boldsymbol{n}_4) + (\boldsymbol{k}_4^1 \cdot \Delta\theta_4 + \boldsymbol{k}_4^2 \cdot \Delta r_{40} + \boldsymbol{k}_4^3 \cdot \Delta l_4) \cdot \boldsymbol{n}_4 \\
&= [\boldsymbol{k}_4^2 \cdot (\boldsymbol{p}_4 \times \boldsymbol{n}_4) + \boldsymbol{k}_4^1 \cdot \boldsymbol{n}_4] \cdot \Delta\theta_4 + (\boldsymbol{k}_4^2 \cdot \boldsymbol{n}_4) \cdot \Delta r_{40} + (\boldsymbol{k}_4^3 \cdot \boldsymbol{n}_4) \cdot \Delta l_4 + \\
&\quad [\boldsymbol{k}_4^3 \cdot (\boldsymbol{p}_4 \times \boldsymbol{n}_4)] \cdot \Delta\alpha_4 \\
&= \mathrm{VP}_4\mathrm{d}x_1 \cdot \Delta\theta_4 + \mathrm{VP}_4\mathrm{d}x_2 \cdot \Delta r_{40} + \mathrm{VP}_4\mathrm{d}x_3 \cdot \Delta l_4 + \mathrm{VP}_4\mathrm{d}x_4 \cdot \Delta\alpha_4
\end{aligned}
$$

$$
\begin{aligned}
{}^{\mathrm{W}}\mathrm{d}y &= \boldsymbol{\delta}_4 \cdot (\boldsymbol{p}_4 \times \boldsymbol{o}_4) + \boldsymbol{d}_4 \cdot \boldsymbol{o}_4 \\
&= (\boldsymbol{k}_4^2 \cdot \Delta\theta_4 + \boldsymbol{k}_4^3 \cdot \Delta\alpha_4) \cdot (\boldsymbol{p}_4 \times \boldsymbol{o}_4) + (\boldsymbol{k}_4^1 \cdot \Delta\theta_4 + \boldsymbol{k}_4^2 \cdot \Delta r_{40} + \boldsymbol{k}_1^3 \cdot \Delta l_4) \cdot \boldsymbol{o}_4 \\
&= [\boldsymbol{k}_4^2 \cdot (\boldsymbol{p}_4 \times \boldsymbol{o}_4) + \boldsymbol{k}_4^1 \cdot \boldsymbol{o}_4] \cdot \Delta\theta_4 + (\boldsymbol{k}_4^2 \cdot \boldsymbol{o}_4) \cdot \Delta r_{40} + (\boldsymbol{k}_4^3 \cdot \boldsymbol{o}_4) \cdot \Delta l_4 + \\
&\quad [\boldsymbol{k}_4^3 \cdot (\boldsymbol{p}_4 \times \boldsymbol{o}_4)] \cdot \Delta\alpha_4 \\
&= \mathrm{VP}_4\mathrm{d}y_1 \cdot \Delta\theta_4 + \mathrm{VP}_4\mathrm{d}y_2 \cdot \Delta r_{40} + \mathrm{VP}_4\mathrm{d}y_3 \cdot \Delta l_4 + \mathrm{VP}_4\mathrm{d}y_4 \cdot \Delta\alpha_4
\end{aligned}
$$

$$
\begin{aligned}
{}^{\mathrm{W}}\mathrm{d}z &= \boldsymbol{\delta}_4 \cdot (\boldsymbol{p}_4 \times \boldsymbol{a}_4) + \boldsymbol{d}_4 \cdot \boldsymbol{a}_4 \\
&= (\boldsymbol{k}_4^2 \cdot \Delta\theta_4 + \boldsymbol{k}_4^3 \cdot \Delta\alpha_4) \cdot (\boldsymbol{p}_4 \times \boldsymbol{a}_4) + (\boldsymbol{k}_4^1 \cdot \Delta\theta_4 + \boldsymbol{k}_4^2 \cdot \Delta r_{40} + \boldsymbol{k}_4^3 \cdot \Delta l_4) \cdot \boldsymbol{a}_4 \\
&= [\boldsymbol{k}_4^2 \cdot (\boldsymbol{p}_4 \times \boldsymbol{a}_4) + \boldsymbol{k}_4^1 \cdot \boldsymbol{a}_4] \cdot \Delta\theta_4 + (\boldsymbol{k}_4^2 \cdot \boldsymbol{a}_4) \cdot \Delta r_{40} + (\boldsymbol{k}_4^3 \cdot \boldsymbol{a}_4) \cdot \Delta l_4 + \\
&\quad [\boldsymbol{k}_4^3 \cdot (\boldsymbol{p}_4 \times \boldsymbol{a}_4)] \cdot \Delta\alpha_4 \\
&= \mathrm{VP}_4\mathrm{d}z_1 \cdot \Delta\theta_4 + \mathrm{VP}_4\mathrm{d}z_2 \cdot \Delta r_{40} + \mathrm{VP}_4\mathrm{d}z_3 \cdot \Delta l_4 + \mathrm{VP}_4\mathrm{d}z_4 \cdot \Delta\alpha_4
\end{aligned}
$$

$$
\begin{aligned}
{}^{\mathrm{W}}\delta x &= \boldsymbol{\delta}_4 \cdot \boldsymbol{n}_4 \\
&= (\boldsymbol{k}_4^2 \cdot \Delta\theta_4 + \boldsymbol{k}_4^3 \cdot \Delta\alpha_4) \cdot \boldsymbol{n}_4 \\
&= (\boldsymbol{k}_4^2 \cdot \boldsymbol{n}_4) \cdot \Delta\theta_4 + (\boldsymbol{k}_4^3 \cdot \boldsymbol{n}_4) \cdot \Delta\alpha_4 \\
&= \mathrm{VP}_4\delta x_1 \cdot \Delta\theta_4 + \mathrm{VP}_4\delta x_2 \cdot \Delta\alpha_4
\end{aligned}
$$

$$
\begin{aligned}
{}^{\mathrm{W}}\delta y &= \boldsymbol{\delta}_4 \cdot \boldsymbol{o}_4 \\
&= (\boldsymbol{k}_4^2 \cdot \Delta\theta_4 + \boldsymbol{k}_4^3 \cdot \Delta\alpha_4) \cdot \boldsymbol{o}_4 \\
&= (\boldsymbol{k}_4^2 \cdot \boldsymbol{o}_4) \cdot \Delta\theta_4 + (\boldsymbol{k}_4^3 \cdot \boldsymbol{o}_4) \cdot \Delta\alpha_4 \\
&= \mathrm{VP}_4\delta y_1 \cdot \Delta\theta_4 + \mathrm{VP}_4\delta y_2 \cdot \Delta\alpha_4
\end{aligned}
$$

$$
\begin{aligned}
{}^{\mathrm{W}}\delta z &= \boldsymbol{\delta}_4 \cdot \boldsymbol{a}_4 \\
&= (\boldsymbol{k}_4^2 \cdot \Delta\theta_4 + \boldsymbol{k}_4^3 \cdot \Delta\alpha_4) \cdot \boldsymbol{a}_4 \\
&= (\boldsymbol{k}_4^2 \cdot \boldsymbol{a}_4) \cdot \Delta\theta_4 + (\boldsymbol{k}_4^3 \cdot \boldsymbol{a}_4) \cdot \Delta\alpha_4 \\
&= \mathrm{VP}_4\delta z_1 \cdot \Delta\theta_4 + \mathrm{VP}_4\delta z_2 \cdot \Delta\alpha_4
\end{aligned}
$$

则 $\boldsymbol{A}_4$ 矩阵中连杆参数误差对于末端关节位姿偏差影响为

$$
\begin{bmatrix} {}^{\mathrm{W}}\mathrm{d}x \\ {}^{\mathrm{W}}\mathrm{d}y \\ {}^{\mathrm{W}}\mathrm{d}z \\ {}^{\mathrm{W}}\delta x \\ {}^{\mathrm{W}}\delta y \\ {}^{\mathrm{W}}\delta z \end{bmatrix} = \begin{bmatrix} \mathrm{VP}_4\mathrm{d}x_1 & \mathrm{VP}_4\mathrm{d}x_2 & \mathrm{VP}_4\mathrm{d}x_3 & \mathrm{VP}_4\mathrm{d}x_4 \\ \mathrm{VP}_4\mathrm{d}y_1 & \mathrm{VP}_4\mathrm{d}y_2 & \mathrm{VP}_4\mathrm{d}y_3 & \mathrm{VP}_4\mathrm{d}y_4 \\ \mathrm{VP}_4\mathrm{d}z_1 & \mathrm{VP}_4\mathrm{d}z_2 & \mathrm{VP}_4\mathrm{d}z_3 & \mathrm{VP}_4\mathrm{d}z_4 \\ \mathrm{VP}_4\delta x_1 & 0 & 0 & \mathrm{VP}_4\delta x_2 \\ \mathrm{VP}_4\delta y_1 & 0 & 0 & \mathrm{VP}_4\delta y_2 \\ \mathrm{VP}_4\delta z_1 & 0 & 0 & \mathrm{VP}_4\delta z_2 \end{bmatrix} \cdot \begin{bmatrix} \Delta\theta_4 \\ \Delta r_{40} \\ \Delta l_4 \\ \Delta\alpha_4 \end{bmatrix}
$$

记

$$\delta \boldsymbol{k}_4 = \begin{bmatrix} \Delta\theta_4 \\ \Delta r_{40} \\ \Delta l_4 \\ \Delta\alpha_4 \end{bmatrix}, \boldsymbol{J}_4 = \begin{bmatrix} \mathrm{VP}_4\mathrm{d}x_1 & \mathrm{VP}_4\mathrm{d}x_2 & \mathrm{VP}_4\mathrm{d}x_3 & \mathrm{VP}_4\mathrm{d}x_4 \\ \mathrm{VP}_4\mathrm{d}y_1 & \mathrm{VP}_4\mathrm{d}y_2 & \mathrm{VP}_4\mathrm{d}y_3 & \mathrm{VP}_4\mathrm{d}y_4 \\ \mathrm{VP}_4\mathrm{d}z_1 & \mathrm{VP}_4\mathrm{d}z_2 & \mathrm{VP}_4\mathrm{d}z_3 & \mathrm{VP}_4\mathrm{d}z_4 \\ \mathrm{VP}_4\delta x_1 & 0 & 0 & \mathrm{VP}_4\delta x_2 \\ \mathrm{VP}_4\delta y_1 & 0 & 0 & \mathrm{VP}_4\delta y_2 \\ \mathrm{VP}_4\delta z_1 & 0 & 0 & \mathrm{VP}_4\delta z_2 \end{bmatrix}$$

2.8.7　变换矩阵 A_5

A_5 为摄影机器人第 4 号坐标系通过顶层结构远端俯仰旋转关节到第 5 号坐标系的变换矩阵。根据 DH 模型建模规则,A_5 中的连杆参数有 5 个,分别是 $[\theta_5 \quad \theta_{50} \quad r_5 \quad l_5 \quad \alpha_5]$。其中,$[\theta_{50} \quad r_5 \quad l_5 \quad \alpha_5]$ 4 个连杆参数为固定连杆参数,θ_{50} 为机器人初始零状态时顶层结构远端俯仰旋转轴的初始值。θ_5 随着旋转关节的运动而变化,不属于被标定连杆参数。

$$\delta \boldsymbol{A}_5 = \boldsymbol{A}_5 \backslash \mathrm{d}\boldsymbol{A}_5 = \begin{bmatrix} 0 & -\Delta\theta_{50}c\alpha_5 & \Delta\theta_{50}s\alpha_5 & \Delta l_5 \\ \Delta\theta_{50}c\alpha_5 & 0 & -\Delta\alpha_5 & \Delta r_5 s\alpha_5 + \Delta\theta_{50}l_5 c\alpha_5 \\ -\Delta\theta_{50}s\alpha_5 & \Delta\alpha_5 & 0 & \Delta r_5 c\alpha_5 - \Delta\theta_{50}l_5 s\alpha_5 \\ 0 & 0 & 0 & 0 \end{bmatrix}$$

$$\boldsymbol{d}_5 = \begin{bmatrix} \mathrm{d}x_5 \\ \mathrm{d}y_5 \\ \mathrm{d}z_5 \end{bmatrix} = \begin{bmatrix} \Delta l_5 \\ \Delta r_5 s\alpha_5 + \Delta\theta_{50}l_5 c\alpha_5 \\ \Delta r_5 c\alpha_5 - \Delta\theta_{50}l_5 s\alpha_5 \end{bmatrix} = \begin{bmatrix} 0 \\ l_5 c\alpha_5 \\ -l_5 s\alpha_5 \end{bmatrix} \cdot \Delta\theta_{50} + \begin{bmatrix} 0 \\ s\alpha_5 \\ c\alpha_5 \end{bmatrix} \cdot \Delta r_5 + \begin{bmatrix} 1 \\ 0 \\ 0 \end{bmatrix} \cdot \Delta l_5$$

$$= \boldsymbol{k}_5^1 \cdot \Delta\theta_{50} + \boldsymbol{k}_5^2 \cdot \Delta r_5 + \boldsymbol{k}_5^3 \cdot \Delta l_5$$

$$\boldsymbol{\delta}_5 = \begin{bmatrix} \delta x_5 \\ \delta y_5 \\ \delta z_5 \end{bmatrix} = \begin{bmatrix} \Delta\alpha_5 \\ \Delta\theta_{50}s\alpha_5 \\ \Delta\theta_{50}c\alpha_5 \end{bmatrix} = \begin{bmatrix} 0 \\ s\alpha_5 \\ c\alpha_5 \end{bmatrix} \cdot \Delta\theta_{50} + \begin{bmatrix} 1 \\ 0 \\ 0 \end{bmatrix} \cdot \Delta\alpha_5 = \boldsymbol{k}_5^2 \cdot \Delta\theta_{50} + \boldsymbol{k}_5^3 \cdot \Delta\alpha_5$$

$$\begin{aligned}
{}^{\mathrm{w}}\mathrm{d}x &= \boldsymbol{\delta}_5 \cdot (\boldsymbol{p}_5 \times \boldsymbol{n}_5) + \boldsymbol{d}_5 \cdot \boldsymbol{n}_5 \\
&= (\boldsymbol{k}_5^2 \cdot \Delta\theta_{50} + \boldsymbol{k}_5^3 \cdot \Delta\alpha_5) \cdot (\boldsymbol{p}_5 \times \boldsymbol{n}_5) + (\boldsymbol{k}_5^1 \cdot \Delta\theta_{50} + \boldsymbol{k}_5^2 \cdot \Delta r_5 + \boldsymbol{k}_5^3 \cdot \Delta l_5) \cdot \boldsymbol{n}_5 \\
&= [\boldsymbol{k}_5^2 \cdot (\boldsymbol{p}_5 \times \boldsymbol{n}_5) + \boldsymbol{k}_5^1 \cdot \boldsymbol{n}_5] \cdot \Delta\theta_{50} + (\boldsymbol{k}_5^2 \cdot \boldsymbol{n}_5) \cdot \Delta r_5 + (\boldsymbol{k}_5^3 \cdot \boldsymbol{n}_5) \cdot \Delta l_5 + \\
&\quad [\boldsymbol{k}_5^3 \cdot (\boldsymbol{p}_5 \times \boldsymbol{n}_5)] \cdot \Delta\alpha_5 \\
&= \mathrm{VP}_5\mathrm{d}x_1 \cdot \Delta\theta_{50} + \mathrm{VP}_5\mathrm{d}x_2 \cdot \Delta r_5 + \mathrm{VP}_5\mathrm{d}x_3 \cdot \Delta l_5 + \mathrm{VP}_5\mathrm{d}x_4 \cdot \Delta\alpha_5
\end{aligned}$$

$$\begin{aligned}
{}^{\mathrm{w}}\mathrm{d}y &= \boldsymbol{\delta}_5 \cdot (\boldsymbol{p}_5 \times \boldsymbol{o}_5) + \boldsymbol{d}_5 \cdot \boldsymbol{o}_5 \\
&= (\boldsymbol{k}_5^2 \cdot \Delta\theta_{50} + \boldsymbol{k}_5^3 \cdot \Delta\alpha_5) \cdot (\boldsymbol{p}_5 \times \boldsymbol{o}_5) + (\boldsymbol{k}_5^1 \cdot \Delta\theta_{50} + \boldsymbol{k}_5^2 \cdot \Delta r_5 + \boldsymbol{k}_1^3 \cdot \Delta l_5) \cdot \boldsymbol{o}_5 \\
&= [\boldsymbol{k}_5^2 \cdot (\boldsymbol{p}_5 \times \boldsymbol{o}_5) + \boldsymbol{k}_5^1 \cdot \boldsymbol{o}_5] \cdot \Delta\theta_{50} + (\boldsymbol{k}_5^2 \cdot \boldsymbol{o}_5) \cdot \Delta r_5 + (\boldsymbol{k}_5^3 \cdot \boldsymbol{o}_5) \cdot \Delta l_5 + \\
&\quad [\boldsymbol{k}_5^3 \cdot (\boldsymbol{p}_5 \times \boldsymbol{o}_5)] \cdot \Delta\alpha_5 \\
&= \mathrm{VP}_5\mathrm{d}y_1 \cdot \Delta\theta_{50} + \mathrm{VP}_5\mathrm{d}y_2 \cdot \Delta r_5 + \mathrm{VP}_5\mathrm{d}y_3 \cdot \Delta l_5 + \mathrm{VP}_5\mathrm{d}y_5 \cdot \Delta\alpha_5
\end{aligned}$$

$$\begin{aligned}
{}^{\mathrm{w}}\mathrm{d}z &= \boldsymbol{\delta}_5 \cdot (\boldsymbol{p}_5 \times \boldsymbol{a}_5) + \boldsymbol{d}_5 \cdot \boldsymbol{a}_5 \\
&= (\boldsymbol{k}_5^2 \cdot \Delta\theta_5 + \boldsymbol{k}_5^3 \cdot \Delta\alpha_5) \cdot (\boldsymbol{p}_5 \times \boldsymbol{a}_5) + (\boldsymbol{k}_5^1 \cdot \Delta\theta_{50} + \boldsymbol{k}_5^2 \cdot \Delta r_5 + \boldsymbol{k}_5^3 \cdot \Delta l_5) \cdot \boldsymbol{a}_5
\end{aligned}$$

$$= \left[\boldsymbol{k}_5^2 \cdot (\boldsymbol{p}_5 \times \boldsymbol{a}_5) + \boldsymbol{k}_5^1 \cdot \boldsymbol{a}_5 \right] \cdot \Delta\theta_{50} + (\boldsymbol{k}_5^2 \cdot \boldsymbol{a}_5) \cdot \Delta r_5 + (\boldsymbol{k}_5^3 \cdot \boldsymbol{a}_5) \cdot \Delta l_5 +$$

$$\left[\boldsymbol{k}_5^3 \cdot (\boldsymbol{p}_5 \times \boldsymbol{a}_5) \right] \cdot \Delta\alpha_5$$

$$= \mathrm{VP}_5 \mathrm{d}z_1 \cdot \Delta\theta_5 + \mathrm{VP}_5 \mathrm{d}z_2 \cdot \Delta r_5 + \mathrm{VP}_5 \mathrm{d}z_3 \cdot \Delta l_5 + \mathrm{VP}_5 \mathrm{d}z_5 \cdot \Delta\alpha_5$$

$$^{\mathrm{W}}\delta x = \boldsymbol{\delta}_5 \cdot \boldsymbol{n}_5$$

$$= (\boldsymbol{k}_5^2 \cdot \Delta\theta_5 + \boldsymbol{k}_5^3 \cdot \Delta\alpha_5) \cdot \boldsymbol{n}_5$$

$$= (\boldsymbol{k}_5^2 \cdot \boldsymbol{n}_5) \cdot \Delta\theta_{50} + (\boldsymbol{k}_5^3 \cdot \boldsymbol{n}_5) \cdot \Delta\alpha_5$$

$$= \mathrm{VP}_5 \delta x_1 \cdot \Delta\theta_{50} + \mathrm{VP}_5 \delta x_2 \cdot \Delta\alpha_5$$

$$^{\mathrm{W}}\delta y = \boldsymbol{\delta}_5 \cdot \boldsymbol{o}_5$$

$$= (\boldsymbol{k}_5^2 \cdot \Delta\theta_5 + \boldsymbol{k}_5^3 \cdot \Delta\alpha_5) \cdot \boldsymbol{o}_5$$

$$= (\boldsymbol{k}_5^2 \cdot \boldsymbol{o}_5) \cdot \Delta\theta_{50} + (\boldsymbol{k}_5^3 \cdot \boldsymbol{o}_5) \cdot \Delta\alpha_5$$

$$= \mathrm{VP}_5 \delta y_1 \cdot \Delta\theta_{50} + \mathrm{VP}_5 \delta y_2 \cdot \Delta\alpha_5$$

$$^{\mathrm{W}}\delta z = \boldsymbol{\delta}_5 \cdot \boldsymbol{a}_5$$

$$= (\boldsymbol{k}_5^2 \cdot \Delta\theta_5 + \boldsymbol{k}_5^3 \cdot \Delta\alpha_5) \cdot \boldsymbol{a}_5$$

$$= (\boldsymbol{k}_5^2 \cdot \boldsymbol{a}_5) \cdot \Delta\theta_{50} + (\boldsymbol{k}_5^3 \cdot \boldsymbol{a}_5) \cdot \Delta\alpha_5$$

$$= \mathrm{VP}_5 \delta z_1 \cdot \Delta\theta_{50} + \mathrm{VP}_5 \delta z_2 \cdot \Delta\alpha_5$$

则 $\boldsymbol{A}_5$ 矩阵中连杆参数误差对于末端关节位姿偏差影响为

$$\begin{bmatrix} ^{\mathrm{W}}\mathrm{d}x \\ ^{\mathrm{W}}\mathrm{d}y \\ ^{\mathrm{W}}\mathrm{d}z \\ ^{\mathrm{W}}\delta x \\ ^{\mathrm{W}}\delta y \\ ^{\mathrm{W}}\delta z \end{bmatrix} = \begin{bmatrix} \mathrm{VP}_5 \mathrm{d}x_1 & \mathrm{VP}_5 \mathrm{d}x_2 & \mathrm{VP}_5 \mathrm{d}x_3 & \mathrm{VP}_5 \mathrm{d}x_4 \\ \mathrm{VP}_5 \mathrm{d}y_1 & \mathrm{VP}_5 \mathrm{d}y_2 & \mathrm{VP}_5 \mathrm{d}y_3 & \mathrm{VP}_5 \mathrm{d}y_4 \\ \mathrm{VP}_5 \mathrm{d}z_1 & \mathrm{VP}_5 \mathrm{d}z_2 & \mathrm{VP}_5 \mathrm{d}z_3 & \mathrm{VP}_5 \mathrm{d}z_4 \\ \mathrm{VP}_5 \delta x_1 & 0 & 0 & \mathrm{VP}_5 \delta x_2 \\ \mathrm{VP}_5 \delta y_1 & 0 & 0 & \mathrm{VP}_5 \delta y_2 \\ \mathrm{VP}_5 \delta z_1 & 0 & 0 & \mathrm{VP}_5 \delta z_2 \end{bmatrix} \cdot \begin{bmatrix} \Delta\theta_{50} \\ \Delta r_5 \\ \Delta l_5 \\ \Delta\alpha_5 \end{bmatrix}$$

记

$$\delta\boldsymbol{k}_5 = \begin{bmatrix} \Delta\theta_{50} \\ \Delta r_5 \\ \Delta l_5 \\ \Delta\alpha_5 \end{bmatrix}, \quad \boldsymbol{J}_5 = \begin{bmatrix} \mathrm{VP}_5 \mathrm{d}x_1 & \mathrm{VP}_5 \mathrm{d}x_2 & \mathrm{VP}_5 \mathrm{d}x_3 & \mathrm{VP}_5 \mathrm{d}x_4 \\ \mathrm{VP}_5 \mathrm{d}y_1 & \mathrm{VP}_5 \mathrm{d}y_2 & \mathrm{VP}_5 \mathrm{d}y_3 & \mathrm{VP}_5 \mathrm{d}y_4 \\ \mathrm{VP}_5 \mathrm{d}z_1 & \mathrm{VP}_5 \mathrm{d}z_2 & \mathrm{VP}_5 \mathrm{d}z_3 & \mathrm{VP}_5 \mathrm{d}z_4 \\ \mathrm{VP}_5 \delta x_1 & 0 & 0 & \mathrm{VP}_5 \delta x_2 \\ \mathrm{VP}_5 \delta y_1 & 0 & 0 & \mathrm{VP}_5 \delta y_2 \\ \mathrm{VP}_5 \delta z_1 & 0 & 0 & \mathrm{VP}_5 \delta z_2 \end{bmatrix}$$

2.8.8 变换矩阵 $\boldsymbol{A}_6$

$\boldsymbol{A}_6$ 为摄影机器人第 5 号坐标系通过末端姿态旋转调整关节到第 6 号坐标系的变换矩阵。根据 DH 模型建模规则，$\boldsymbol{A}_6$ 中的连杆参数有 5 个，分别是 $[\theta_6 \quad \theta_{60} \quad r_6 \quad l_6 \quad \alpha_6]$。其中，$[\theta_{60} \quad r_6 \quad l_6 \quad \alpha_6]$ 4 个连杆参数为固定连杆参数，θ_{60} 为机器人初始零状态时末端姿态旋

转调整关节轴的初始值。θ_6 随着旋转关节的运动而变化，不属于被标定连杆参数。

$$\delta \boldsymbol{A}_6 = \boldsymbol{A}_6 \backslash \mathrm{d}\boldsymbol{A}_6 = \begin{bmatrix} 0 & -\Delta\theta_{60} c\alpha_6 & \Delta\theta_{60} s\alpha_6 & \Delta l_6 \\ \Delta\theta_{60} c\alpha_6 & 0 & -\Delta\alpha_6 & \Delta r_6 s\alpha_6 + \Delta\theta_{60} l_6 c\alpha_6 \\ -\Delta\theta_{60} s\alpha_6 & \Delta\alpha_6 & 0 & \Delta r_6 c\alpha_6 - \Delta\theta_{60} l_6 s\alpha_6 \\ 0 & 0 & 0 & 0 \end{bmatrix}$$

$$\boldsymbol{d}_6 = \begin{bmatrix} \mathrm{d}x_6 \\ \mathrm{d}y_6 \\ \mathrm{d}z_6 \end{bmatrix} = \begin{bmatrix} \Delta l_6 \\ \Delta r_6 s\alpha_6 + \Delta\theta_{60} l_6 c\alpha_6 \\ \Delta r_6 c\alpha_6 - \Delta\theta_{60} l_6 s\alpha_6 \end{bmatrix} = \begin{bmatrix} 0 \\ l_6 c\alpha_6 \\ -l_6 s\alpha_6 \end{bmatrix} \cdot \Delta\theta_{60} + \begin{bmatrix} 0 \\ s\alpha_6 \\ c\alpha_6 \end{bmatrix} \cdot \Delta r_6 + \begin{bmatrix} 1 \\ 0 \\ 0 \end{bmatrix} \cdot \Delta l_6$$

$$= \boldsymbol{k}_6^1 \cdot \Delta\theta_{60} + \boldsymbol{k}_6^2 \cdot \Delta r_6 + \boldsymbol{k}_6^3 \cdot \Delta l_6$$

$$\boldsymbol{\delta}_6 = \begin{bmatrix} \delta x_6 \\ \delta y_6 \\ \delta z_6 \end{bmatrix} = \begin{bmatrix} \Delta\alpha_6 \\ \Delta\theta_{60} s\alpha_6 \\ \Delta\theta_{60} c\alpha_6 \end{bmatrix} = \begin{bmatrix} 0 \\ s\alpha_6 \\ c\alpha_6 \end{bmatrix} \cdot \Delta\theta_{60} + \begin{bmatrix} 1 \\ 0 \\ 0 \end{bmatrix} \cdot \Delta\alpha_6 = \boldsymbol{k}_6^2 \cdot \Delta\theta_{60} + \boldsymbol{k}_6^3 \cdot \Delta\alpha_6$$

$$^{\mathrm{W}}\mathrm{d}x = \boldsymbol{\delta}_6 \cdot (\boldsymbol{p}_6 \times \boldsymbol{n}_6) + \boldsymbol{d}_6 \cdot \boldsymbol{n}_6$$

$$= (\boldsymbol{k}_6^2 \cdot \Delta\theta_{60} + \boldsymbol{k}_6^3 \cdot \Delta\alpha_6) \cdot (\boldsymbol{p}_6 \times \boldsymbol{n}_6) + (\boldsymbol{k}_6^1 \cdot \Delta\theta_{60} + \boldsymbol{k}_6^2 \cdot \Delta r_6 + \boldsymbol{k}_6^3 \cdot \Delta l_6) \cdot \boldsymbol{n}_6$$

$$= [\boldsymbol{k}_6^2 \cdot (\boldsymbol{p}_6 \times \boldsymbol{n}_6) + \boldsymbol{k}_6^1 \cdot \boldsymbol{n}_6] \cdot \Delta\theta_{60} + (\boldsymbol{k}_6^2 \cdot \boldsymbol{n}_6) \cdot \Delta r_6 + (\boldsymbol{k}_6^3 \cdot \boldsymbol{n}_6) \cdot \Delta l_6 +$$
$$[\boldsymbol{k}_6^3 \cdot (\boldsymbol{p}_6 \times \boldsymbol{n}_6)] \cdot \Delta\alpha_6$$

$$= \mathrm{VP}_6 \mathrm{d}x_1 \cdot \Delta\theta_{60} + \mathrm{VP}_6 \mathrm{d}x_2 \cdot \Delta r_6 + \mathrm{VP}_6 \mathrm{d}x_3 \cdot \Delta l_6 + \mathrm{VP}_6 \mathrm{d}x_4 \cdot \Delta\alpha_6$$

$$^{\mathrm{W}}\mathrm{d}y = \boldsymbol{\delta}_6 \cdot (\boldsymbol{p}_6 \times \boldsymbol{o}_6) + \boldsymbol{d}_6 \cdot \boldsymbol{o}_6$$

$$= (\boldsymbol{k}_6^2 \cdot \Delta\theta_{60} + \boldsymbol{k}_6^3 \cdot \Delta\alpha_6) \cdot (\boldsymbol{p}_6 \times \boldsymbol{o}_6) + (\boldsymbol{k}_6^1 \cdot \Delta\theta_{60} + \boldsymbol{k}_6^2 \cdot \Delta r_6 + \boldsymbol{k}_1^3 \cdot \Delta l_6) \cdot \boldsymbol{o}_6$$

$$= [\boldsymbol{k}_6^2 \cdot (\boldsymbol{p}_6 \times \boldsymbol{o}_6) + \boldsymbol{k}_6^1 \cdot \boldsymbol{o}_6] \cdot \Delta\theta_{60} + (\boldsymbol{k}_6^2 \cdot \boldsymbol{o}_6) \cdot \Delta r_6 + (\boldsymbol{k}_6^3 \cdot \boldsymbol{o}_6) \cdot \Delta l_6 +$$
$$[\boldsymbol{k}_6^3 \cdot (\boldsymbol{p}_6 \times \boldsymbol{o}_6)] \cdot \Delta\alpha_6$$

$$= \mathrm{VP}_6 \mathrm{d}y_1 \cdot \Delta\theta_{60} + \mathrm{VP}_6 \mathrm{d}y_2 \cdot \Delta r_6 + \mathrm{VP}_6 \mathrm{d}y_3 \cdot \Delta l_6 + \mathrm{VP}_6 \mathrm{d}y_4 \cdot \Delta\alpha_6$$

$$^{\mathrm{W}}\mathrm{d}z = \boldsymbol{\delta}_6 \cdot (\boldsymbol{p}_6 \times \boldsymbol{a}_6) + \boldsymbol{d}_6 \cdot \boldsymbol{a}_6$$

$$= (\boldsymbol{k}_6^2 \cdot \Delta\theta_6 + \boldsymbol{k}_6^3 \cdot \Delta\alpha_6) \cdot (\boldsymbol{p}_6 \times \boldsymbol{a}_6) + (\boldsymbol{k}_6^1 \cdot \Delta\theta_{60} + \boldsymbol{k}_6^2 \cdot \Delta r_6 + \boldsymbol{k}_6^3 \cdot \Delta l_6) \cdot \boldsymbol{a}_6$$

$$= [\boldsymbol{k}_6^2 \cdot (\boldsymbol{p}_6 \times \boldsymbol{a}_6) + \boldsymbol{k}_6^1 \cdot \boldsymbol{a}_6] \cdot \Delta\theta_{60} + (\boldsymbol{k}_6^2 \cdot \boldsymbol{a}_6) \cdot \Delta r_6 + (\boldsymbol{k}_6^3 \cdot \boldsymbol{a}_6) \cdot \Delta l_6 +$$
$$[\boldsymbol{k}_6^3 \cdot (\boldsymbol{p}_6 \times \boldsymbol{a}_6)] \cdot \Delta\alpha_6$$

$$= \mathrm{VP}_6 \mathrm{d}z_1 \cdot \Delta\theta_{60} + \mathrm{VP}_6 \mathrm{d}z_2 \cdot \Delta r_6 + \mathrm{VP}_6 \mathrm{d}z_3 \cdot \Delta l_6 + \mathrm{VP}_6 \mathrm{d}z_6 \cdot \Delta\alpha_6$$

$$^{\mathrm{W}}\delta x = \boldsymbol{\delta}_6 \cdot \boldsymbol{n}_6$$

$$= (\boldsymbol{k}_6^2 \cdot \Delta\theta_6 + \boldsymbol{k}_6^3 \cdot \Delta\alpha_6) \cdot \boldsymbol{n}_6$$

$$= (\boldsymbol{k}_6^2 \cdot \boldsymbol{n}_6) \cdot \Delta\theta_{60} + (\boldsymbol{k}_6^3 \cdot \boldsymbol{n}_6) \cdot \Delta\alpha_6$$

$$= \mathrm{VP}_6 \delta x_1 \cdot \Delta\theta_{60} + \mathrm{VP}_6 \delta x_2 \cdot \Delta\alpha_6$$

$$^{\mathrm{W}}\delta y = \boldsymbol{\delta}_6 \cdot \boldsymbol{o}_6$$

$$= (\boldsymbol{k}_6^2 \cdot \Delta\theta_6 + \boldsymbol{k}_6^3 \cdot \Delta\alpha_6) \cdot \boldsymbol{o}_6$$

$$= (\boldsymbol{k}_6^2 \cdot \boldsymbol{o}_6) \cdot \Delta\theta_{60} + (\boldsymbol{k}_6^3 \cdot \boldsymbol{o}_6) \cdot \Delta\alpha_6$$

$$= VP_6 \delta y_1 \cdot \Delta\theta_{60} + VP_6 \delta y_2 \cdot \Delta\alpha_6$$

$$^{w}\delta z = \boldsymbol{\delta}_6 \cdot \boldsymbol{a}_6$$

$$= (\boldsymbol{k}_6^2 \cdot \Delta\theta_6 + \boldsymbol{k}_6^3 \cdot \Delta\alpha_6) \cdot \boldsymbol{a}_6$$

$$= (\boldsymbol{k}_6^2 \cdot \boldsymbol{a}_6) \cdot \Delta\theta_{60} + (\boldsymbol{k}_6^3 \cdot \boldsymbol{a}_6) \cdot \Delta\alpha_6$$

$$= VP_6 \delta z_1 \cdot \Delta\theta_{60} + VP_6 \delta z_2 \cdot \Delta\alpha_6$$

则 $\boldsymbol{A}_6$ 矩阵中连杆参数误差对于末端关节位姿偏差影响为

$$
\begin{bmatrix} ^{w}dx \\ ^{w}dy \\ ^{w}dz \\ ^{w}\delta x \\ ^{w}\delta y \\ ^{w}\delta z \end{bmatrix} =
\begin{bmatrix}
VP_6 dx_1 & VP_6 dx_2 & VP_6 dx_3 & VP_6 dx_4 \\
VP_6 dy_1 & VP_6 dy_2 & VP_6 dy_3 & VP_6 dy_4 \\
VP_6 dz_1 & VP_6 dz_2 & VP_6 dz_3 & VP_6 dz_4 \\
VP_6 \delta x_1 & 0 & 0 & VP_6 \delta x_2 \\
VP_6 \delta y_1 & 0 & 0 & VP_6 \delta y_2 \\
VP_6 \delta z_1 & 0 & 0 & VP_6 \delta z_2
\end{bmatrix} \cdot
\begin{bmatrix} \Delta\theta_{60} \\ \Delta r_6 \\ \Delta l_6 \\ \Delta\alpha_6 \end{bmatrix}
$$

记

$$
\boldsymbol{\delta k}_6 = \begin{bmatrix} \Delta\theta_{60} \\ \Delta r_6 \\ \Delta l_6 \\ \Delta\alpha_6 \end{bmatrix}, \quad
\boldsymbol{J}_6 = \begin{bmatrix}
VP_6 dx_1 & VP_6 dx_2 & VP_6 dx_3 & VP_6 dx_4 \\
VP_6 dy_1 & VP_6 dy_2 & VP_6 dy_3 & VP_6 dy_4 \\
VP_6 dz_1 & VP_6 dz_2 & VP_6 dz_3 & VP_6 dz_4 \\
VP_6 \delta x_1 & 0 & 0 & VP_6 \delta x_2 \\
VP_6 \delta y_1 & 0 & 0 & VP_6 \delta y_2 \\
VP_6 \delta z_1 & 0 & 0 & VP_6 \delta z_2
\end{bmatrix}
$$

2.8.9 变换矩阵 $\boldsymbol{A}_7$

$\boldsymbol{A}_7$ 为摄影机器人第 6 号坐标系通过末端姿态倾斜调整关节到第 7 号坐标系的变换矩阵。根据 DH 模型建模规则，$\boldsymbol{A}_7$ 中的连杆参数有 5 个，分别是 $\begin{bmatrix} \theta_7 & \theta_{70} & r_7 & l_7 & \alpha_7 \end{bmatrix}$。其中，$\begin{bmatrix} \theta_{70} & r_7 & l_7 & \alpha_7 \end{bmatrix}$ 4 个连杆参数为固定连杆参数，θ_{70} 为机器人初始零状态时末端姿态倾斜调整关节轴的初始值。θ_7 随着旋转关节的运动而变化，不属于被标定连杆参数。

$$
\boldsymbol{\delta A}_7 = \boldsymbol{A}_7 \backslash d\boldsymbol{A}_7 =
\begin{bmatrix}
0 & -\Delta\theta_{70} c\alpha_7 & \Delta\theta_{70} s\alpha_7 & \Delta l_7 \\
\Delta\theta_{70} c\alpha_7 & 0 & -\Delta\alpha_7 & \Delta r_7 s\alpha_7 + \Delta\theta_{70} l_7 c\alpha_7 \\
-\Delta\theta_{70} s\alpha_7 & \Delta\alpha_7 & 0 & \Delta r_7 c\alpha_7 - \Delta\theta_{70} l_7 s\alpha_7 \\
0 & 0 & 0 & 0
\end{bmatrix}
$$

$$
\boldsymbol{d}_7 = \begin{bmatrix} dx_7 \\ dy_7 \\ dz_7 \end{bmatrix} =
\begin{bmatrix} \Delta l_7 \\ \Delta r_7 s\alpha_7 + \Delta\theta_{70} l_7 c\alpha_7 \\ \Delta r_7 c\alpha_7 - \Delta\theta_{70} l_7 s\alpha_7 \end{bmatrix} =
\begin{bmatrix} 0 \\ l_7 c\alpha_7 \\ -l_7 s\alpha_7 \end{bmatrix} \cdot \Delta\theta_{70} +
\begin{bmatrix} 0 \\ s\alpha_7 \\ c\alpha_7 \end{bmatrix} \cdot \Delta r_7 +
\begin{bmatrix} 1 \\ 0 \\ 0 \end{bmatrix} \cdot \Delta l_7
$$

$$= \boldsymbol{k}_7^1 \cdot \Delta\theta_{70} + \boldsymbol{k}_7^2 \cdot \Delta r_7 + \boldsymbol{k}_7^3 \cdot \Delta l_7$$

$$\boldsymbol{\delta}_7 = \begin{bmatrix} \delta x_7 \\ \delta y_7 \\ \delta z_7 \end{bmatrix} = \begin{bmatrix} \Delta \alpha_7 \\ \Delta \theta_{70} s\alpha_7 \\ \Delta \theta_{70} c\alpha_7 \end{bmatrix} = \begin{bmatrix} 0 \\ s\alpha_7 \\ c\alpha_7 \end{bmatrix} \cdot \Delta \theta_{70} + \begin{bmatrix} 1 \\ 0 \\ 0 \end{bmatrix} \cdot \Delta \alpha_7 = \boldsymbol{k}_7^2 \cdot \Delta \theta_{70} + \boldsymbol{k}_7^3 \cdot \Delta \alpha_7$$

$$
\begin{aligned}
{}^{\mathrm{w}}\mathrm{d}x &= \boldsymbol{\delta}_7 \cdot (\boldsymbol{p}_7 \times \boldsymbol{n}_7) + \boldsymbol{d}_7 \cdot \boldsymbol{n}_7 \\
&= (\boldsymbol{k}_7^2 \cdot \Delta \theta_{70} + \boldsymbol{k}_7^3 \cdot \Delta \alpha_7) \cdot (\boldsymbol{p}_7 \times \boldsymbol{n}_7) + (\boldsymbol{k}_7^1 \cdot \Delta \theta_{70} + \boldsymbol{k}_7^2 \cdot \Delta r_7 + \boldsymbol{k}_7^3 \cdot \Delta l_7) \cdot \boldsymbol{n}_7 \\
&= [\boldsymbol{k}_7^2 \cdot (\boldsymbol{p}_7 \times \boldsymbol{n}_7) + \boldsymbol{k}_7^1 \cdot \boldsymbol{n}_7] \cdot \Delta \theta_{70} + (\boldsymbol{k}_7^2 \cdot \boldsymbol{n}_7) \cdot \Delta r_7 + (\boldsymbol{k}_7^3 \cdot \boldsymbol{n}_7) \cdot \Delta l_7 + \\
&\quad [\boldsymbol{k}_7^3 \cdot (\boldsymbol{p}_7 \times \boldsymbol{n}_7)] \cdot \Delta \alpha_7 \\
&= \mathrm{VP}_7 \mathrm{d}x_1 \cdot \Delta \theta_{70} + \mathrm{VP}_7 \mathrm{d}x_2 \cdot \Delta r_7 + \mathrm{VP}_7 \mathrm{d}x_3 \cdot \Delta l_7 + \mathrm{VP}_7 \mathrm{d}x_4 \cdot \Delta \alpha_7
\end{aligned}
$$

$$
\begin{aligned}
{}^{\mathrm{w}}\mathrm{d}y &= \boldsymbol{\delta}_7 \cdot (\boldsymbol{p}_7 \times \boldsymbol{o}_7) + \boldsymbol{d}_7 \cdot \boldsymbol{o}_7 \\
&= (\boldsymbol{k}_7^2 \cdot \Delta \theta_{70} + \boldsymbol{k}_7^3 \cdot \Delta \alpha_7) \cdot (\boldsymbol{p}_7 \times \boldsymbol{o}_7) + (\boldsymbol{k}_7^1 \cdot \Delta \theta_{70} + \boldsymbol{k}_7^2 \cdot \Delta r_7 + \boldsymbol{k}_1^3 \cdot \Delta l_7) \cdot \boldsymbol{o}_7 \\
&= [\boldsymbol{k}_7^2 \cdot (\boldsymbol{p}_7 \times \boldsymbol{o}_7) + \boldsymbol{k}_7^1 \cdot \boldsymbol{o}_7] \cdot \Delta \theta_{70} + (\boldsymbol{k}_7^2 \cdot \boldsymbol{o}_7) \cdot \Delta r_7 + (\boldsymbol{k}_7^3 \cdot \boldsymbol{o}_7) \cdot \Delta l_7 + \\
&\quad [\boldsymbol{k}_7^3 \cdot (\boldsymbol{p}_7 \times \boldsymbol{o}_7)] \cdot \Delta \alpha_7 \\
&= \mathrm{VP}_7 \mathrm{d}y_1 \cdot \Delta \theta_{70} + \mathrm{VP}_7 \mathrm{d}y_2 \cdot \Delta r_6 + \mathrm{VP}_7 \mathrm{d}y_3 \cdot \Delta l_7 + \mathrm{VP}_7 \mathrm{d}y_4 \cdot \Delta \alpha_7
\end{aligned}
$$

$$
\begin{aligned}
{}^{\mathrm{w}}\mathrm{d}z &= \boldsymbol{\delta}_7 \cdot (\boldsymbol{p}_7 \times \boldsymbol{a}_7) + \boldsymbol{d}_7 \cdot \boldsymbol{a}_7 \\
&= (\boldsymbol{k}_7^2 \cdot \Delta \theta_7 + \boldsymbol{k}_7^3 \cdot \Delta \alpha_7) \cdot (\boldsymbol{p}_7 \times \boldsymbol{a}_7) + (\boldsymbol{k}_7^1 \cdot \Delta \theta_{70} + \boldsymbol{k}_7^2 \cdot \Delta r_7 + \boldsymbol{k}_7^3 \cdot \Delta l_7) \cdot \boldsymbol{a}_7 \\
&= [\boldsymbol{k}_7^2 \cdot (\boldsymbol{p}_7 \times \boldsymbol{a}_7) + \boldsymbol{k}_7^1 \cdot \boldsymbol{a}_7] \cdot \Delta \theta_{70} + (\boldsymbol{k}_7^2 \cdot \boldsymbol{a}_7) \cdot \Delta r_7 + (\boldsymbol{k}_7^3 \cdot \boldsymbol{a}_7) \cdot \Delta l_7 + \\
&\quad [\boldsymbol{k}_7^3 \cdot (\boldsymbol{p}_7 \times \boldsymbol{a}_7)] \cdot \Delta \alpha_7 \\
&= \mathrm{VP}_7 \mathrm{d}z_1 \cdot \Delta \theta_{70} + \mathrm{VP}_7 \mathrm{d}z_2 \cdot \Delta r_7 + \mathrm{VP}_7 \mathrm{d}z_3 \cdot \Delta l_7 + \mathrm{VP}_7 \mathrm{d}z_7 \cdot \Delta \alpha_7
\end{aligned}
$$

$$
\begin{aligned}
{}^{\mathrm{w}}\delta x &= \boldsymbol{\delta}_7 \cdot \boldsymbol{n}_7 \\
&= (\boldsymbol{k}_7^2 \cdot \Delta \theta_7 + \boldsymbol{k}_7^3 \cdot \Delta \alpha_7) \cdot \boldsymbol{n}_7 \\
&= (\boldsymbol{k}_7^2 \cdot \boldsymbol{n}_7) \cdot \Delta \theta_{70} + (\boldsymbol{k}_7^3 \cdot \boldsymbol{n}_7) \cdot \Delta \alpha_7 \\
&= \mathrm{VP}_7 \delta x_1 \cdot \Delta \theta_{70} + \mathrm{VP}_7 \delta x_2 \cdot \Delta \alpha_7
\end{aligned}
$$

$$
\begin{aligned}
{}^{\mathrm{w}}\delta y &= \boldsymbol{\delta}_7 \cdot \boldsymbol{o}_7 \\
&= (\boldsymbol{k}_7^2 \cdot \Delta \theta_7 + \boldsymbol{k}_7^3 \cdot \Delta \alpha_7) \cdot \boldsymbol{o}_7 \\
&= (\boldsymbol{k}_7^2 \cdot \boldsymbol{o}_7) \cdot \Delta \theta_{70} + (\boldsymbol{k}_7^3 \cdot \boldsymbol{o}_7) \cdot \Delta \alpha_7 \\
&= \mathrm{VP}_7 \delta y_1 \cdot \Delta \theta_{70} + \mathrm{VP}_7 \delta y_2 \cdot \Delta \alpha_7
\end{aligned}
$$

$$
\begin{aligned}
{}^{\mathrm{w}}\delta z &= \boldsymbol{\delta}_7 \cdot \boldsymbol{a}_7 \\
&= (\boldsymbol{k}_7^2 \cdot \Delta \theta_7 + \boldsymbol{k}_7^3 \cdot \Delta \alpha_7) \cdot \boldsymbol{a}_7 \\
&= (\boldsymbol{k}_7^2 \cdot \boldsymbol{a}_7) \cdot \Delta \theta_{70} + (\boldsymbol{k}_7^3 \cdot \boldsymbol{a}_7) \cdot \Delta \alpha_7 \\
&= \mathrm{VP}_7 \delta z_1 \cdot \Delta \theta_{70} + \mathrm{VP}_7 \delta z_2 \cdot \Delta \alpha_7
\end{aligned}
$$

则 $\boldsymbol{A}_7$ 矩阵中连杆参数误差对于末端关节位姿偏差影响为

$$
\begin{bmatrix} {}^{w}dx \\ {}^{w}dy \\ {}^{w}dz \\ {}^{w}\delta x \\ {}^{w}\delta y \\ {}^{w}\delta z \end{bmatrix} = \begin{bmatrix} VP_7 dx_1 & VP_7 dx_2 & VP_7 dx_3 & VP_7 dx_4 \\ VP_7 dy_1 & VP_7 dy_2 & VP_7 dy_3 & VP_7 dy_4 \\ VP_7 dz_1 & VP_7 dz_2 & VP_7 dz_3 & VP_7 dz_4 \\ VP_7 \delta x_1 & 0 & 0 & VP_7 \delta x_2 \\ VP_7 \delta y_1 & 0 & 0 & VP_7 \delta y_2 \\ VP_7 \delta z_1 & 0 & 0 & VP_7 \delta z_2 \end{bmatrix} \cdot \begin{bmatrix} \Delta\theta_{70} \\ \Delta r_7 \\ \Delta l_7 \\ \Delta\alpha_7 \end{bmatrix}
$$

记

$$
\delta\boldsymbol{k}_7 = \begin{bmatrix} \Delta\theta_{70} \\ \Delta r_7 \\ \Delta l_7 \\ \Delta\alpha_7 \end{bmatrix}, \quad \boldsymbol{J}_7 = \begin{bmatrix} VP_7 dx_1 & VP_7 dx_2 & VP_7 dx_3 & VP_7 dx_4 \\ VP_7 dy_1 & VP_7 dy_2 & VP_7 dy_3 & VP_7 dy_4 \\ VP_7 dz_1 & VP_7 dz_2 & VP_7 dz_3 & VP_7 dz_4 \\ VP_7 \delta x_1 & 0 & 0 & VP_7 \delta x_2 \\ VP_7 \delta y_1 & 0 & 0 & VP_7 \delta y_2 \\ VP_7 \delta z_1 & 0 & 0 & VP_7 \delta z_2 \end{bmatrix}
$$

2.8.10 变换矩阵 A_{ee}

A_{ee} 为摄影机器人第 7 号坐标系通过末端姿态翻滚调整关节到末端执行器坐标系的变换矩阵。根据 DH 建模规则，A_{ee} 中的连杆参数有 7 个，分别是 $[\theta_{ee} \quad \theta_{ee0} \quad \beta_{ee} \quad \alpha_{ee} \quad x_{ee} \quad y_{ee} \quad z_{ee}]$。其中，$[\theta_{ee0} \quad \beta_{ee} \quad \alpha_{ee} \quad x_{ee} \quad y_{ee} \quad z_{ee}]$ 6 个连杆参数为固定连杆参数，θ_{ee0} 为机器人初始零状态时末端姿态翻滚调整关节轴的初始值。θ_{ee} 随着旋转关节的运动而变化，不属于被标定连杆参数。

$$
\delta\boldsymbol{A}_{ee} = \boldsymbol{A}_{ee} \backslash d\boldsymbol{A}_{ee} = \begin{bmatrix} 0 & -\Delta\theta_{ee0}c\alpha_{ee}c\beta_{ee}+\Delta\beta_{ee}s\alpha_{ee} & \Delta\theta_{ee0}s\alpha_{ee}c\beta_{ee}+\Delta\beta_{ee}c\alpha_{ee} \\ \Delta\theta_{ee0}c\alpha_{ee}c\beta_{ee}-\Delta\beta_{ee}s\alpha_{ee} & 0 & -\Delta\alpha_{ee}+\Delta\theta_{ee0}s\beta_{ee} \\ -\Delta\theta_{ee0}s\alpha_{ee}c\beta_{ee}-\Delta\beta_{ee}c\alpha_{ee} & \Delta\alpha_{ee}-\Delta\theta_{ee0}s\beta_{ee} & 0 \\ 0 & 0 & 0 \end{bmatrix}
$$

$$
\begin{bmatrix} \Delta x_{ee}+\Delta\beta_{ee}z_{ee}c\alpha_{ee}+\Delta\beta_{ee}y_{ee}s\alpha_{ee}-\Delta\theta_{ee0}y_{ee}c\alpha_{ee}c\beta_{ee}+\Delta\theta_{ee0}z_{ee}s\alpha_{ee}c\beta_{ee} \\ \Delta y_{ee}-\Delta\alpha_{ee}z_{ee}-\Delta\beta_{ee}x_{ee}s\alpha_{ee}+\Delta\theta_{ee0}z_{ee}s\beta_{ee}+\Delta\theta_{ee0}x_{ee}c\alpha_{ee}c\beta_{ee} \\ \Delta z_{ee}+\Delta\alpha_{ee}y_{ee}-\Delta\beta_{ee}x_{ee}c\alpha_{ee}-\Delta\theta_{ee0}y_{ee}s\beta_{ee}-\Delta\theta_{ee0}x_{ee}s\alpha_{ee}c\beta_{ee}\,0 \end{bmatrix}
$$

$$
\boldsymbol{d}_{ee} = \begin{bmatrix} dx_{ee} \\ dy_{ee} \\ dz_{ee} \end{bmatrix}
$$

$$
= \begin{bmatrix} \Delta x_{ee}+\Delta\beta_{ee}z_{ee}c\alpha_{ee}+\Delta\beta_{ee}y_{ee}s\alpha_{ee}-\Delta\theta_{ee0}y_{ee}c\alpha_{ee}c\beta_{ee}+\Delta\theta_{ee0}z_{ee}s\alpha_{ee}c\beta_{ee} \\ \Delta y_{ee}-\Delta\alpha_{ee}z_{ee}-\Delta\beta_{ee}x_{ee}s\alpha_{ee}+\Delta\theta_{ee0}z_{ee}s\beta_{ee}+\Delta\theta_{ee0}x_{ee}c\alpha_{ee}c\beta_{ee} \\ \Delta z_{ee}+\Delta\alpha_{ee}y_{ee}-\Delta\beta_{ee}x_{ee}c\alpha_{ee}-\Delta\theta_{ee0}y_{ee}s\beta_{ee}-\Delta\theta_{ee0}x_{ee}s\alpha_{ee}c\beta_{ee} \end{bmatrix}
$$

$$
= \begin{bmatrix} -y_{ee}c\alpha_{ee}c\beta_{ee}+z_{ee}s\alpha_{ee}c\beta_{ee} \\ z_{ee}s\beta_{ee}+x_{ee}c\alpha_{ee}c\beta_{ee} \\ -y_{ee}s\beta_{ee}-x_{ee}s\alpha_{ee}c\beta_{ee} \end{bmatrix} \cdot \Delta\theta_{ee0} + \begin{bmatrix} z_{ee}c\alpha_{ee}+y_{ee}s\alpha_{ee} \\ -x_{ee}s\alpha_{ee} \\ -x_{ee}c\alpha_{ee} \end{bmatrix} \cdot \Delta\beta_{ee} +
$$

$$
\begin{bmatrix} 1 \\ -z_{ee} \\ y_{ee} \end{bmatrix} \cdot \Delta\alpha_{ee} + \begin{bmatrix} 1 \\ 0 \\ 0 \end{bmatrix} \cdot \Delta x_{ee} + \begin{bmatrix} 0 \\ 1 \\ 0 \end{bmatrix} \cdot \Delta y_{ee} + \begin{bmatrix} 0 \\ 0 \\ 1 \end{bmatrix} \cdot \Delta z_{ee}
$$

$$^{\mathrm{w}}\mathrm{d}x = \boldsymbol{\delta}_{\mathrm{ee}} \cdot (\boldsymbol{p}_{\mathrm{ee}} \times \boldsymbol{n}_{\mathrm{ee}}) + \boldsymbol{d}_{\mathrm{ee}} \cdot \boldsymbol{n}_{\mathrm{ee}}$$

$$= (\boldsymbol{k}_{\mathrm{ee}}^7 \cdot \Delta\theta_{\mathrm{ee0}} + \boldsymbol{k}_{\mathrm{ee}}^8 \cdot \Delta\beta_{\mathrm{ee}} + \boldsymbol{k}_{\mathrm{ee}}^4 \cdot \Delta\alpha_{\mathrm{ee}}) \cdot (\boldsymbol{p}_{\mathrm{ee}} \times \boldsymbol{n}_{\mathrm{ee}}) + (\boldsymbol{k}_{\mathrm{ee}}^1 \cdot \Delta\theta_{\mathrm{ee0}} + \boldsymbol{k}_{\mathrm{ee}}^2 \cdot \Delta\beta_{\mathrm{ee}} +$$

$$\boldsymbol{k}_{\mathrm{ee}}^3 \cdot \Delta\alpha_{\mathrm{ee}} + \boldsymbol{k}_{\mathrm{ee}}^4 \cdot \Delta x_{\mathrm{ee}} + \boldsymbol{k}_{\mathrm{ee}}^5 \cdot \Delta y_{\mathrm{ee}} + \boldsymbol{k}_{\mathrm{ee}}^6 \cdot \Delta z_{\mathrm{ee}}) \cdot \boldsymbol{n}_{\mathrm{ee}}$$

$$= [\boldsymbol{k}_{\mathrm{ee}}^7 \cdot (\boldsymbol{p}_{\mathrm{ee}} \times \boldsymbol{n}_{\mathrm{ee}}) + \boldsymbol{k}_{\mathrm{ee}}^1 \cdot \boldsymbol{n}_{\mathrm{ee}}] \cdot \Delta\theta_{\mathrm{ee0}} + [\boldsymbol{k}_{\mathrm{ee}}^8 \cdot (\boldsymbol{p}_{\mathrm{ee}} \times \boldsymbol{n}_{\mathrm{ee}}) + \boldsymbol{k}_{\mathrm{ee}}^2 \cdot \boldsymbol{n}_{\mathrm{ee}}] \cdot$$

$$\Delta\beta_{\mathrm{ee}} + [\boldsymbol{k}_{\mathrm{ee}}^4 \cdot (\boldsymbol{p}_{\mathrm{ee}} \times \boldsymbol{n}_{\mathrm{ee}}) + \boldsymbol{k}_{\mathrm{ee}}^3 \cdot \boldsymbol{n}_{\mathrm{ee}}] \cdot \Delta\alpha_{\mathrm{ee}} + (\boldsymbol{k}_{\mathrm{ee}}^4 \cdot \boldsymbol{n}_{\mathrm{ee}}) \cdot \Delta_{\mathrm{ee}} +$$

$$(\boldsymbol{k}_{\mathrm{ee}}^5 \boldsymbol{n}_{\mathrm{ee}}) \cdot \Delta y_{\mathrm{ee}} + (\boldsymbol{k}_{\mathrm{ee}}^6 \cdot \boldsymbol{n}_{\mathrm{ee}}) \cdot \Delta_{\mathrm{ee}}$$

$$= \mathrm{VP}_{\mathrm{ee}}\mathrm{d}x_1 \cdot \Delta\theta_{\mathrm{ee}} + \mathrm{VP}_{\mathrm{ee}}\mathrm{d}x_2 \cdot \Delta\beta_{\mathrm{ee}} + \mathrm{VP}_{\mathrm{ee}}\mathrm{d}x_3 \cdot \Delta\alpha_{\mathrm{ee}} + \mathrm{VP}_{\mathrm{ee}}\mathrm{d}x_4 \cdot \Delta x_{\mathrm{ee}} +$$

$$\mathrm{VP}_{\mathrm{ee}}\mathrm{d}x_5 \cdot \Delta y_{\mathrm{ee}} + \mathrm{VP}_{\mathrm{ee}}\mathrm{d}x_6 \cdot \Delta z_{\mathrm{ee}}$$

$$^{\mathrm{w}}\mathrm{d}y = \delta_{\mathrm{ee}} \cdot (\boldsymbol{p}_{\mathrm{ee}} \times \boldsymbol{o}_{\mathrm{ee}}) + \mathrm{d}_{\mathrm{ee}} \cdot \boldsymbol{o}_{\mathrm{ee}}$$

$$= (\boldsymbol{k}_{\mathrm{ee}}^7 \cdot \Delta\theta_{\mathrm{ee}} + \boldsymbol{k}_{\mathrm{ee}}^8 \cdot \beta_{\mathrm{ee}} + \boldsymbol{k}_{\mathrm{ee}}^4 \cdot \Delta\alpha_{\mathrm{ee}}) \cdot (\boldsymbol{p}_{\mathrm{ee}} \times \boldsymbol{o}_{\mathrm{ee}}) +$$

$$(\boldsymbol{k}_{\mathrm{ee}}^1 \cdot \Delta\theta_{\mathrm{ee}} + \boldsymbol{k}_{\mathrm{ee}}^2 \cdot \Delta\beta_{\mathrm{ee}} + \boldsymbol{k}_{\mathrm{ee}}^3 \cdot \Delta\alpha_{\mathrm{ee}} + \boldsymbol{k}_{\mathrm{ee}}^4 \cdot \Delta x_{\mathrm{ee}} + \boldsymbol{k}_{\mathrm{ee}}^5 \cdot \Delta y_{\mathrm{ee}} + \boldsymbol{k}_{\mathrm{ee}}^6 \cdot \Delta_{\mathrm{ee}})\boldsymbol{o}_{\mathrm{ee}}$$

$$= [\boldsymbol{k}_{\mathrm{ee}}^7 \cdot (\boldsymbol{p}_{\mathrm{ee}} \times \boldsymbol{o}_{\mathrm{ee}}) + \boldsymbol{k}_{\mathrm{ee}}^1 \cdot \boldsymbol{o}_{\mathrm{ee}}] \cdot \Delta\theta_{\mathrm{ee}} + [\boldsymbol{k}_{\mathrm{ee}}^8 \cdot (\boldsymbol{p}_{\mathrm{ee}} \times \boldsymbol{o}_{\mathrm{ee}}) + \boldsymbol{k}_{\mathrm{ee}}^2 \cdot \boldsymbol{o}_{\mathrm{ee}}] \cdot \Delta\beta_{\mathrm{ee}} +$$

$$[\boldsymbol{k}_{\mathrm{ee}}^4 \cdot (\boldsymbol{p}_{\mathrm{ee}} \times \boldsymbol{o}_{\mathrm{ee}}) + \boldsymbol{k}_{\mathrm{ee}}^3 \cdot \boldsymbol{o}_{\mathrm{ee}}] \cdot \Delta\alpha_{\mathrm{ee}} + (\boldsymbol{k}_{\mathrm{ee}}^4 \cdot \boldsymbol{o}_{\mathrm{ee}})\Delta_{\mathrm{ee}} + (\boldsymbol{k}_{\mathrm{ee}}^5 \cdot \boldsymbol{o}_{\mathrm{ee}}) \cdot \Delta y_{\mathrm{ee}} +$$

$$(\boldsymbol{k}_{\mathrm{ee}}^6 \cdot \boldsymbol{o}_{\mathrm{ee}}) - \Delta_{\mathrm{ee}}$$

$$= \mathrm{VP}_{\mathrm{ee}}\mathrm{d}_{y_1} \cdot \Delta\theta_{\mathrm{ee0}} + \mathrm{VP}_{\mathrm{ee}}\mathrm{d}_{y_2} \cdot \Delta\beta_{\mathrm{ee}} + \mathrm{VP}_{\mathrm{ee}}\mathrm{d}_{y_3} \cdot \Delta\alpha_{\mathrm{ee}} + \mathrm{VP}_{\mathrm{ee}}\mathrm{d}_{y_4} \cdot \Delta x_{\mathrm{ee}} +$$

$$\mathrm{VP}_{\mathrm{ee}}\mathrm{d}_{y_5} \cdot \Delta y_{\mathrm{ee}} + \mathrm{VP}_{\mathrm{ee}}\mathrm{d}_{y_6} \cdot \Delta z_{\mathrm{ee}}$$

$$^{\mathrm{w}}\mathrm{d}z = \delta_{\mathrm{ee}} \cdot (\boldsymbol{p}_{\mathrm{ee}} \times a_{\mathrm{ee}}) + \mathrm{d}_{\mathrm{ee}} \cdot \boldsymbol{a}_{\mathrm{ce}}$$

$$= (\boldsymbol{k}_{\mathrm{ee}}^7 \cdot \Delta\theta_{\mathrm{ee}} + \boldsymbol{k}_{\mathrm{ee}}^8 \cdot \Delta\beta_{\mathrm{ee}} + \boldsymbol{k}_{\mathrm{ee}}^4 \cdot \Delta\alpha_{\mathrm{ee}})(\boldsymbol{p}_{\mathrm{ee}} \times a_{\mathrm{ee}}) + (\boldsymbol{k}_{\mathrm{ee}}^1 \cdot \Delta\theta_{\mathrm{ee}} + \boldsymbol{k}_{\mathrm{ee}}^2 \cdot \Delta\beta_{\mathrm{ee}} +$$

$$\boldsymbol{k}_{\mathrm{ee}}^3 \cdot \Delta\alpha_{\mathrm{ee}} + \boldsymbol{k}_{\mathrm{ee}}^4 \cdot \Delta x_{\mathrm{ee}} + \boldsymbol{k}_{\mathrm{ee}}^5 \cdot \Delta y_{\mathrm{ee}} + \boldsymbol{k}_{\mathrm{ee}}^6 \cdot \Delta z_{\mathrm{ee}})\boldsymbol{a}_{\mathrm{ee}}$$

$$= [\boldsymbol{k}_{\mathrm{ee}}^7 \cdot (\boldsymbol{p}_{\mathrm{ee}} \times \boldsymbol{a}_{\mathrm{ee}}) + \boldsymbol{k}_{\mathrm{ee}}^1 \cdot \boldsymbol{a}_{\mathrm{ee}}] \cdot \Delta\theta_{\mathrm{ee}} + [\boldsymbol{k}_{\mathrm{ee}}^8 \cdot (\boldsymbol{p}_{\mathrm{ee}} \times \boldsymbol{a}_{\mathrm{ee}}) + \boldsymbol{k}_{\mathrm{ee}}^2 \cdot 0_{\mathrm{ee}}] \cdot$$

$$\Delta\beta_{\mathrm{ee}} + [\boldsymbol{k}_{\mathrm{ee}}^4 \cdot (\boldsymbol{p}_{\mathrm{ee}} \times \boldsymbol{a}_{\mathrm{ee}}) + \boldsymbol{k}_{\mathrm{ee}}^3 \cdot \boldsymbol{a}_{\mathrm{ee}}] \cdot \Delta\alpha_{\mathrm{ee}} + (\boldsymbol{k}_{\mathrm{ee}}^4 \boldsymbol{a}_{\mathrm{ee}})\Delta x_{\mathrm{ee}} +$$

$$(\boldsymbol{k}_{\mathrm{ee}}^5 \cdot \boldsymbol{a}_{\mathrm{ee}}) \cdot \Delta y_{\mathrm{ee}} + (\boldsymbol{k}_{\mathrm{ee}}^6 \cdot \boldsymbol{a}_{\mathrm{ee}})\Delta z_{\mathrm{ee}}$$

$$= \mathrm{VP}_{\mathrm{ee}}\mathrm{d}_{z_1} \cdot \Delta\theta_{\mathrm{ee}} + \mathrm{VP}_{\mathrm{ee}}\mathrm{d}_{z_2} \cdot \Delta\beta_{\mathrm{ee}} + \mathrm{VP}_{\mathrm{ee}}\mathrm{d}_{z_3} \cdot \Delta\alpha_{\mathrm{ee}} + \mathrm{VP}_{\mathrm{ee}}\mathrm{d}_{z_4} \cdot \Delta x_{\mathrm{ee}} +$$

$$\mathrm{VP}_{\mathrm{ee}}\mathrm{d}_{z_5} \cdot \Delta V_{\mathrm{ee}} + \mathrm{VP}_{\mathrm{ee}}\mathrm{d}_{z_6} \cdot \Delta z_{\mathrm{ee}}$$

$$^{\mathrm{w}}\delta x = \delta_{\mathrm{ee}} \cdot \boldsymbol{n}_{\mathrm{ee}}$$

$$= (\boldsymbol{k}_{\mathrm{ee}}^7 \cdot \Delta\theta_{\mathrm{ee0}} + \boldsymbol{k}_{\mathrm{ee}}^8 \cdot \Delta\beta_{\mathrm{ee}} + \boldsymbol{k}_{\mathrm{ee}}^4 \cdot \Delta\alpha_{\mathrm{ee}}) \cdot \boldsymbol{n}_{\mathrm{ee}}$$

$$= (\boldsymbol{k}_{\mathrm{ee}}^7 \cdot \boldsymbol{n}_{\mathrm{ee}}) \cdot \Delta\theta_{\mathrm{ee0}} + (\boldsymbol{k}_{\mathrm{ee}}^8 \cdot \boldsymbol{n}_{\mathrm{ee}}) \cdot \Delta\beta_{\mathrm{ee}} + (\boldsymbol{k}_{\mathrm{ee}}^4 \cdot \boldsymbol{n}_{\mathrm{ee}}) \cdot \Delta\alpha_{\mathrm{ee}}$$

$$= \mathrm{VP}_{\mathrm{ee}}\delta x_1 \cdot \Delta\theta_{\mathrm{ee0}} + \mathrm{VP}_{\mathrm{ee}}\delta x_2 \cdot \Delta\beta_{\mathrm{ee}} + \mathrm{VP}_{\mathrm{ee}}\delta x_3 \cdot \Delta\alpha_{\mathrm{ee}}$$

$$^{\mathrm{w}}\boldsymbol{\delta} y = \boldsymbol{\delta}_{\mathrm{ee}} \cdot \boldsymbol{o}_{\mathrm{ee}}$$

$$= (\boldsymbol{k}_{\mathrm{ee}}^7 \cdot \Delta\theta_{\mathrm{ee0}} + \boldsymbol{k}_{\mathrm{ee}}^8 \cdot \Delta\beta_{\mathrm{ee}} + \boldsymbol{k}_{\mathrm{ee}}^4 \cdot \Delta\alpha_{\mathrm{ee}}) \cdot \boldsymbol{o}_{\mathrm{ee}}$$

$$= (\boldsymbol{k}_{\mathrm{ee}}^7 \cdot \boldsymbol{o}_{\mathrm{ee}}) \cdot \Delta\theta_{\mathrm{ee0}} + (\boldsymbol{k}_{\mathrm{ee}}^8 \cdot \boldsymbol{o}_{\mathrm{ee}}) \cdot \Delta\beta_{\mathrm{ee}} + (\boldsymbol{k}_{\mathrm{ee}}^4 \cdot 0_{\mathrm{ee}}) \cdot \Delta\alpha_{\mathrm{ee}}$$

$$= \mathrm{VP}_{\mathrm{ee}}\delta y_1 \cdot \Delta\theta_{\mathrm{ee0}} + \mathrm{VP}_{\mathrm{ee}}\delta y_2 \cdot \Delta\beta_{\mathrm{ee}} + \mathrm{VP}_{\mathrm{ee}}\delta y_3 \cdot \Delta\alpha_{\mathrm{ee}}$$

$$
\begin{aligned}
{}^{\mathrm{W}}\delta z &= \boldsymbol{\delta}_{ee} \cdot \boldsymbol{a}_{ee} \\
&= (\boldsymbol{k}_{ee}^{7} \cdot \Delta\theta_{ee0} + \boldsymbol{k}_{ee}^{8} \cdot \Delta\beta_{ee} + \boldsymbol{k}_{ee}^{4} \cdot \Delta\alpha_{ee}) \cdot \boldsymbol{a}_{ee} \\
&= (\boldsymbol{k}_{ee}^{7} \cdot \boldsymbol{a}_{ee}) \cdot \Delta\theta_{ee0} + (\boldsymbol{k}_{ee}^{8} \cdot \boldsymbol{a}_{ee}) \cdot \Delta\beta_{ee} + (\boldsymbol{k}_{ee}^{4} \cdot \boldsymbol{a}_{ee}) \cdot \Delta\alpha_{ee} \\
&= \mathrm{VP}_{ee}\delta z_{1} \cdot \Delta\theta_{ee0} + \mathrm{VP}_{ee}\delta z_{2} \cdot \Delta\beta_{ee} + \mathrm{VP}_{ee}\delta z_{3} \cdot \Delta\alpha_{ee}
\end{aligned}
$$

则 $\boldsymbol{A}_{ee}$ 矩阵中连杆参数误差对于末端关节位姿偏差影响为

$$
\begin{bmatrix}
{}^{\mathrm{W}}\mathrm{d}x \\
{}^{\mathrm{W}}\mathrm{d}y \\
{}^{\mathrm{W}}\mathrm{d}z \\
{}^{\mathrm{W}}\delta x \\
{}^{\mathrm{W}}\delta y \\
{}^{\mathrm{W}}\delta z
\end{bmatrix}
=
\begin{bmatrix}
\mathrm{VP}_{ee}\mathrm{d}x_{1} & \mathrm{VP}_{ee}\mathrm{d}x_{2} & \mathrm{VP}_{ee}\mathrm{d}x_{3} & \mathrm{VP}_{ee}\mathrm{d}x_{4} & \mathrm{VP}_{ee}\mathrm{d}x_{5} & \mathrm{VP}_{ee}\mathrm{d}x_{6} \\
\mathrm{VP}_{ee}\mathrm{d}y_{1} & \mathrm{VP}_{ee}\mathrm{d}y_{2} & \mathrm{VP}_{ee}\mathrm{d}y_{3} & \mathrm{VP}_{ee}\mathrm{d}y_{4} & \mathrm{VP}_{ee}\mathrm{d}y_{5} & \mathrm{VP}_{ee}\mathrm{d}y_{6} \\
\mathrm{VP}_{ee}\mathrm{d}z_{1} & \mathrm{VP}_{ee}\mathrm{d}z_{2} & \mathrm{VP}_{ee}\mathrm{d}z_{3} & \mathrm{VP}_{ee}\mathrm{d}z_{4} & \mathrm{VP}_{ee}\mathrm{d}z_{5} & \mathrm{VP}_{ee}\mathrm{d}z_{6} \\
\mathrm{VP}_{ee}\delta x_{1} & \mathrm{VP}_{ee}\delta x_{2} & \mathrm{VP}_{ee}\delta x_{3} & 0 & 0 & 0 \\
\mathrm{VP}_{ee}\delta y_{1} & \mathrm{VP}_{ee}\delta y_{2} & \mathrm{VP}_{ee}\delta y_{3} & 0 & 0 & 0 \\
\mathrm{VP}_{ee}\delta z_{1} & \mathrm{VP}_{ee}\delta z_{2} & \mathrm{VP}_{ee}\delta z_{3} & 0 & 0 & 0
\end{bmatrix}
\cdot
\begin{bmatrix}
\Delta\theta_{ee0} \\
\Delta\beta_{ee} \\
\Delta\alpha_{ee} \\
\Delta x_{ee} \\
\Delta y_{ee} \\
\Delta z_{ee}
\end{bmatrix}
$$

记

$$
\boldsymbol{k}_{ee} =
\begin{bmatrix}
\Delta\theta_{ee0} \\
\Delta\beta_{ee} \\
\Delta\alpha_{ee} \\
\Delta x_{ee} \\
\Delta y_{ee} \\
\Delta z_{ee}
\end{bmatrix},
\quad
\boldsymbol{J}_{ee} =
\begin{bmatrix}
\mathrm{VP}_{ee}\mathrm{d}x_{1} & \mathrm{VP}_{ee}\mathrm{d}x_{2} & \mathrm{VP}_{ee}\mathrm{d}x_{3} & \mathrm{VP}_{ee}\mathrm{d}x_{4} & \mathrm{VP}_{ee}\mathrm{d}x_{5} & \mathrm{VP}_{ee}\mathrm{d}x_{6} \\
\mathrm{VP}_{ee}\mathrm{d}y_{1} & \mathrm{VP}_{ee}\mathrm{d}y_{2} & \mathrm{VP}_{ee}\mathrm{d}y_{3} & \mathrm{VP}_{ee}\mathrm{d}y_{4} & \mathrm{VP}_{ee}\mathrm{d}y_{5} & \mathrm{VP}_{ee}\mathrm{d}y_{6} \\
\mathrm{VP}_{ee}\mathrm{d}z_{1} & \mathrm{VP}_{ee}\mathrm{d}z_{2} & \mathrm{VP}_{ee}\mathrm{d}z_{3} & \mathrm{VP}_{ee}\mathrm{d}z_{4} & \mathrm{VP}_{ee}\mathrm{d}z_{5} & \mathrm{VP}_{ee}\mathrm{d}z_{6} \\
\mathrm{VP}_{ee}\delta x_{1} & \mathrm{VP}_{ee}\delta x_{2} & \mathrm{VP}_{ee}\delta x_{3} & 0 & 0 & 0 \\
\mathrm{VP}_{ee}\delta y_{1} & \mathrm{VP}_{ee}\delta y_{2} & \mathrm{VP}_{ee}\delta y_{3} & 0 & 0 & 0 \\
\mathrm{VP}_{ee}\delta z_{1} & \mathrm{VP}_{ee}\delta z_{2} & \mathrm{VP}_{ee}\delta z_{3} & 0 & 0 & 0
\end{bmatrix}
$$

补充说明:

(1)在 MATLAB 中,A/B 相当去 A*inv(B),A\B 相当于 inv(A)*B。

(2)在表达式中,sin 简记为 s,cos 简记为 c。

(3)左上标 W,代表世界坐标系。

综上所述,得到摄影机器人连杆误差与末端坐标系位姿偏差的关系表达式。

对于本型号摄影机器人的任意一个姿态,有

$$
{}^{\mathrm{W}}\boldsymbol{\Delta} = \boldsymbol{J}_{0\mathrm{ToEE}} \cdot \delta\boldsymbol{k}_{0\mathrm{ToEE}} \tag{2-51}
$$

式中:

$$
{}^{\mathrm{W}}\boldsymbol{\Delta} =
\begin{bmatrix}
{}^{\mathrm{W}}\mathrm{d}x \\
{}^{\mathrm{W}}\mathrm{d}y \\
{}^{\mathrm{W}}\mathrm{d}z \\
{}^{\mathrm{W}}\delta x \\
{}^{\mathrm{W}}\delta y \\
{}^{\mathrm{W}}\delta z
\end{bmatrix}
$$

$$\boldsymbol{J}_{\text{0ToEE}} = \begin{bmatrix} \boldsymbol{J}_0 & \boldsymbol{J}_1 & \boldsymbol{J}_2 & \boldsymbol{J}_3 & \boldsymbol{J}_4 & \boldsymbol{J}_5 & \boldsymbol{J}_6 & \boldsymbol{J}_7 & \boldsymbol{J}_{\text{ee}} \end{bmatrix}$$

$$= \begin{bmatrix}
\text{VP}_0\,\mathrm{d}x_1 & \text{VP}_0\,\mathrm{d}x_2 & \text{VP}_0\,\mathrm{d}x_3 & \text{VP}_0\,\mathrm{d}x_4 & \text{VP}_1\,\mathrm{d}x_1 & \text{VP}_1\,\mathrm{d}x_2 & \text{VP}_1\,\mathrm{d}x_3 & \text{VP}_1\,\mathrm{d}x_4 \\
\text{VP}_0\,\mathrm{d}y_1 & \text{VP}_0\,\mathrm{d}y_2 & \text{VP}_0\,\mathrm{d}x_3 & \text{VP}_0\,\mathrm{d}y_4 & \text{VP}_1\,\mathrm{d}y_1 & \text{VP}_1\,\mathrm{d}y_2 & \text{VP}_1\,\mathrm{d}y_3 & \text{VP}_1\,\mathrm{d}y_4 \\
\text{VP}_0\,\mathrm{d}z_1 & \text{VP}_0\,\mathrm{d}z_2 & \text{VP}_0\,\mathrm{d}x_3 & \text{VP}_0\,\mathrm{d}z_4 & \text{VP}_1\,\mathrm{d}z_1 & \text{VP}_1\,\mathrm{d}z_2 & \text{VP}_1\,\mathrm{d}z_3 & \text{VP}_1\,\mathrm{d}z_4 \\
\text{VP}_0\,\delta x_1 & 0 & 0 & \text{VP}_0\,\delta x_2 & \text{VP}_1\,\delta x_1 & 0 & 0 & \text{VP}_1\,\delta x_2 \\
\text{VP}_0\,\delta y_1 & 0 & 0 & \text{VP}_0\,\delta y_2 & \text{VP}_1\,\delta y_1 & 0 & 0 & \text{VP}_1\,\delta y_2 \\
\text{VP}_0\,\delta z_1 & 0 & 0 & \text{VP}_0\,\delta z_2 & \text{VP}_1\,\delta z_1 & 0 & 0 & \text{VP}_1\,\delta z_2
\end{bmatrix}$$

$$\begin{bmatrix}
\text{VP}_2\,\mathrm{d}x_1 & \text{VP}_2\,\mathrm{d}x_2 & \text{VP}_2\,\mathrm{d}x_3 & \text{VP}_2\,\mathrm{d}x_4 & \text{VP}_3\,\mathrm{d}x_1 & \text{VP}_3\,\mathrm{d}x_2 & \text{VP}_3\,\mathrm{d}x_3 & \text{VP}_3\,\mathrm{d}x_4 \\
\text{VP}_2\,\mathrm{d}y_1 & \text{VP}_2\,\mathrm{d}y_2 & \text{VP}_2\,\mathrm{d}x_3 & \text{VP}_2\,\mathrm{d}y_4 & \text{VP}_3\,\mathrm{d}y_1 & \text{VP}_3\,\mathrm{d}y_2 & \text{VP}_3\,\mathrm{d}y_3 & \text{VP}_3\,\mathrm{d}y_4 \\
\text{VP}_2\,\mathrm{d}z_1 & \text{VP}_2\,\mathrm{d}z_2 & \text{VP}_2\,\mathrm{d}x_3 & \text{VP}_2\,\mathrm{d}z_4 & \text{VP}_3\,\mathrm{d}z_1 & \text{VP}_3\,\mathrm{d}z_2 & \text{VP}_3\,\mathrm{d}z_3 & \text{VP}_3\,\mathrm{d}z_4 \\
\text{VP}_2\,\delta x_1 & 0 & 0 & \text{VP}_2\,\delta x_2 & \text{VP}_3\,\delta x_1 & 0 & 0 & \text{VP}_3\,\delta x_2 \\
\text{VP}_2\,\delta y_1 & 0 & 0 & \text{VP}_2\,\delta y_2 & \text{VP}_3\,\delta y_1 & 0 & 0 & \text{VP}_3\,\delta y_2 \\
\text{VP}_2\,\delta z_1 & 0 & 0 & \text{VP}_2\,\delta z_2 & \text{VP}_3\,\delta z_1 & 0 & 0 & \text{VP}_3\,\delta z_2
\end{bmatrix}$$

$$\begin{bmatrix}
\text{VP}_4\,\mathrm{d}x_1 & \text{VP}_4\,\mathrm{d}x_2 & \text{VP}_4\,\mathrm{d}x_3 & \text{VP}_4\,\mathrm{d}x_4 & \text{VP}_5\,\mathrm{d}x_1 & \text{VP}_5\,\mathrm{d}x_2 & \text{VP}_5\,\mathrm{d}x_3 & \text{VP}_5\,\mathrm{d}x_4 \\
\text{VP}_4\,\mathrm{d}y_1 & \text{VP}_4\,\mathrm{d}y_2 & \text{VP}_4\,\mathrm{d}x_3 & \text{VP}_4\,\mathrm{d}y_4 & \text{VP}_5\,\mathrm{d}y_1 & \text{VP}_5\,\mathrm{d}y_2 & \text{VP}_5\,\mathrm{d}y_3 & \text{VP}_5\,\mathrm{d}y_4 \\
\text{VP}_4\,\mathrm{d}z_1 & \text{VP}_4\,\mathrm{d}z_2 & \text{VP}_4\,\mathrm{d}x_3 & \text{VP}_4\,\mathrm{d}z_4 & \text{VP}_5\,\mathrm{d}z_1 & \text{VP}_5\,\mathrm{d}z_2 & \text{VP}_5\,\mathrm{d}z_3 & \text{VP}_5\,\mathrm{d}z_4 \\
\text{VP}_4\,\delta x_1 & 0 & 0 & \text{VP}_4\,\delta x_2 & \text{VP}_5\,\delta x_1 & 0 & 0 & \text{VP}_5\,\delta x_2 \\
\text{VP}_4\,\delta y_1 & 0 & 0 & \text{VP}_4\,\delta y_2 & \text{VP}_5\,\delta y_1 & 0 & 0 & \text{VP}_5\,\delta y_2 \\
\text{VP}_4\,\delta z_1 & 0 & 0 & \text{VP}_4\,\delta z_2 & \text{VP}_5\,\delta z_1 & 0 & 0 & \text{VP}_5\,\delta z_2 \\
\text{VP}_6\,\mathrm{d}x_6 & \text{VP}_2\,\mathrm{d}x_6 & \text{VP}_2\,\mathrm{d}x_6 & \text{VP}_2\,\mathrm{d}x_4 & \text{VP}_7\,\mathrm{d}x_1 & \text{VP}_7\,\mathrm{d}x_2 & \text{VP}_7\,\mathrm{d}x_3 & \text{VP}_7\,\mathrm{d}x_4 \\
\text{VP}_6\,\mathrm{d}y_1 & \text{VP}_6\,\mathrm{d}y_2 & \text{VP}_6\,\mathrm{d}x_3 & \text{VP}_6\,\mathrm{d}y_4 & \text{VP}_7\,\mathrm{d}y_1 & \text{VP}_7\,\mathrm{d}y_2 & \text{VP}_7\,\mathrm{d}y_3 & \text{VP}_7\,\mathrm{d}y_4 \\
\text{VP}_6\,\mathrm{d}z_1 & \text{VP}_6\,\mathrm{d}z_2 & \text{VP}_6\,\mathrm{d}x_3 & \text{VP}_6\,\mathrm{d}z_4 & \text{VP}_7\,\mathrm{d}z_1 & \text{VP}_7\,\mathrm{d}z_2 & \text{VP}_7\,\mathrm{d}z_3 & \text{VP}_7\,\mathrm{d}z_4 \\
\text{VP}_6\,\delta x_1 & 0 & 0 & \text{VP}_6\,\delta x_2 & \text{VP}_7\,\delta x_1 & 0 & 0 & \text{VP}_7\,\delta x_2 \\
\text{VP}_6\,\delta y_1 & 0 & 0 & \text{VP}_6\,\delta y_2 & \text{VP}_7\,\delta y_1 & 0 & 0 & \text{VP}_7\,\delta y_2 \\
\text{VP}_6\,\delta z_1 & 0 & 0 & \text{VP}_6\,\delta z_2 & \text{VP}_7\,\delta z_1 & 0 & 0 & \text{VP}_7\,\delta z_2
\end{bmatrix}$$

$$\begin{bmatrix}
\text{VP}_{\text{ee}}\,\mathrm{d}x_1 & \text{VP}_{\text{ee}}\,\mathrm{d}x_2 & \text{VP}_{\text{ee}}\,\mathrm{d}x_3 & \text{VP}_{\text{ee}}\,\mathrm{d}x_4 & \text{VP}_{\text{ee}}\,\mathrm{d}x_5 & \text{VP}_{\text{ee}}\,\mathrm{d}x_6 \\
\text{VP}_{\text{ee}}\,\mathrm{d}y_1 & \text{VP}_{\text{ee}}\,\mathrm{d}y_2 & \text{VP}_{\text{ee}}\,\mathrm{d}y_3 & \text{VP}_{\text{ee}}\,\mathrm{d}y_4 & \text{VP}_{\text{ee}}\,\mathrm{d}y_5 & \text{VP}_{\text{ee}}\,\mathrm{d}y_6 \\
\text{VP}_{\text{ee}}\,\mathrm{d}z_1 & \text{VP}_{\text{ee}}\,\mathrm{d}z_2 & \text{VP}_{\text{ee}}\,\mathrm{d}z_3 & \text{VP}_{\text{ee}}\,\mathrm{d}z_4 & \text{VP}_{\text{ee}}\,\mathrm{d}z_5 & \text{VP}_{\text{ee}}\,\mathrm{d}z_6 \\
\text{VP}_{\text{ee}}\,\delta x_1 & \text{VP}_{\text{ee}}\,\delta x_2 & \text{VP}_{\text{ee}}\,\delta x_3 & 0 & 0 & 0 \\
\text{VP}_{\text{ee}}\,\delta y_1 & \text{VP}_{\text{ee}}\,\delta y_2 & \text{VP}_{\text{ee}}\,\delta y_3 & 0 & 0 & 0 \\
\text{VP}_{\text{ee}}\,\delta z_1 & \text{VP}_{\text{ee}}\,\delta z_2 & \text{VP}_{\text{ee}}\,\delta z_3 & 0 & 0 & 0
\end{bmatrix}$$

简要说明：上式中，$\text{VP}_0\,\mathrm{d}x_1$ 代表 $\boldsymbol{A}_0$ 中连杆误差参数 $\Delta\theta_0$ 对末端执行器坐标在 $\mathrm{d}x$ 方向上的影响因子。

$$\delta\boldsymbol{k}_{0\mathrm{ToEE}}=\begin{bmatrix}\delta\boldsymbol{k}_0\\\delta\boldsymbol{k}_1\\\delta\boldsymbol{k}_2\\\delta\boldsymbol{k}_3\\\delta\boldsymbol{k}_4\\\delta\boldsymbol{k}_5\\\delta\boldsymbol{k}_6\\\delta\boldsymbol{k}_7\\\delta\boldsymbol{k}_{\mathrm{ee}}\end{bmatrix}=\begin{bmatrix}\Delta\theta_0\\\Delta r_0\\\Delta l_0\\\Delta\alpha_0\\\Delta\theta_1\\\Delta r_{10}\\\Delta l_1\\\Delta\alpha_1\\\Delta\theta_{20}\\\Delta r_2\\\Delta l_2\\\Delta\alpha_2\\\Delta\theta_{30}\\\Delta r_3\\\Delta l_3\\\Delta\alpha_3\\\Delta\theta_4\\\Delta r_{40}\\\Delta l_4\\\Delta\alpha_4\\\Delta\theta_{50}\\\Delta r_5\\\Delta l_5\\\Delta\alpha_5\\\Delta\theta_{60}\\\Delta r_6\\\Delta l_6\\\Delta\alpha_6\\\Delta\theta_{70}\\\Delta r_7\\\Delta l_7\\\Delta\alpha_7\\\Delta\theta_{\mathrm{ee0}}\\\Delta\beta_{\mathrm{ee}}\\\Delta\alpha_{\mathrm{ee}}\\\Delta x_{\mathrm{ee}}\\\Delta y_{\mathrm{ee}}\\\Delta z_{\mathrm{ee}}\\\Delta\alpha_{\mathrm{ee}}\end{bmatrix}$$

对于多次测量,末端执行器坐标的位姿偏差矩阵表达式如下,设总测量次数为 N。

设第 i 次测量的末端执行器坐标的位姿偏差向量为

$$
{}^{\mathrm{W}}\boldsymbol{\Delta}_i = \begin{bmatrix} {}^{\mathrm{W}}\mathrm{d}x_i \\ {}^{\mathrm{W}}\mathrm{d}y_i \\ {}^{\mathrm{W}}\mathrm{d}z_i \\ {}^{\mathrm{W}}\delta x_i \\ {}^{\mathrm{W}}\delta y_i \\ {}^{\mathrm{W}}\delta z_i \end{bmatrix}
$$

测量 i 次,末端执行器坐标的位姿偏差为

$$
{}^{\mathrm{W}}\boldsymbol{\Delta}^i = \begin{bmatrix} {}^{\mathrm{W}}\boldsymbol{\Delta}_1 \\ {}^{\mathrm{W}}\boldsymbol{\Delta}_2 \\ \cdots \\ {}^{\mathrm{W}}\boldsymbol{\Delta}_i \end{bmatrix} = \begin{bmatrix} {}^{\mathrm{W}}\mathrm{d}x_1 \\ {}^{\mathrm{W}}\mathrm{d}y_1 \\ {}^{\mathrm{W}}\mathrm{d}z_1 \\ {}^{\mathrm{W}}\delta x_1 \\ {}^{\mathrm{W}}\delta y_1 \\ {}^{\mathrm{W}}\delta z_1 \\ {}^{\mathrm{W}}\mathrm{d}x_2 \\ {}^{\mathrm{W}}\mathrm{d}y_2 \\ {}^{\mathrm{W}}\mathrm{d}z_2 \\ {}^{\mathrm{W}}\delta x_2 \\ {}^{\mathrm{W}}\delta y_2 \\ {}^{\mathrm{W}}\delta z_2 \\ \cdots \\ {}^{\mathrm{W}}\mathrm{d}x_i \\ {}^{\mathrm{W}}\mathrm{d}y_i \\ {}^{\mathrm{W}}\mathrm{d}z_i \\ {}^{\mathrm{W}}\delta x_i \\ {}^{\mathrm{W}}\delta y_i \\ {}^{\mathrm{W}}\delta z_i \end{bmatrix}
$$

测量 i 次的误差雅可比矩阵为

$$
\boldsymbol{J}_{0\mathrm{ToEE}}^i = \begin{bmatrix} \boldsymbol{J}_0^1 & \boldsymbol{J}_1^1 & \boldsymbol{J}_2^1 & \boldsymbol{J}_3^1 & \boldsymbol{J}_4^1 & \boldsymbol{J}_5^1 & \boldsymbol{J}_6^1 & \boldsymbol{J}_7^1 & \boldsymbol{J}_{\mathrm{ee}}^1 \\ \boldsymbol{J}_0^2 & \boldsymbol{J}_1^2 & \boldsymbol{J}_2^2 & \boldsymbol{J}_3^2 & \boldsymbol{J}_4^2 & \boldsymbol{J}_5^2 & \boldsymbol{J}_6^2 & \boldsymbol{J}_7^2 & \boldsymbol{J}_{\mathrm{ee}}^2 \\ & & & & \cdots & & & & \\ \boldsymbol{J}_0^i & \boldsymbol{J}_1^i & \boldsymbol{J}_2^i & \boldsymbol{J}_3^i & \boldsymbol{J}_4^i & \boldsymbol{J}_5^i & \boldsymbol{J}_6^i & \boldsymbol{J}_7^i & \boldsymbol{J}_{\mathrm{ee}}^i \end{bmatrix}
$$

则

$$
{}^{\mathrm{W}}\boldsymbol{\Delta}^N = \boldsymbol{J}_{0\mathrm{ToEE}}^N \cdot \delta\boldsymbol{k}_{0\mathrm{ToEE}} \tag{2-52}
$$

式(2-52)为摄影机器人标定用误差模型。当测量姿态为 N 个时,连杆误差对末端坐标系位姿的影响。

通过连杆参数名义值,可以求得末端坐标系的理论位姿,通过实际测量设备,可以得到末端坐标系的实际位姿,从而得到末端坐标系的位置和姿态偏差 $^W\boldsymbol{\Delta}^N$。

由式(2-52)得

$$\delta\boldsymbol{k}_{0\mathrm{ToEE}} = \boldsymbol{J}_{0\mathrm{ToEE}}^{N}{}^{-1} \cdot {}^W\boldsymbol{\Delta}^N \tag{2-53}$$

利用最小二乘法,通过式(2-53),即可求解出最佳的连杆参数补偿值。在对连杆参数补偿之后,再次使用本算法对补偿后的连杆参数标定和补偿。在迭代到足够次数后,若由补偿后的连杆参数计算的末端坐标系位姿会与实际位姿非常接近,那么证明摄影机器人的连杆参数标定补偿成功。否则,即为失败。

2.9　摄影机器人整体标定仿真

运动学参数标定时,将电机的位置控制命令作为标定位姿的基准。

基本概念,真实的末端位姿只和两种变量有关系:一个是真实连杆参数,这个是不变的;另一个是电机位置控制命令值,这个可以看作是绝对准确的。因此,电机位置控制命令值确定,机器人的形态就唯一确定。

标定时,选取 n 个机器人形态,实质是确定 n 组摄影机器人关节空间值。一组值包括 8 个关节值。每个机器人形态都可以得到一个末端标定标志的位姿。标定设计尽量使每个轴都穷尽自己的关节空间,末端标定标志遍布工作空间。

标定补偿计算时,每次设置电机位置控制命令值为一组设计值,计算末端标定标志的名义值,与真实测量值比较。连续获得 m 组比较值。根据逆雅可比计算各个固定连杆参数的补偿值,利用补偿值对名义值进行修正。算法不变,还是以预先设计的电机位置控制命令值代入求取连杆参数补偿后的末端标定标志的名义计算值。

综上所述,各个轴的初始值和关节运动范围,是根据实际需要一次设定的。

仿真时,将摄影机器人分成两个状态。一个是测量值摄影机器人,其所有的连杆参数均为真值,由此计算真实的末端坐标系位姿。相当于实际中用 DPA 系统通过测量得到的末端坐标系位姿。另一个是名义值摄影机器人,初始时,其所有连杆参数均采用机构设计时的数值,在每次标定后,摄影机器人的各个名义连杆参数进行补偿,并作为新的摄影机器人名义值代入到下一次迭代计算中。

2.9.1　各个连杆的初始名义值设定

$$\begin{aligned}
\mathbf{Linkage}_N =& [\theta_0 \quad r_0 \quad l_0 \quad \alpha_0 \quad \theta_1 \quad r_{10} \quad l_1 \quad \alpha_1 \quad \theta_{20} \quad r_2 \quad l_2 \quad \alpha_2 \quad \theta_{30} \quad r_3 \quad l_3 \quad \alpha_3 \\
& \theta_4 \quad r_40 \quad l_4 \quad \alpha_4 \quad \theta_{50} \quad r_5 \quad l_5 \quad \alpha_5 \quad \theta_{60} \quad r_6 \quad l_6 \quad \alpha_6 \quad \theta_{70} \quad r_7 \quad l_7 \quad \alpha_7 \\
& \theta_{ee0} \quad \beta_{ee} \quad \alpha_{ee} \quad x_{ee} \quad y_{ee} \quad z_{ee}]^T \\
=& [\frac{\pi}{2} \quad 0 \quad \frac{\pi}{2} \quad 0 \quad 1\,000 \quad 0 \quad -\frac{\pi}{2} \quad -\frac{\pi}{2} \quad 300 \quad 0 \quad -\frac{\pi}{2} \quad -\frac{\pi}{2}
\end{aligned}$$

$$0 \quad 333 \quad -\frac{\pi}{2} \quad 0 \quad 2\,500 \quad 0 \quad \frac{\pi}{2} \quad \frac{\pi}{2} \quad 0 \quad 0 \quad -\frac{\pi}{2} \quad 0 \quad 963 \quad 0 \quad \frac{\pi}{2}$$

$$-\frac{\pi}{2} \quad 0 \quad 0 \quad -\frac{\pi}{2} \quad 0 \quad 0 \quad 0 \quad 0 \quad 100 \quad 0 \quad -100]^{\mathrm{T}}$$

N 代表 Nominal。

2.9.2　设定各个连杆真值

对于数值不为零的连杆参数,真值与名义值的误差设定为真实尺寸的 3%,即
$$\mathrm{ER} = 0.03$$
ER 代表 Nominal。

有
$$\begin{aligned}
\textit{v}\mathrm{ER} = [&\mathrm{ER} \quad 0 \quad 0 \quad \mathrm{ER} \quad 0 \quad \mathrm{ER} \quad 0 \quad \mathrm{ER} \quad \mathrm{ER} \quad \mathrm{ER} \quad 0 \quad \mathrm{ER} \quad \mathrm{ER} \quad 0 \\
&\mathrm{ER} \quad \mathrm{ER} \quad 0 \quad -\mathrm{ER} \quad 0 \quad -\mathrm{ER} \quad -\mathrm{ER} \quad 0 \quad 0 \quad -\mathrm{ER} \quad 0 \quad -\mathrm{ER} \\
&0 \quad -\mathrm{ER} \quad \mathrm{ER} \quad 0 \quad 0 \quad \mathrm{ER} \quad 0 \quad 0 \quad 0 \quad \mathrm{ER} \quad 0 \quad \mathrm{ER}]
\end{aligned}$$

对于有些数值为 0 的连杆参数,根据其情况设定偏差值。本书中,对于长度为 0 的连杆参数,设定其误差为 3 mm,即
$$\mathrm{EfZL} = 3$$
EfZL 代表 Error for Zero Length。

对于角度为 0 的连杆参数,设定为 3°,即
$$\mathrm{EfZA} = 3 \times \frac{\pi}{180}$$
EfZA 代表 Error for Zero Angle。

则
$$\begin{aligned}
\textit{v}\mathrm{EfZ} = [&0 \quad -\mathrm{EfZL} \quad \mathrm{EfZL} \quad 0 \quad \mathrm{EfZA} \quad 0 \quad \mathrm{EfZL} \quad 0 \quad 0 \quad 0 \quad \mathrm{EfZL} \quad 0 \quad 0 \\
&\mathrm{EfZL} \quad 0 \quad 0 \quad -\mathrm{EfZA} \quad 0 \quad -\mathrm{EfZL} \quad 0 \quad 0 \quad -\mathrm{EfZL} \quad -\mathrm{EfZL} \quad 0 \\
&-\mathrm{EfZA} \quad 0 \quad -\mathrm{EfZL} \quad 0 \quad 0 \quad \mathrm{EfZL} \quad \mathrm{EfZL} \quad 0 \quad \mathrm{EfZA} \quad \mathrm{EfZA} \\
&\mathrm{EfZA} \quad 0 \quad \mathrm{EfZL} \quad 0]^{\mathrm{T}}
\end{aligned}$$

于是有连杆参数真值为
$$\mathbf{Linkage}_{\mathrm{M}} = \mathbf{Linkage}_{\mathrm{N}} + \mathbf{Linkage}_{\mathrm{N}} \cdot \textit{v}\mathrm{ER} + \textit{v}\mathrm{EfZ}$$
M 代表 Measures,就是真值。

2.9.3　待标定姿态设定

摄影机器人标定模型,共有 38 个待标定参数。对于摄影机器人的任意一个位姿,可以得到 3 个位置等式和 3 个姿态等式,共 6 个等式,则最小需要 7 个测量姿态才能得到超定方程用最小二乘法进行计算。为使标定更加精确,本书采用 8 个位姿进行标定,摄影机器人需要在初始标定姿态下移动 7 次。

考虑到齿轮间隙对回程的影响,标定不仅仅是针对静态位姿,还要让每个轴做往返运动。这样才能将齿轮间隙的回程误差包含到待标定的连杆参数的补偿值中。这里就不考虑了。

标定位姿需要满足以下条件。

(1)被标定轴尽量平均分布到最大运动空间。

(2)摄影机器人在任意标定姿态下不能和世界坐标系标志物发生干涉。

(3)由于使用DPA空间定位系统,故摄影机器人的末端坐标系和世界坐标系标志物能在同一个图像中同时出现。同时需要考虑现场障碍物位置。

(4)对于任意标定位姿,尽可能使得摄影机器人末端坐标系和世界坐标系接近,避免超出DPA空间定位系统的工作空间。

(5)被选定的标定位姿,其误差雅可比矩阵不能是或者接近奇异矩阵。否则标定会失效。

基于以上5个条件,根据摄影机器人的结构特点,设定各轴的运动范围见表2-3,标定用的位姿见表2-4。

表2-3 摄影机器人关节轴运动范围

关节轴	初值	终值
r_1	1 000	5 000
θ_2	−120	120
θ_3	20	−25
r_4	1 400	0
θ_5	−180	0
θ_6	−150	150
θ_7	−60	240
θ_{ee}	−150	150

注:直线运动单位为min,旋转运动单位为(°)。

表2-4 标定位姿

标定位姿编号	摄影机器人各关节轴数值 $[R_1 \ \theta_2 \ \theta_3 \ r_4 \ \theta_5 \ \theta_6 \ \theta_7 \ \theta_{ee}]$	标定姿态仿真示意图
1	[1 000 −120 20 1 400 −180 −150 −60 −150]	图2-5
2	[1 400 −108 17.75 1 200 −171 −135 −45 −135]	图2-6
3	[1 800 −84 13.25 1 000 −153 −105 −15 −105]	图2-7
4	[2 200 −48 6.5 800 −126 −60 30 −60]	图2-8
5	[2 600 0 −2.5 600 −90 0 90 0]	图2-9
6	[3 000 60 −13.75 400 −135 75 165 75]	图2-10
7	[3 400 72 −4.75 200 −36 90 18 90]	图2-11
8	[3 800 96 6.5 100 −45 120 210 120]	图2-12

表2-4中标主姿态仿真示意图,如图2-5~图2-12所示。

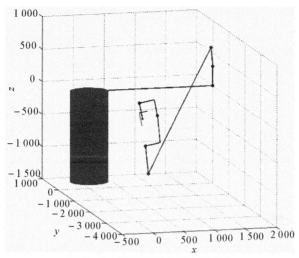

图 2-5　摄影机器人标定姿态 1

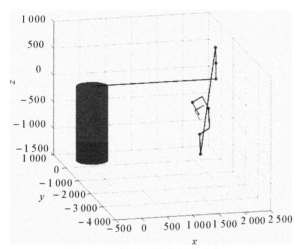

图 2-6　摄影机器人标定姿态 2

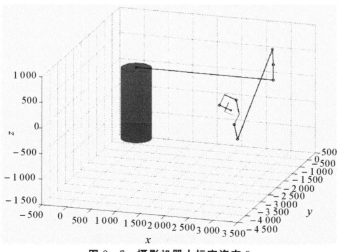

图 2-7　摄影机器人标定姿态 3

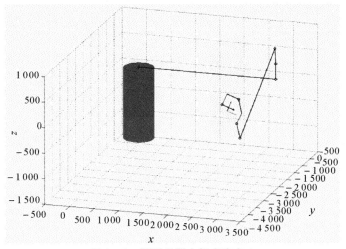

图 2-8 摄影机器人标定姿态 4

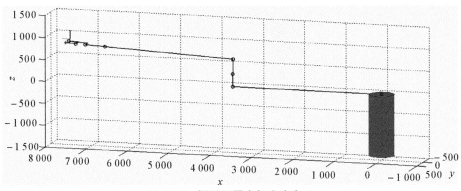

图 2-9 摄影机器人标定姿态 5

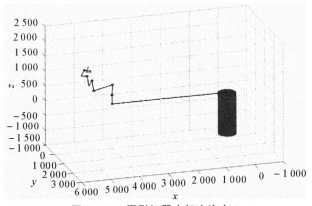

图 2-10 摄影机器人标定姿态 6

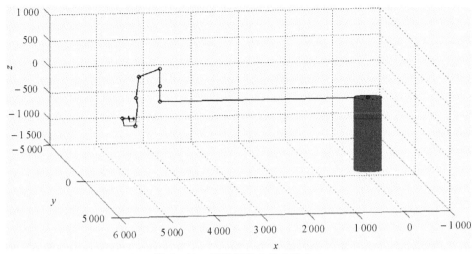

图 2-11　摄影机器人标定姿态 7

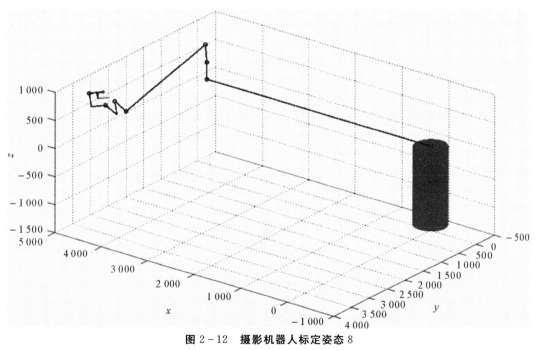

图 2-12　摄影机器人标定姿态 8

可以看出,摄影机器人的末端坐标系标志物与世界坐标系标志物可以从图示的视角中同时得到。

标定姿态对应的末端坐标系路径如图 2-13 所示。

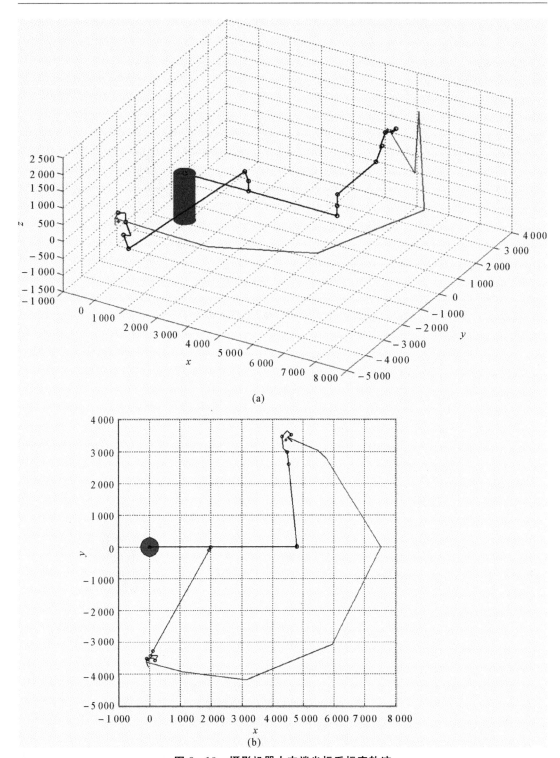

(a)

(b)

图 2-13 摄影机器人末端坐标系标定轨迹

(a)摄影机器人末端坐标系标定轨迹和始末状态 3D 空间视角；

(b)摄影机器人末端坐标系标定轨迹和始末状态俯视图

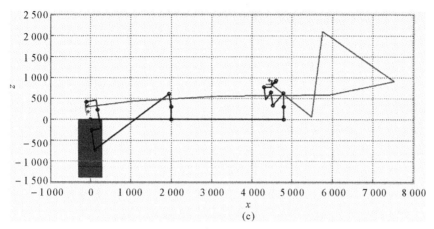

续图 2-13　摄影机器人末端坐标系标定轨迹

(c)摄影机器人末端坐标系标定轨迹和始末状态侧视图

从摄影机器人标定始末位姿轨迹的俯视图和侧视图中可以看到,在尽可能充分占用摄影机器人各个关节轴运动空间的条件下,使得摄影机器人末端坐标系标志物与世界坐标系标志物尽可能接近,两者被控制在长为 8 m、高为 2 m、宽为 8 m 的空间之内。

通过 8 个姿态的测量和标定计算,可以得到各个连杆的补偿值。理论上,由各个补偿后的连杆计算的末端坐标系位姿,会更加接近末端坐标系真实测量位姿。利用新的补偿后的连杆参数迭代计算,可以获得误差很小的补偿后的连杆名义参数值。合适的迭代次数由试验确定。

2.9.4　摄影机器人标定效果验证

在对摄影机器人的名义连杆参数进行标定补偿之后,需要验证摄影机器人末端坐标系的名义计算值是否更加接近实际测量位姿。验证方案原则为:

(1)尽量使验证姿态与标定姿态不同。

(2)同样要考虑任意一个验证姿态,可以有一个角度使得 DPA 定位系统将世界坐标系标志物和摄影机器人末端坐标系同时放在一个图像中。

由此可知,设定 7 个摄影机器人验证姿态,各轴的起始姿态和最终姿态设计见表 2-5。

表 2-5　摄影机器人标定结果验证姿态

关节轴	初值	终值
r_1	1 100	4 500
θ_2	-20	130
θ_3	15	-20
r_4	1 200	100
θ_5	-100	-20
θ_6	-100	100
θ_7	-30	200
θ_{ee}	-110	90

注：直线运动单位为 mm,旋转运动单位为。

7 个验证姿态,6 次移动,每次移动量为

Step$=[566.67\quad 25\quad -5.833\,3\quad -183.333\quad 13.333\,3\quad 33.333\,3\quad 38.333\,3\quad 33.333\,3]$

迭代次数不同,摄影机器人末端坐标系位姿的名义计算值与测量真实值的距离不同,通过试验,得到摄影机器人 38 个连杆参数的误差与迭代次数的关系,如图 2-14 所示。其中,连杆参数名义值为长虚线,连杆参数真值为短虚线,名义值与真值的误差为实线。摄影机器人末端坐标系名义计算值与真实测量值的位置距离与迭代次数的关系,如图 2-15 所示,其中位置距离为摄影机器人末端坐标系 7 个测试位姿的位置距离之和。摄影机器人末端坐标系名义计算值与真实测量值的姿态距离与迭代次数的关系,其中姿态距离为摄影机器人末端坐标系 7 个测试位姿的姿态距离之和,如图 2-16 所示。

其中,位置距离 PDfMN 的定义见式(2-35),姿态距离 ADfMN 的定义见式(2-36)。

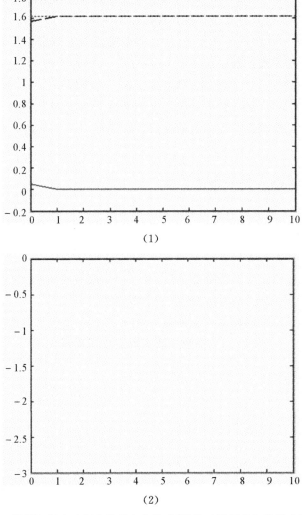

(1)

(2)

图 2-14 摄影机器人连杆参数的名义值,测量值以及误差与迭代次数的关系

(1)连杆参数 θ_0;(2)连杆参数 r_0

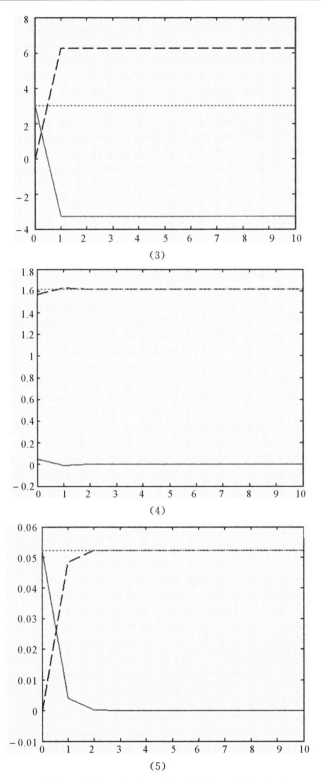

续图 2-14 摄影机器人连杆参数的名义值,测量值以及误差与迭代次数的关系

(3)连杆参数 l_0;(4)连杆参数 α_0;(5)连杆参数 θ_0

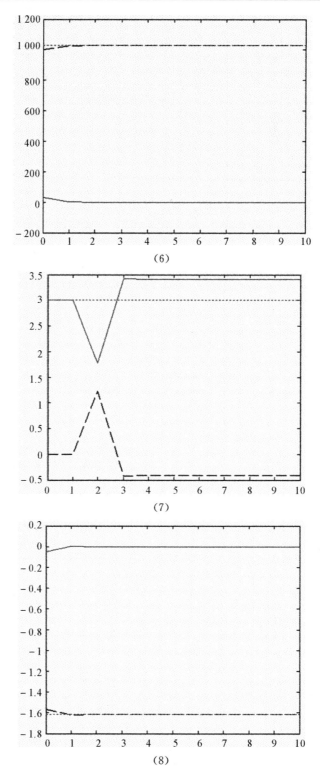

续图 2-14 摄影机器人连杆参数的名义值,测量值以及误差与迭代次数的关系

(6)连续参数 r_{10};(7)连杆参数 l_1;(8)连杆参数 α_1

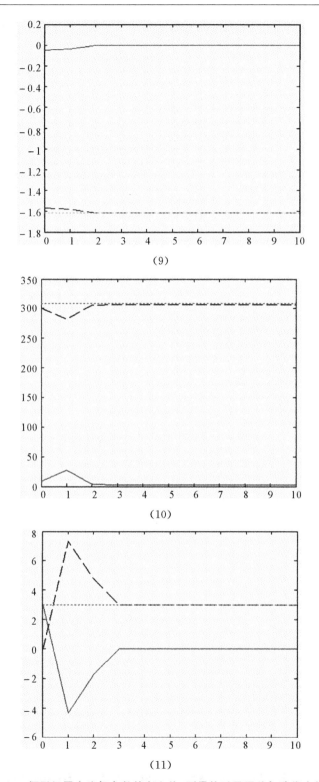

（9）

（10）

（11）

续图 2-14　摄影机器人连杆参数的名义值,测量值以及误差与迭代次数的关系

（9）连杆参数 θ_{20}；（10）连杆参数 r_2；（11）连杆参数 l_2

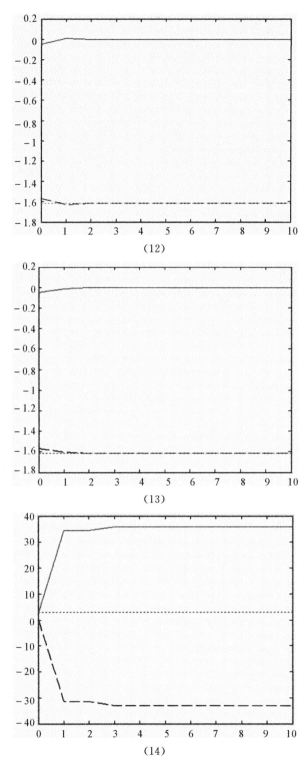

续图 2-14　摄影机器人连杆参数的名义值,测量值以及误差与迭代次数的关系

(12)连杆参数 α_2 ;(13)连杆参数 θ_{30} ;(14)连杆参数 r_3

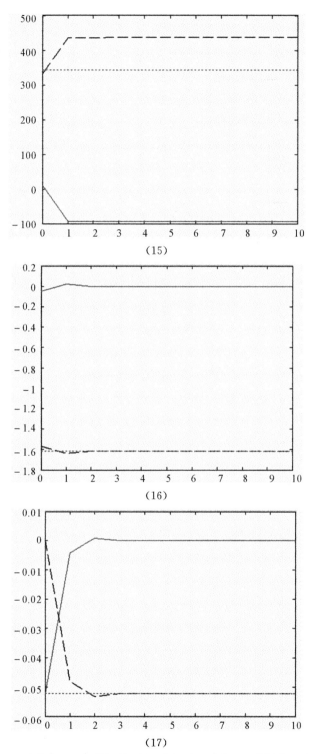

续图 2-14　摄影机器人连杆参数的名义值,测量值以及误差与迭代次数的关系

(15)连杆参数 l_3;(16)连杆参数 α_3;(17)连杆参数 θ_4

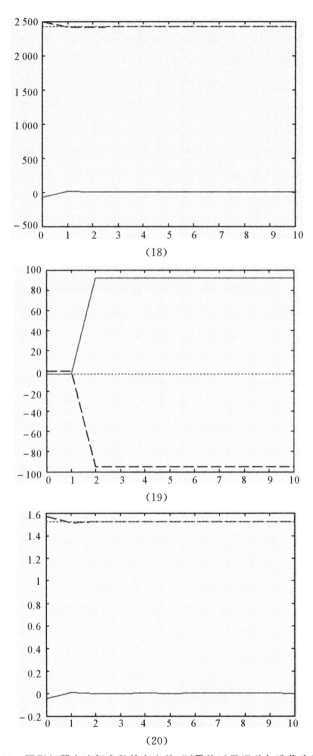

续图 2-14 摄影机器人连杆参数的名义值,测量值以及误差与迭代次数的关系

(18)连杆参数 r_{40};(19)连杆参数 l_4;(20)连杆参数 α_4

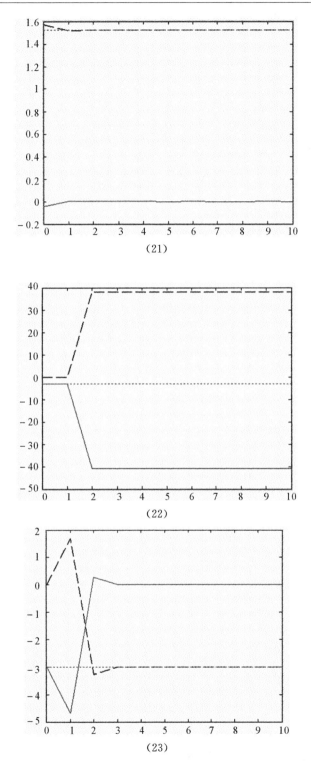

续图 2 - 14　摄影机器人连杆参数的名义值,测量值以及误差与迭代次数的关系

(21)连杆参数 θ_{50};(22)连杆参数 r_5;(23)连杆参数 l_5

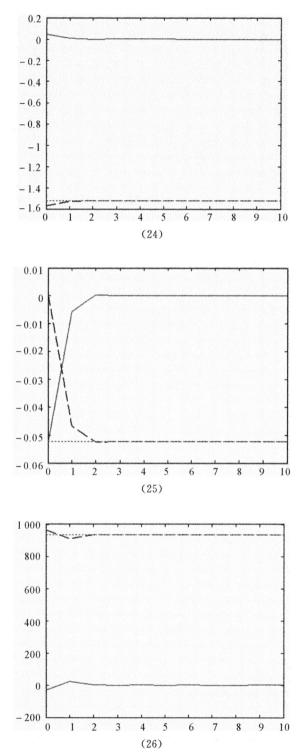

续图 2-14　摄影机器人连杆参数的名义值,测量值以及误差与迭代次数的关系

(24)连杆参数 α_5 ;(25)连杆参数 θ_{60} ;(26)连杆参数 r_6

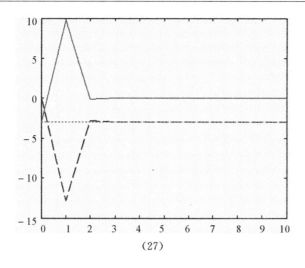

（27）

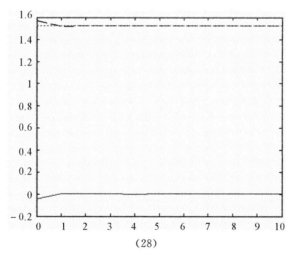

（28）

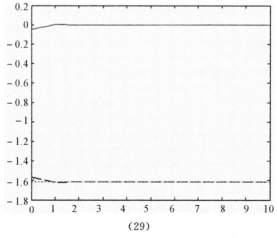

（29）

续图 2-14　摄影机器人连杆参数的名义值,测量值以及误差与迭代次数的关系

(27)连杆参数 l_6;(28)连杆参数 α_6;(29)连杆参数 θ_{70}

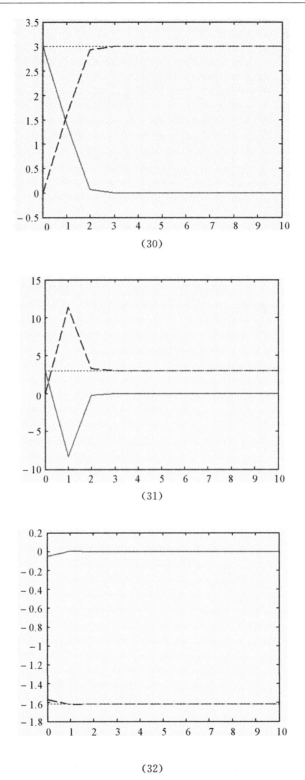

（30）

（31）

（32）

续图 2 - 14　摄影机器人连杆参数的名义值，测量值以及误差与迭代次数的关系

（30）连杆参数 r_7；（31）连杆参数 l_7；（32）连杆参数 α_7

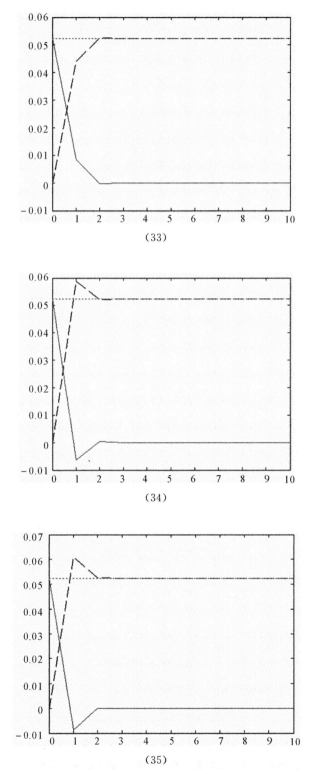

续图 2 - 14　摄影机器人连杆参数的名义值,测量值以及误差与迭代次数的关系

(33)连杆参数 θ_{ee0};(34)连杆参数 β_{ee};(35)连杆参数 α_{ee}

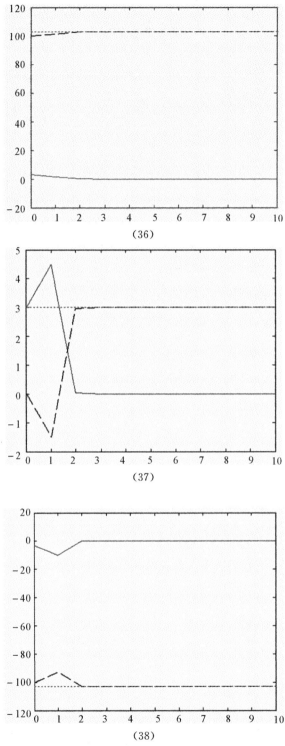

续图 2-14　摄影机器人连杆参数的名义值,测量值以及误差与迭代次数的关系

(36)连杆参数 x_{ee};(37)连杆参数 y_{ee};(39)连杆参数 z_{ee}

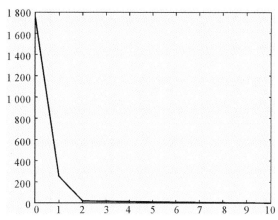

图 2 - 15 摄影机器人末端坐标系 7 个测量位姿的位置距离之和与迭代次数的关系

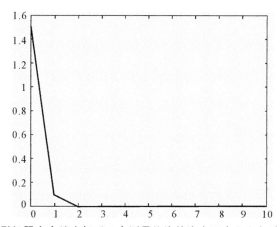

图 2 - 16 摄影机器人末端坐标系 7 个测量位姿的姿态距离之和与迭代次数的关系

从标定过程的连杆参数以及末端坐标系位姿误差的记录可以看出,当标定迭代计算次数达到 3 次时,各个被标定值基本趋于稳定。在进行了 10 次迭代标定计算后,各个连杆的名义值和真值见表 2 - 6。

表 2 - 6 标定后的名义值和真值

连杆参数名称	名义值	真值(测量值)
θ_0	1.617 9	1.617 9
r_0	0	-3
l_0	6.264 8	3
α_0	1.617 9	1.617 9
θ_1	0.052 4	0.052 4
r_{10}	1 030.008	1 030
l_1	$-0.417 1$	3

续 表

连杆参数名称	名义值	真值（测量值）
α_1	$-1.617\,9$	$-1.617\,9$
θ_{20}	$-1.617\,9$	$-1.617\,9$
r_2	306.175	309
l_2	3	3
α_2	$-1.617\,9$	$-1.617\,9$
θ_{30}	$-1.617\,9$	$-1.617\,9$
r_3	-33.005	3
l_3	437.285	$342.990\,0$
α_3	$-1.617\,9$	$-1.617\,9$
θ_4	$-0.052\,4$	$-0.052\,4$
r_{40}	$2\,421.377$	$2\,425$
l_4	$-95.283\,5$	-3
α_4	$1.523\,7$	$1.523\,7$
θ_{50}	$1.523\,7$	$1.523\,7$
r_5	$37.896\,7$	-3
l_5	-3	-3
α_5	$-1.523\,7$	$-1.523\,7$
θ_{60}	$-0.052\,4$	$-0.052\,4$
r_6	$934.110\,0$	$934.110\,0$
l_6	-3	-3
α_6	$1.523\,7$	$1.523\,7$
θ_{70}	$-1.617\,9$	$-1.617\,9$
r_7	3	3
l_7	3	3
α_7	$-1.617\,9$	$-1.617\,9$
θ_{ee0}	$0.052\,4$	$0.052\,4$
β_{ee}	$0.052\,4$	$0.052\,4$
α_{ee}	$0.052\,4$	$0.052\,4$
x_{ee}	103	103
y_{ee}	3	3
z_{ee}	-103	-103

迭代 10 次标定补偿计算后，末端坐标系的位置偏差为 1.136×10^{-10}，姿态偏差为 2.077×10^{-14}。

在用本书的误差模型标定时,MATLAB 提示:warning,Rank＝34。逆雅可比矩阵满秩时为 38。故摄影机器人的误差模型中,有 4 个线性关系存在。这导致了部分连杆参数出现了标定值偏离连杆参数真值的情况,以 r_3,l_3,l_4,r_5 最为明显。偏离真值的连杆参数,也是有规律的。为清晰理解,将以上 4 个参数的名义值和真值单独列表,见表 2－7。

表 2－7　偏离真实值的连杆参数

连杆参数名称	名义值	真值(测量值)	真值与名义值之差 $\Delta Link_{NM}$
r_3	−33.005	3	36.005
l_3	437.285	342.990 0	−94.295
l_4	−95.283 5	−3	92.283 5
r_5	37.896 7	−3	−40.896 7

可以看出,$\Delta r_{3NM}\approx-\Delta r_{5NM}$,$\Delta l_{3NM}\approx-\Delta l_{4NM}$。第 2 号坐标系在变换到第 3 号坐标系时,沿世界坐标系 y 轴负方向多移动了 $|\Delta r_{3NM}|$。同时,第 4 号坐标系在变换到第 5 号坐标系时,沿世界坐标系 y 轴正方向多移动了 $|\Delta r_{5NM}|$。无论摄影机器人处于任意位姿,这两个参数偏差对末端坐标系位姿的影响都会相互抵消。第 2 号坐标系在变换到第 3 号坐标系时,沿世界坐标系 z 轴正方向多移动了 $|\Delta l_{3NM}|$。同时,第 3 号坐标系在变换到第 4 号坐标系时,沿世界坐标系 z 轴负方向多移动了 $|\Delta l_{4NM}|$。无论摄影机器人处于任意位姿,这两个参数偏差对末端坐标系位姿的影响都会相互抵消。虽然不是完美的数值对应,但是证明了标定补偿后的连杆名义参数值,相互之间有内在联系。尽管这些标定补偿后的连杆参数表面上没有接近真值,但是实质上却使得有内在联系的连杆参数相互之间更加接近真实关系。因此,标定补偿后的连杆参数才能使得末端坐标的名义计算位姿与真实(测量)位姿非常接近。

通过仿真计算,7 个标定姿态末端坐标系位置和姿态的名义计算值与实际测量值的距离见表 2－8。

表 2－8　标定状态下的偏差值

验证位姿	摄影机器人各关节轴数值 $[R_1\quad \theta_2\quad \theta_3\quad r_4\quad \theta_5\quad \theta_6\quad \theta_7\quad \theta_{ee}]$		位置距离 PDfMN	姿态距离 ADfMN
1	$[1\ 100\quad -20\quad 15\quad 1\ 200\quad -100\quad -100\quad -30\quad -110]$		2.47×10^{-11}	3.79×10^{-15}
2	$[1\ 666.67\quad 5\quad 9.166\ 7\quad 1\ 016.67\quad -86.667\quad -66.666\ 7$ $8.333\ 3\quad -76.666\ 7]$		2.18×10^{-11}	3.9×10^{-15}
3	$[2\ 233.34\quad 30\quad 3.333\ 4\quad 833.34\quad -73.334\quad -33.333\ 4$ $46.666\ 6\quad -43.333\ 4]$		1.59×10^{-11}	3.47×10^{-15}

续 表

验证位姿	摄影机器人各关节轴数值 $\begin{bmatrix} R_1 & \theta_2 & \theta_3 & r_4 & \theta_5 & \theta_6 & \theta_7 & \theta_{ee} \end{bmatrix}$	位置距离 PDfMN	姿态距离 ADfMN
4	$\begin{bmatrix} 2\,800.01 & 55 & -2.499\,9 & 650.01 & -60.001 & -0.000\,1 \\ 84.999\,9 & -10.01 \end{bmatrix}$	1.11×10^{-11}	2.84×10^{-15}
5	$\begin{bmatrix} 3\,366.68 & 80 & -8.333\,2 & 466.68 & -46.668 & 33.333\,2 \\ 123.333\,2 & 23.333\,2 \end{bmatrix}$	1.15×10^{-11}	2.02×10^{-15}
6	$\begin{bmatrix} 3\,933.35 & 105 & -14.166\,5 & 283.35 & -33.335 & 66.666\,5 \\ 161.666\,5 & 56.666\,5 \end{bmatrix}$	1.20×10^{-11}	1.84×10^{-15}
7	$\begin{bmatrix} 4\,500 & 130 & -20 & 100 & -20 & 100 & 200 & 90 \end{bmatrix}$	1.67×10^{-11}	2.91×10^{-15}

这里的位置距离和姿态距离,指迭代次数为 10 次时,每个标定位姿的位置距离和姿态距离。通过表格数据可以看出,标定补偿后,末端坐标系的名义计算值和实际测量值之间的距离足够小。标定任务第一阶段完成。

2.9.5 摄影机器人运动学用数学模型的标定

本书中,运动学参数标定的意义是为摄影机器人的反解运算做准备。

摄影机器人的运动学参数标定,使得末端坐标系的位姿与由补偿后的连杆名义参数值计算出来的结果更加接近。故,理想状态是,摄影机器人标定模型中的各个变换矩阵 $\boldsymbol{A}_{ic}$（i 代表序号,c 代表 calibration）与用来求取运动学反解的变换矩阵 $\boldsymbol{A}_{ii}$ 完全一致（第一个 i 代表序号,第二个 i 代表 inverse）。这样,只要保证标定由补偿后的连杆参数名义值计算得到的末端坐标系位姿与真实测量位姿距离足够小就可以了。但是实际情况是,摄影机器人的运动学模型中,反解用的 $\boldsymbol{A}_{ee}$ 与标定模型中的 $\boldsymbol{A}_{ee}$ 有区别。标定用 $\boldsymbol{A}_{ee}$ 矩阵多了两个平移。标定后的摄影机器人标定用模型无法直接使用。

如果摄影机器人标定补偿后,所有被标定的连杆参数名义值都完全接近真值,那说明此误差模型的参数独立性很好。由于全部是真值,所以可以根据实际情况任意修改变换矩阵。于是可以直接将末端变换矩阵 **EE** 中的 x_{ee},y_{ee} 和 z_{ee} 换成末端执行器的工作点坐标。这是最理想的状态。但是在环形结构顶部旋转轴的标定中,发现当被标定量的表达式带有"比例"特点时,标定后的连杆参数与真实值并不接近,需要人为根据实际连杆的测量长度,近似设定比例参数,得到含有人为任意选择因素的连杆参数伪真值。这个选择并不影响末端坐标系位姿与实际位姿的标定效果。换句话说,被标定的连杆参数相关间的"比例"更加接近对应连杆真值间的比例关系,这也属于广义上的标定的连杆参数更接近真实关系。但是,在这种情况下,任意修改变换矩阵中标定补偿后距离真值比较远的连杆参数参数。注意,这里并不是按照隐含的连杆参数间的关系进行修改,这会造成摄影机器人末端坐标系的位姿名义计算值与真实值距离很大,此时的数学模型并不是能正确反映机器人输入和输出的关系。即,当标定后的连杆参数名义值与真实值相距较大时,对标定后的标定用数学模型的修改受标定函数表达式限制,需明确知道连杆参数之间的内在关系。

　　摄影机器人的标定结果显示,标定补偿的连杆参数之间有隐含关系,例如比例结构或者其他未知结构。

　　这时有 3 种方案。

　　方案一:在反解时,直接使用标定模型。A_{ee} 矩阵多了两个平移,此时反解模型由于目标点与摄影机器人的腕点不重合,机器人的反解算法相比较于不含平移的反解用数学模型要复杂很多,不适用。

　　方案二:对 A_{ee} 矩阵进行分析。标定模型中 A_{ee} 多出来的两个平移,使得摄影机器人末端执行器(摄像机的重心位置)的坐标原点与腕点不重合。那么,能否将这两个位移量消除呢?这个的问题实质是,A_{ee} 中的两个平移连杆参数是否是独立的。本书采用反向测试试验方法,即人为将标定后模型中 A_{ee} 的两个平移消除,保留 A_{ee} 中的旋转标定值,其位姿的名义值运算结果与真实值非常接近,则说明人为修改的标定模型改良是可以直接用做反解用数学模型的。若位姿的名义值计算结果与真实值有明显距离偏差,则说明此连杆参数与其他连杆参数有内在关系,不能单独进行修改,需要人为从理论或者依靠试验找到与之相关的连杆参数。

　　方案三:根据标定补偿后的模型参数,查找所有连杆参数之间的隐含关系,人为地对标定模型参数进行修正。同时验证修正后的标定模型依然有良好的末端位姿计算效果。由于摄影机器人结构复杂,摄影机器人的末端坐标系的位置和姿态表达式非常复杂,同时,目标表达式也不是一个,而是并列的 6 个,包括 3 个直线移动和 3 个转角。另外,连杆参数之间隐含关系的确认无固定方法。故对于摄影机器人,此方案中连杆参数间的隐含关系很难显式表达出来。

　　从上面的分析中,方案二有尝试的可能。通过摄影机器人标定结果来看,末端变换矩阵中的 x_{ee} 和 z_{ee} 参数都是标定到真值的,可见很有可能是独立的连杆参数。下面用试验验证。

　　设固定连杆参数向量为

$$\mathbf{vLink} = [\theta_0 \quad r_0 \quad l_0 \quad \alpha_0 \quad \theta_1 \quad r_{10} \quad l_1 \quad \alpha_1 \quad \theta_{20} \quad r_2 \quad l_2 \quad \alpha_2 \quad \theta_{30} \quad r_3 \quad l_3 \quad \alpha_3 \quad \theta_4 \quad r_{40}$$
$$l_4 \quad \alpha_4 \quad \theta_{50} \quad r_5 \quad l_5 \quad \alpha_5 \quad \theta_{60} \quad r_6 \quad l_6 \quad \alpha_6 \theta_{70} \quad r_7 \quad l_7 \quad \alpha_7 \quad \theta_{ee0} \quad \beta_{ee} \quad \alpha_{ee} \quad x_{ee} \quad y_{ee} \quad z_{ee}]$$

摄影机器人 10 次迭代标定补偿后的连杆参数反解用向量为

$$\begin{aligned}
\mathbf{vLinkNI} = [&1.617\,9 \quad 0 \quad 6.264\,8 \quad 1.617\,9 \quad 0.052\,4 \quad 1\,030.008\,3 \quad -0.417\,1\\
&-1.617\,9 \quad -1.617\,9 \quad 306.175\,2 \quad 3 \quad -1.617\,9 \quad -1.617\,9\\
&-33.005\,5 \quad 437.285\,0 \quad -1.617\,9 \quad -0.052\,4 \quad 2\,421.377\\
&-95.283\,5 \quad 1.523\,7 \quad 1.523\,7 \quad 37.896\,7 \quad -3 \quad -1.523\,7\\
&-0.052\,4 \quad 934.110\,0 \quad -3 \quad 1.523\,7 \quad -1.617\,9 \quad 3 \quad 3\\
&-1.617\,9 \quad 0.052\,4 \quad 0.052\,4 \quad 0.052\,4 \quad 0 \quad 3 \quad 0]
\end{aligned}$$

vLinkNI vector Link Nominal 用于 Inverse 反解模型;M 代表 measures。

此时摄影机器人测量真值连杆参数反解用向量为

$$\begin{aligned}
\mathbf{vLinkMI} = [&1.617\,9 \quad -3 \quad 3 \quad 1.617\,9 \quad 0.052\,4 \quad 1\,030 \quad 3 \quad -1.617\,9\\
&-1.617\,9 \quad 309 \quad 3 \quad -1.617\,9 \quad -1.617\,9 \quad 3 \quad 342.99 \quad -1.6179\\
&-0.052\,4 \quad 2\,425 \quad -3 \quad 1.523\,7 \quad 1.523\,7 \quad -3 \quad -3 \quad -1.523\,7
\end{aligned}$$

$-0.052\ 4\quad 934.110\ 0\quad -3\quad 1.523\ 7\quad -1.617\ 9\quad 3\quad 3\quad -1.617\ 9$

$0.052\ 4\quad 0.052\ 4\quad 0.052\ 4\quad 0\quad 3\quad 0]$

验证试验使用标定时的 7 个检测位姿,结果见表 2-9。

表 2-9　偏差统计值

验证位姿	位置距离 PDfMN	姿态距离 ADfMN
1	2.67×10^{-11}	3.79×10^{-15}
2	2.33×10^{-11}	3.9×10^{-15}
3	1.56×10^{-11}	3.47×10^{-15}
4	1.30×10^{-11}	2.84×10^{-15}
5	1.38×10^{-11}	2.02×10^{-15}
6	1.27×10^{-11}	1.84×10^{-15}
7	1.68×10^{-11}	2.91×10^{-15}

表 2-9 中,位置距离和姿态距离为单个验证点的结果数据。

从试验结果可以看出,各个测量点的位置距离略有变化,但是仍然处于同一数量级,各个测量点的姿态距离几乎没有变化。说明末端变换矩阵的 x_{ee} 和 z_{ee} 连杆参数在标定模型中为独立参数,可以单独人为修改,方案二可行。同时,这说明摄影机器人 10 次迭代标定补偿后的连杆参数反解用向量 **vLinkNI** 可以作为反解计算用摄影机器人数学模型。

2.9.6　影响收敛曲线形状和收敛速度以及稳态误差的原因分析

(1)末端执行器位姿的名义值和测量值标准差并不是随着迭代单调递减的。

(2)仿真中,机构的固定连杆参数和名义值和测量值并不能最终收敛为 0,而是在一个范围内波动,这可能和微分方程的一阶近似,以及最小二乘法算法本身有关。

(3)有的连杆参数最终的名义补偿值很准,有的则相差较大。这可能是因为有的参数对末端执行器姿态影响较大,有的参数对姿态影响较小。这个需要做连杆参数影响权重分析。

2.10　小　　结

本章在综合考虑摄影机器人标定和逆解的基础上,采用 DH 模型和 6 变量变换矩阵建立摄影机器人运动学模型。通过摄影机器人运动学模型各轴运动的仿真,证明了建模的正确性。同时加深了对摄影机器人运动的形象认识。最后,研究了推举俯仰机构的 3 类情况,总结得到了同一形式的环形结构顶部俯仰旋转轴旋转量与直线运动单元运动量的函数关系。至此,建立了完整的摄影机器人运动学模型。之后,对运动学模型参数的标定方法进行详细论述,并通过仿真验证了标定算法的有效性。

第3章 摄影机器人工作空间

3.1 摄影机器人工作空间研究意义和研究重点

对于非冗余自由度机器人,其关节轴数与任务自由度相等,故逆解算法固定,逆解个数为有限个。根据逆解结果,就能直观判断出机器人是否能够达到目标点,以及达到目标点时,各个关节轴的转动角度和直线位移。摄影机器人为具有2冗余自由度的机器人,当给定摄影机器人末端执行器的目标位置和姿态时,理论上逆解的数量为无穷多个,判断某几个具体解没有实际意义,逆解算法的核心思路为在无限个解中,搜索满足优化目标的最优解。由后面章节可知,摄影机器人工作空间边界分析是逆解算法改进的基础。另外,工作空间的研究是实际应用的基础。一个普通的影视镜头通常包含多个关键目标位姿,拍摄时需要摄影机器人在规定时间内连续逐次移动到各个目标位姿,故需要将所有关键目标位姿全部包含在摄影机器人的工作空间内。工作空间分析为镜头轨迹可行性以及轨道位置的铺设奠定基础。综上所述,对于具有2冗余自由度的摄影机器人,工作空间的研究非常重要。

摄影机器人末端的3轴姿态调整结构可以使得腕关节的任意可达点,都有较好的姿态调整性。因此,摄影机器人工作空间主要是对机器人腕关节的可达位置进行研究。

摄影机器人可以看作一个可沿直线移动的、大臂长度可伸缩的6自由度机器人。因此,在底层直线运动轴轴线上,摄影机器人有相同的工作空间。从另外一个角度看,由于摄影机器人可在底层直线上移动,所以在靠近摄影机器人主体结构的空间内,宏观上不存在机械臂达不到的位形。

摄影机器人主体结构,指摄影机器人环形结构的位置。以定义在环形结构顶部俯仰旋转轴上坐标系{2}的位置为摄影机器人环形结构位置。坐标系{2}不随着推举俯仰旋转机构的俯仰而变化,适合被定义为摄影机器人主体结构位置。

综上所述,工作空间的研究重点在垂直于底层直线运动轴的平面内,摄影机器人腕关节的可达空间的研究。

3.2 摄影机器人工作空间边界分析

固定底层直线运动轴于原点位置,在垂直于底层直线运动轴线的平面内,获得机器人腕关节可达范围的边界方程。

为方便论述,为摄影机器人机构的主要关节和结构命名,如图3-1所示。其中,等效大臂在实际摄影机器人中无实体连杆。

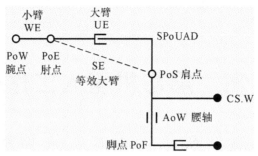

图3-1 摄影机器人机构的主要关节和结构命名

将命名简化。腕点 PoW 记为 W,肘点 PoE 记为 E,肩点 PoS 记为 S,大臂点 SPoUAD 记为 U。大臂长度记为 UE,小臂长度记为 WE,大臂点到肩点距离简记为 US,等效大臂记为 SE。腰轴为 AoW,脚点为 PoF。

其中,$UE = r_4 + r_{40}$,$US = r_6$,$SE = \sqrt{(r_4 + r_{40})^2 + l_3^2}$。

为表述清晰明确,本书约定以下概念表示方法。

圆弧表示方法:弧(弧上点1,弧上点2)或 弧(圆心,弧上点)。

直线表示方法:直线(线上点1,线上点2)。

曲线表示方法:曲线(线上点1,线上点2,……,线上点 n)。

空间表示方法:空间(端点1,端点2,……,端点 n)。

摄影机器人小臂可以通过肘点绕大臂旋转。在机构设计时,其旋转范围的参考物是大臂,小臂相对于大臂的极限位置关系如图3-2所示。

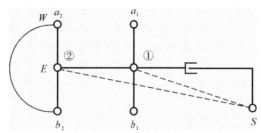

图3-2 摄影机器人小臂相对于大臂的极限位置

图3-2中:①状态时,顶层直线运动轴移动至最小状态,即大臂收缩到最短;②状态为顶层直线运动轴移动至最大状态,即大臂伸展到最长。小臂绕大臂顺时针旋转时,可转至与大臂成90°夹角(a_1 和 a_2 状态)。当小臂绕大臂逆时针旋转时,同样可转至与大臂成90°夹角(b_1 和 b_2 状态)。可以看到,当小臂绕肘点旋转时,腕点的轨迹为一个半圆形,如图中的弧(a_2,b_2)。

3.2.1 摄影机器人工作空间内侧边界分析

摄影机器人内侧边界分析有助于深入理解摄影机器人的结构特点,为后面逆解算法的顶层直线运动轴的运动范围限定做铺垫。

摄影机器人工作空间内侧边界产生的条件为：

(1)顶层直线运动轴移动至其物理范围最小值，即 $r_4 = r_{4min}$。

(2)由于机械臂绕肩点 PoS 旋转，腕点到肩点距离最近时，小臂与大臂成 $90°$ 夹角。机械臂指摄影机器人肩点下游所有机构。

(3)环形结构顶部俯仰旋转轴从最大值 θ_{3max} 旋转至最小值 θ_{3min}。其中，$\theta_{3max} = +25°$，$\theta_{3min} = -40°$。

当环形结构顶部俯仰旋转轴从最大值旋转至最小值时，如图 3-3 所示，得到两条边界曲线，弧 DJ 和弧 AB 其中，弧 $\overset{\frown}{AAJM}$ 对应弧 $\overset{\frown}{BBDM}$，即空间(A，AJM，BDM，B)内全部为摄影机器人工作空间，其内侧边界为曲线(A，B，BDM)。弧 $\overset{\frown}{AJMJ}$ 对应弧(BDM，D)，即空间(AJM，BDM，D，J)为摄影机器人工作空间，其内侧边界为曲线(AJM，J，D)。通过上述分析，可得到摄影机器人工作空间内侧边界为曲线(A，B，C，D)，如图 3-4 所示。

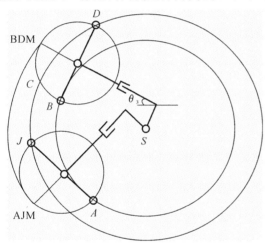

图 3-3　摄影机器人顶层直线运动轴
长度最小时腕点轨迹

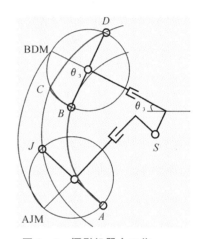

图 3-4　摄影机器人工作
空间内侧边界

3.2.2　任意固定顶层直线运动轴长度时的最大腕肩距

定义腕肩距为腕点到肩点的距离，即

$$WS = \| W - S \| \tag{3-1}$$

根据摄影机器人运动学模型设定，肩点 S 位置为坐标系{2}的原点。肩点位置是不随环形结构顶部俯仰旋转轴的旋转而移动的。坐标系{3}的原点会随着环形结构顶部俯仰旋转轴的运动绕肩点做圆运动。

本章中最大腕肩距 WS_{max} 概念是在固定顶层直线运动轴 r_4 的条件下定义的。

在图 3-5 中：①状态时的腕点 W_1 在肩点 S 和肘点 E 连线的延长线上；②状态时，腕点 W_2 为小臂绕肘点旋转时轨迹上除 W_1 点以外的任意一点。这里，WS 为腕肩距长度。设小臂 WE 和等效大臂 SE 的夹角为 θ，即 $\theta = \angle WES$。

在②状态时，在$\angle W_2ES$中，由余弦定理，得到

$$\overline{WS}=\sqrt{\overline{WE^2}+\overline{SE^2}-2\,\overline{WE}\cdot\overline{SE}\cdot\cos\theta} \qquad (3-2)$$

由式(3-2)可以看出，当$0°<\theta<180°$时，WS是θ的单调增函数。当$\theta=\pi$时有$WS=WE+SE$，此时为图3-5的①状态。

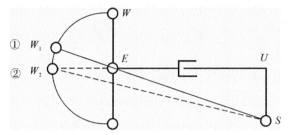

图3-5　摄影机器人最大腕肩距示意图

由此得到，当腕点W在肩点S和肘点E的延长线上时，腕肩距取得最大值，其长度为等效大臂长度与小臂长度之和，即

$$\overline{WS}_{\max}=\|W_1-S\|=\overline{WE}+\overline{SE}=r_6+\sqrt{(r_4+r_{40})^2+l_3{}^2} \qquad (3-3)$$

3.2.3　摄影机器人工作空间外侧边界分析

摄影机器人工作空间外侧边界产生的条件为：

(1)顶层直线运动轴移动至最大值，即$r_4=r_{4\max}$。

(2)由于机械臂绕肩点S旋转，故腕肩距最大状态为连接肩点到腕点并延长交弧(I,E)于F，即图3-6中的$\overline{FS}$，$\overline{WS}_{\max}=\|F-S\|$。

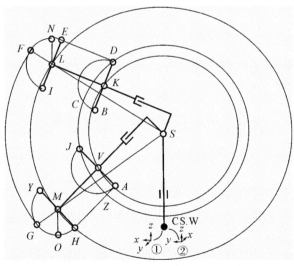

图3-6　摄影机器人环形结构顶部俯仰旋转轴极限位置

几何概念区分，大臂与小臂的极限相对位置关系为相互垂直。当腕点在等效大臂与肘点的延长线上时，得到当前大臂长度下的最大腕肩距，此时环形结构顶端俯仰旋转轴转动

时,腕点的圆形运动轨迹与等效大臂所在直线相切。

（3）环形结构顶部俯仰旋转轴从最大值旋转至最小值。图 3-6 描述了顶层直线运动轴移动至最大值时,环形结构顶部俯仰旋转轴 θ_3 的两个极限位置。注意,图 3-6 中的 E 并不是肘点 PoE 的简写,在本图中,只代表一个关键点。考虑,θ_3 旋转时,腕点圆形轨迹的圆心是肩点 S。因此,当腕肩距取最大值时,腕点的运动轨迹为摄影机器人工作空间的外侧边界,由此得到边界弧$\overset{\frown}{FG}$。当 θ_3 取最大值时,腕点 F 可以绕肘点 L 继续旋转到 E 点。因此,弧$\overset{\frown}{FE}$为摄影机器人工作空间外侧边界。同理,当 θ_3 取最小值时,腕点 G 可以绕肘点 L 继续旋转到 H 点。因此,$\overset{\frown}{GH}$为摄影机器人工作空间外侧边界。综上,摄影机器人工作空间外侧边界为曲线(E,N,F,G,O,H),如图 3-7 所示。

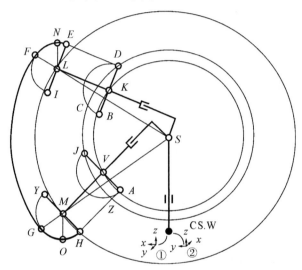

图 3-7 摄影机器人工作空间外侧边界示意图

3.2.4 摄影机器人工作空间上下侧边界分析

摄影机器人工作空间上下侧边界产生条件为:

（1）摄影机器人环形结构顶部俯仰旋转轴移动至最大值,小臂相对大臂的夹角为 $-90°$,顶层直线运动轴移动至最小值,腕点 W 在 D 位置时,$\overset{\frown}{BD}$上除 D 点以外的任意一点,到大臂的距离都小于 DK,故此时腕点达到工作空间上侧边界。随着顶层直线运动轴伸长至最大值,腕点 W 到达 E 位置,得到摄影机器人上侧工作空间边界$\overline{ED}$。

（2）摄影机器人环形结构顶部俯仰旋转轴移动至最小值,小臂相对大臂的夹角为 $90°$,顶层直线运动轴移动至最小值,腕点 W 在 A 位置时,$\overset{\frown}{AJ}$上除 A 点以外的任意一点,到大臂的距离都小于 AV,故此时腕点达到工作空间下侧边界。随着顶层直线运动轴伸长至最大值,腕点 W 到达 H 位置,得到摄影机器人下侧工作空间边界$\overline{AH}$。

综上所述,摄影机器人工作空间上下侧边界为$\overline{ED}$和$\overline{AH}$,如图 3-8 所示。

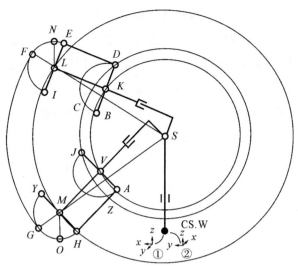

图 3-8　摄影机器人工作空间上下侧边界示意图

3.2.5　摄影机器人工作空间边界综合

在分析了垂直于底层直线运动轴平面内,摄影机器人腕关节可达空间的基础上,考虑以下摄影机器人结构特点:

(1)摄影机器人腰轴理论上可以 360°旋转(实际中保守使用 340°)。

(2)底层直线运动轴可以让摄影机器人在一个自由度上任意定位。

(3)摄影机器人末端姿态调整机构使得腕点在任何可达位置时,理论上都可以获得任意预期的镜头拍摄姿态。

故摄影机器人的工作空间边界关于$\overline{QP}$对称,如图 3-9 中虚线边界所示。

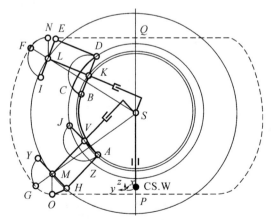

图 3-9　垂直于底层直线运动轴平面内摄影机器人工作空间边界示意图

其中,N 点为摄影机器人环形顶部俯仰旋转轴取最大值,顶层直线运动轴伸展到最长,小臂相对于大臂旋转至与世界坐标系 z 轴平行时腕点 W 的位置。O 点为摄影机器人环形顶部俯仰旋转轴取最小值,顶层直线运动轴伸展到最长,小臂相对于大臂旋转至与世界坐标

系 Z 轴平行时腕点 W 的位置。这两个特殊腕点,分别是摄影机器人在世界坐标系中可达到的最高和最低点。由于摄影机器人具有 360°腰轴旋转空间以及底层 x 轴方向直线运动轴,故过 N 点和 O 点做平行于世界坐标系 y 轴的直线交世界坐标系 z 轴于 Q、P 两点,空间 (N,Q,P,O) 均为摄影机器人的工作空间,即至少存在一个状态使得腕点 W 以任意姿态达到目标位姿。

使用工作空间时,真实连杆的误差使得关键点坐标的理论值与实际值有位置偏差,从而在一定程度上影响理论最小腕肩距。故考虑在未来的实际使用时,简化工作空间内侧边界,即使用 $\overset{\frown}{DZ}$ 代替现在的边界 (D,C,B,A)。其中,z 为 $\overset{\frown}{CD}$ 与工作空间下侧边界直线 (A,H) 的交点。这样的简化处理,既可以减少连杆误差对关键点坐标准确度的影响,也能简化理论最小腕肩距的计算。这里考虑 BS$=2\,578.2$ mm,DS$=2\,816.0$ mm。可以看出两者相差 250 mm。简单的近似会损失工作空间 (A,B,C,Z)。由于理论研究时希望得获得理论上足够精确的工作空间内侧边界。因此,本书依然采用边界 (A,B,C,D) 作为摄影机器人工作空间内侧边界。

3.2.6　工作空间关键点坐标求解

工作空间关键点坐标求解采用机器人无误差运动学模型,在底层直线运动轴处于摄影机器人运动学模型世界坐标系原点时计算获得,即 $r_1+r_{10}=0$。轨迹方程通过解析几何求解。

有关关键点的参考系,考虑到摄影机器人的工作空间相对于肩点和脚点的连线对称,故希望肩点 S 正好在世界坐标系的 z 轴上。结合摄影机器人的零状态,可令 $r_1=-r_{10}$,得到图 3-6 中的①状态坐标系。将此坐标系命名为工作空间关键点计算用世界坐标系。可以直接利用此时的运动学模型求解各个关键点在 xOz 平面内,$y=0$ 时的坐标值。由于实际中,摄影机器人在 x 轴轨道上移动,故其工作空间关键点应该为在 yOz 平面内,$x=0$ 时的坐标值。也就是说,工作空间的关键点的参考坐标系应为图 3-6 中的②状态坐标系,将此坐标系命名为工作空间世界坐标系。

基于上述情况,首先使用图 3-6 中的工作空间关键点计算用世界坐标系{1}以及相应的摄影机器人运动学模型进行关键点求解,再将所有关键点的 x 坐标值赋给 y 坐标,之后令 x 坐标为 0,即可得到图 3-6 中工作空间世界坐标系{2}下的关键点坐标。

给定任意目标点坐标,$pT=(pT_x,\quad pT_y,\quad pT_z,\quad 1)^{\mathrm{T}}$。

(1)判断 $[pT_y\quad pT_z]$ 是否在上述二维工作空间内;

(2)判断 pT_x 是否在范围 $[\mathrm{Workspace}x_{\min},\mathrm{Workspace}x_{\max}]$ 中。

如果两个条件全部满足,那么可以判断目标点 pT 在摄影机器人工作空间内。

由摄影机器人运动学模型(采用图 3-6 中的工作空间关键点计算用世界坐标系)得到:

肩点:

$$S=(S_x, \quad S_y, \quad S_z, \quad 1)^{\mathrm{T}}=(0, \quad 0, \quad r_2, \quad 1)^{\mathrm{T}}。$$

肘点：

$$E=(E_x, \quad E_y, \quad E_z, \quad 1)^{\mathrm{T}},$$

式中：

$$E_x=l_3 \cdot \cos\left(\theta_3-\frac{\pi}{2}\right)-\sin\left(\theta_3-\frac{\pi}{2}\right) \cdot (r_4+r_{40})$$

$$E_y=0$$

$$E_z=r_2-\cos\left(\theta_3-\frac{\pi}{2}\right) \cdot (r_4+r_{40})-l_3 \cdot \sin\left(\theta_3-\frac{\pi}{2}\right)$$

腕点：

$$W=(W_x, \quad W_y, \quad W_z, \quad 1)^{\mathrm{T}}$$

式中：

$$W_x=l_3 \cdot \cos\left(\theta_3-\frac{\pi}{2}\right)-r_6 \cdot \left[\cos\left(\theta_3-\frac{\pi}{2}\right) \cdot \sin\left(\frac{\pi}{2}+\theta_5\right)+\sin\left(\theta_3-\frac{\pi}{2}\right) \cdot\right.$$

$$\left.\cos\left(\frac{\pi}{2}+\theta_5\right)\right]-\sin\left(\theta_3-\frac{\pi}{2}\right) \cdot (r_4+r_{40})$$

$$W_y=0$$

$$W_z=r_2-\cos\left(\theta_3-\frac{\pi}{2}\right) \cdot (r_4+r_{40})-l_3 \cdot \sin\left(\theta_3-\frac{\pi}{2}\right)-$$

$$r_6 \cdot \left[\cos\left(\theta_3-\frac{\pi}{2}\right) \cdot \cos\left(\frac{\pi}{2}+\theta_5\right)-\sin\left(\theta_3-\frac{\pi}{2}\right) \cdot \sin\left(\frac{\pi}{2}+\theta_5\right)\right]$$

则各个关键点坐标获得条件如下：

（1）当 $\theta_3=\theta_{3\max}$，$r_4=r_{4\min}$，$\theta_5=0$ 时，由腕点符号表达式得 A 点坐标。

（2）当 $\theta_3=\theta_{3\min}$，$r_4=r_{4\min}$，$\theta_5=0$ 时，由腕点符号表达式得 B 点坐标。

（3）当 $\theta_3=\theta_{3\min}$，$r_4=r_{4\min}$，$\theta_5=-\pi$ 时，由腕点符号表达式得 D 点坐标。

（4）当 $\theta_3=\theta_{3\min}$，$r_4=r_{4\max}$，$\theta_5=-\pi$ 时，由腕点符号表达式得 E 点坐标。

（5）当 $\theta_3=\theta_{3\min}$，$r_4=r_{4\max}$，$\theta_5=0$ 时，由腕点符号表达式得 I 点坐标。

（6）当 $\theta_3=\theta_{3\max}$，$r_4=r_{4\max}$，$\theta_5=0$ 时，由腕点符号表达式得 H 点坐标。

（7）当 $\theta_3=\theta_{3\max}$，$r_4=r_{4\max}$，$\theta_5=-\pi$ 时，由腕点符号表达式得 Y 点坐标。

（8）当 $\theta_3=\theta_{3\max}$，$r_4=r_{4\min}$，$\theta_5=-\pi$ 时，由腕点符号表达式得 J 点坐标。

（9）当 $\theta_3=\theta_{3\max}$，$r_4=r_{4\min}$ 时，由肘点符号表达式得 K 点坐标。

（10）当 $\theta_3=\theta_{3\max}$，$r_4=r_{4\max}$ 时，由肘点符号表达式得 L 点坐标。

（11）当 $\theta_3=\theta_{3\min}$，$r_4=r_{4\min}$ 时，由肘点符号表达式得 V 点坐标。

（12）当 $\theta_3=\theta_{3\min}$，$r_4=r_{4\max}$ 时，由肘点符号表达式得 M 点坐标。

（13）F 点坐标求解。环形结构顶部俯仰旋转轴旋转时，等效大臂绕肩点 S 做圆周运动。小臂在等效大臂延长线上时，腕肩距 FS 最长。在图 3 - 10 中，W_{ZS} 为摄影机器人处于零状

态时，腕点相对于大臂的位置，则有

$$
\left.
\begin{aligned}
\alpha &= \arctan\left(\frac{US}{UE}\right) = \arctan\left(\frac{l_3}{r_{4\max}+r_{40}}\right) \\
\beta &= \alpha \\
\theta_5 &= -\left(\frac{\pi}{2}+\beta\right) = -\left[\frac{\pi}{2}+\arctan\left(\frac{l_3}{r_{4\max}+r_{40}}\right)\right]
\end{aligned}
\right\} \tag{3-4}
$$

当 $\theta_3=\theta_{3\min}$，$r_4=r_{4\max}$，$\theta_5=-\left[\dfrac{\pi}{2}+\arctan\left(\dfrac{l_3}{r_{4\max}+r_{40}}\right)\right]$ 时，由腕点符号表达式得 F 点坐标。

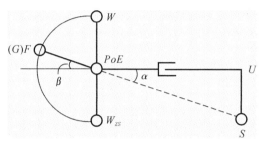

图 3 - 10　摄影机器人工作空间关键点 $F(G)$ 求解示意

（14）G 点坐标，与 F 点同理。当 $\theta_3=\theta_{3\max}$，$r_4=r_{4\max}$，$\theta_5=-\left[\dfrac{\pi}{2}+\arctan\left(\dfrac{l_3}{r_{4\max}+r_{40}}\right)\right]$ 时，由腕点符号表达式得 G 点坐标。

（15）N 点坐标求解。如图 3 - 11 所示，当环形结构顶部俯仰旋转轴旋转到最高位置，顶层直线运动轴伸展到最长状态，小臂绕肘点旋转至与世界坐标系 z 轴平行时，腕点 W 的位置为 N 点。摄影机器人处于零状态时，W_{ZS} 为小臂垂直于大臂时腕点的位置，即 $\theta_5=0$。

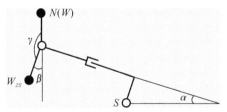

图 3 - 11　摄影机器人工作空间关键点 N 求解示意

考虑到坐标系 $\{4\}$ 的 z 轴确定的旋转正方向为图 3 - 11 中的逆时针方向，则 θ_5 在 N 状态时其值为 $(-\gamma)$，即 $\theta_5=-\gamma$。由三角关系得

$$
\alpha = \beta = \pi - \gamma \tag{3-5}
$$

$$
\theta_5 = -\gamma = -(\pi-\alpha) = |\theta_{3\min}| - \pi \tag{3-6}
$$

其中，$\alpha=|\theta_{3\min}|$，$\theta_{3\min}<0$。

因此，当 $\theta_3=\theta_{3\min}$，$r_4=r_{4\max}$，$\theta_5=|\theta_{3\min}|-\pi$ 时，由腕点符号表达式得 N 点坐标。

（16）O 点坐标求解。如图 3 - 12 所示，当环形结构顶部俯仰旋转轴旋转到最低位置，顶层直线运动轴伸展到最长状态，小臂绕肘点旋转至与世界坐标系 z 轴平行时，腕点 W 的位

置为 O 点。W_{ZS} 为小臂垂直于大臂时的腕点位置,即 $\theta_5 = 0$。

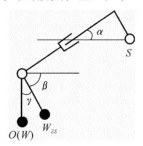

图 3-12 摄影机器人工作空间关键点 O 求解示意

考虑到坐标系$\{4\}z$ 轴确定的旋转正方向为图 3-12 中的逆时针方向,则 θ_5 在 O 状态时其值为 $(-\gamma)$,即 $\theta_5 = -\gamma$。

由三角关系得

$$\left.\begin{array}{l} \gamma = \dfrac{\pi}{2} - \beta \\[2mm] \beta = \dfrac{\pi}{2} - \alpha \end{array}\right\} \tag{3-7}$$

式中,$\alpha = \theta_{3\max}$,$\theta_{3\max} > 0$。
则

$$\theta_5 = -\gamma = -\theta_{3\max} \tag{3-8}$$

因此,当 $\theta_3 = \theta_{3\max}$,$r_4 = r_{4\max}$,$\theta_5 = -\theta_{3\max}$ 时,由腕点符号表达式得 O 点坐标。

(17)C 点坐标求解。C 点坐标为 $\overset{\frown}{DJ}$ 和弧 $\overset{\frown}{BD}$ 的轨迹交点。根据两轨迹方程,可联合求解得到 C 点坐标。

使用图 3-6 中工作空间关键点计算用世界坐标系$\{1\}$。设 $D = (D_x,\quad D_y,\quad D_z,\quad 1)$,$K = (K_x,\quad K_y,\quad K_z,\quad 1)$。由圆的半径圆心公式,可得到以 K 为圆心,DK 长为半径的圆方程,即

$$(x - K_x)^2 + (z - K_z)^2 = DK^2 \tag{3-9}$$

式中,DK 为小臂长度 r_6。

以 S 为圆心,DS 长为半径的圆方程,则有

$$(x - S_x)^2 + (z - S_z)^2 = DS^2 \tag{3-10}$$

式中,$DS = \sqrt{(D_x - S_x)^2 + (D_z - S_z)^2}$。

将式(3-9)和式(3-10)联立求解,由图 3-6 可知,有两组解,分别为 (x_1, z_1) 和 (x_2, z_2)。通过对图 3-6 的观察可知,$\overset{\frown}{DJ}$ 和弧 $\overset{\frown}{BD}$ 的轨迹交点为 C 和 D,故有

$$\left.\begin{array}{l} C_x = \max(x_1, x_2) \\[2mm] C_z = \min(z_1, z_2) \end{array}\right\} \tag{3-11}$$

(18)R 点坐标求解。如图 3-13 所示,采用工作空间世界坐标系。R 点为目标点隶属度判定中的子判定空间关键点。设 $R = (R_x,\quad R_y,\quad R_z,\quad 1)$。$R$ 的 y 坐标为 N 点 y 坐标,R 的 z 坐标为 S 点 z 坐标,即

$$
\left.\begin{array}{l}
R_x = 0 \\
R_y = N_y \\
R_z = S_z
\end{array}\right\}
\tag{3-12}
$$

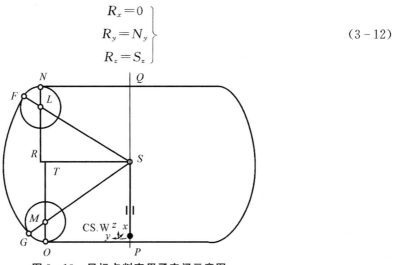

图 3 - 13　目标点判定用子空间示意图

(19) T 点坐标求解。如图 3 - 13 所示,采用工作空间世界坐标系。T 点为目标点判定中子判定空间关键点,设 $T=(T_x,\quad T_y,\quad T_z,\quad 1)$。$T$ 的 y 坐标为 O 点 y 坐标,T 的 z 坐标为 S 点 z 坐标,即

$$
\left.\begin{array}{l}
T_x = 0 \\
T_y = O_y \\
T_z = S_z
\end{array}\right\}
\tag{3-13}
$$

(20) Q 点坐标求解。如图 3 - 13 所示,采用工作空间世界坐标系。Q 点为目标点判定中子判定空间关键点,设 $Q=(Q_x,\quad Q_y,\quad Q_z,\quad 1)$。$Q$ 的 y 坐标为 S 点 y 坐标,Q 的 z 坐标为 N 点 z 坐标,即

$$
\left.\begin{array}{l}
Q_x = 0 \\
Q_y = S_y \\
Q_z = N_z
\end{array}\right\}
\tag{3-14}
$$

(21) P 点坐标求解。如图 3 - 13 所示,采用工作空间世界坐标系。P 点为目标点判定中子判定空间关键点,设 $P=(P_x,\quad P_y,\quad P_z,\quad 1)$。$P$ 的 y 坐标为 S 点 y 坐标,P 的 z 坐标为 O 点 z 坐标,即

$$
\left.\begin{array}{l}
P_x = 0 \\
P_y = S_y \\
P_z = O_z
\end{array}\right\}
\tag{3-15}
$$

将以上关键点(除 R,T,P,Q 点)的 x 坐标直接代换到 y 坐标,之后设定自身 x 坐标为 0。这样可将图 3 - 6 中工作空间关键点计算用世界坐标系{1}下的关键点坐标,转换成工作空间世界坐标系{2}下的关键点坐标,即实际工作空间的关键点坐标。各关键点坐标见表3-1。

表 3 - 1　摄影机器人工作空间关键点坐标

关键点	坐 标	关键点	坐 标
A	(0, 1 510.15, −1 789.6, 1)	L	(0, 3 575.1, 2 334.5, 1)
B	(0, 2 532, 785.6, 1)	M	(0, 3354.83, −2080.34, 1)
C	(0, 2 746.3, 922.5, 1)	N	(0, 3 575.13, 3 297.54, 1)
D	(0, 1 718.1, 2 531.1, 1)	O	(0, 3 354.83, −3 043.34,)
E	(0, 3 168.1, 3 207.3, 1)	P	(0, 0, −3 043.34, 1)
F	(0, 4 412.1, 2 810.8, 1)	Q	(0, 0, 3 297.54, 1)
G	(0, 4 140.2, −2 637.6, 1)	R	(0, 3 575.13, 300, 1)
H	(0, 2 735.8, −2 818, 1)	S	(0, 0, 300, 1)
I	(0, 3 982.1, 1 461.76, 1)	T	(0, 3354.83, 300, 1)
J	(0, 2 748.2, −314.2, 1)	V	(0, 2 129.15, −1 051.88, 1)
K	(0, 2 125.03, 1 658.35, 1)	Y	(0, 3 973.8, −1 342.6, 1)

3.2.7 摄影机器人工作空间边界的方程描述

描述格式:轨迹类型(轨迹上点,依次从起始到终止),轨迹方程(yOz 平面内)。其中,各关键点和轨迹的参考系为图 3-6 中摄影机器人工作空间坐标系{2}。

1. 摄影机器人在 $x=0$ 平面上的二维工作空间 $y \geqslant 0$ 侧边界

(1)$\overline{QN}$

$$z = Q_z \tag{3-16}$$

(2)$\overset{\frown}{NF}$

$$(y-L_y)^2 + (z-L_z)^2 = \overline{EL}^2 \tag{3-17}$$

式中,$\overline{EL} = r_6$。

(3)$\overset{\frown}{FG}$

$$(y-S_y)^2 + (z-S_z)^2 = \overline{FS}^2 \tag{3-18}$$

式中,$\overline{FS} = \overline{FL} + \overline{LS} = r_6 + \sqrt{l_3^2 + (r_{4\max} + r_{40})^2}$。

(4)$\overset{\frown}{GO}$

$$(y-M_y)^2 + (z-M_z)^2 = \overline{HM}^2 \tag{3-19}$$

式中,$\overline{HM} = r_6$。

(5)$\overline{OP}$

$$z = P_z \tag{3-20}$$

由于摄影机器人工作空间关于 $y=0$ 对称,故有 $\begin{cases} y=-y \\ z=z \end{cases}$,代入边界[方程见式(3-16) ~式(3-20)]中,即可得到 $y<0$ 侧工作空间边界方程。

2. 摄影机器人二维理论工作空间内侧边界方程

以下边界方程的列写，为后面的运动学逆解做铺垫。

(1) $\overset{\frown}{AB}$

$$(y-S_y)^2+(z-S_z)^2=SA^2 \tag{3-21}$$

式中，$SA=\sqrt{(S_y-A_y)^2+(S_z-A_z)^2}$。

(2) $\overset{\frown}{BC}$

$$(y-K_y)^2+(z-K_z)^2=DK^2 \tag{3-22}$$

式中，$DK=r_6$。

(3) $\overset{\frown}{CD}$

$$(y-S_y)^2+(z-S_z)^2=DS^2 \tag{3-23}$$

式中，$DS=\sqrt{(D_y-S_y)^2+(D_z-S_z)^2}$。

3. 摄影机器人二维理论工作空间上下侧边界方程

(1) $\overline{ED}$

$$\frac{z-E_z}{D_z-E_z}=\frac{y-E_y}{D_y-E_y} \tag{3-24}$$

(2) $\overline{AH}$

$$\frac{z-A_z}{H_z-A_z}=\frac{y-A_y}{H_y-A_y} \tag{3-25}$$

(3) $\overset{\frown}{NE}$ 的边界方程同 $\overset{\frown}{NF}$。

(4) $\overset{\frown}{OH}$ 的边界方程同 $\overset{\frown}{GO}$。

3.3　任意目标点在工作空间内的隶属度判定方法

在前面的分析中，已经获得工作空间的边界方程，但是由于边界为多条曲线组成，因此利用边界方程不等式方法判定目标点工作空间隶属度非常烦琐。本书提出利用多个简单空间覆盖复杂空间的方法来解决隶属度判定问题。

在底层直线轨道范围内，若目标点坐标位于多边形 (Q,N,F,G,O,P) 中，则代表目标点在工作空间内。设待判定目标点为 $jpT=(jpT_x,\quad jpT_y,\quad jpT_z,\quad 1)$。在 $y\geqslant0$ 工作空间内，有 $jpT=pT$。

将多边形 (Q,N,F,G,O,P) 根据其特点分成 5 个简单子空间，如图 3-13 所示，分别为：

（1）以 L 为圆心，EL 长为半径的圆形空间；

（2）以 M 为圆心，HM 为半径的圆形空间；

（3）以 S 为圆心，FS 为半径，斜率 k_{jpTS} 在 k_{FS} 和 k_{GS} 之间的扇形空间；

（4）矩形空间 (N,R,S,Q)；

（5）矩形空间 (T,O,P,S)。

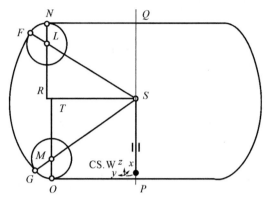

图 3-13　目标点判定用子空间示意图

这 5 个子空间相互有交集，但全部是基于圆形或者矩形的简单空间。此方法可以简化任意目标点工作空间归属的判定计算。对于点 jpT 判定条件和次序如下：

（1）确定二维点 (jpT_y,jpT_z) 是否在矩形空间 (N,R,S,Q) 中，即

$$S_y \leqslant jpT_y \leqslant N_y \ \& \ S_z \leqslant jpT_z \leqslant N_z \tag{3-26}$$

（2）确定二维点 (jpT_y,jpT_z) 是否在矩形空间 (T,O,P,S) 中，即

$$S_y \leqslant jpT_y \leqslant O_y \ \& \ O_z \leqslant jpT_z \leqslant S_z \tag{3-27}$$

（3）确定二维点 (jpT_y,jpT_z) 是否在圆形 (M,HM) 空间中，即，

$$(jpT_y-M_y)^2+(jpT_z-M_z)^2 \leqslant HM^2 \tag{3-28}$$

（4）确定二维点 (jpT_y,jpT_z) 是否在圆形 (L,EL) 空间中，即

$$(jpT_y-L_y)^2+(jpT_z-L_z)^2 \leqslant EL^2 \tag{3-29}$$

（5）确定二维点 (jpT_y,jpT_z) 是否在扇形空间 (F,G,S) 中。

1）确定 (jpT_y,jpT_z) 是否在圆 (S,FS) 的 $Y \geqslant 0$ 侧，即

$$(jpT_y-S_y)^2+(jpT_z-S_z)^2 \leqslant FS^2 \ \& \ jpT_y > 0 \tag{3-30}$$

2）确定 (jpT_y,jpT_z) 到 S 点连线的斜率 k_{jpTS} 是否在 k_{FS} 和 k_{GS} 之间，即

$$k_{FS} \leqslant k_{jpTS} \leqslant k_{GS} \tag{3-31}$$

式中：k_{jpTS} 代表 jpT 点到 S 点连线的斜率；k_{FS} 代表 F 点到 S 点连线的斜率；k_{GS} 代表 G 点到 S 点连线的斜率。另外，$k_{jpTS}=-\dfrac{jpT_z-S_z}{jpT_y-S_y}$，$k_{FS}=-\dfrac{F_z-S_z}{F_y-S_y}$，$k_{GS}=-\dfrac{G_z-S_z}{G_y-S_y}$。

只要 jpT 满足以上任意一条件，就说明 pT 点在摄影机器人工作空间中。

摄影机器人的结构特点使得其工作空间关于 $y=0$ 对称。因此，若 $jpT_y<0$，则可对其

关于 $y=0$ 的镜像点进行判定；若镜像点在工作空间内，则 pT 也属于摄影机器人工作空间；若镜像点不在工作空间内，则 pT 也不属于摄影机器人工作空间。即，令 $jpT_y = -pT_y$，$jpT_z = pT_z$。对 jpT 点在 $y \geqslant 0$ 空间内进行判定，pT 与 jpT 的判定结果一致。

3.4　多目标点工作空间隶属度判定仿真

采用将复杂判定空间转化为多个标准图形子判定空间的目标点工作空间隶属度判别方法，在略大于摄影机器人的空间中，用蒙特卡洛法随机生成多个目标点，通过判定算法判别目标点是否在工作空间中，不在工作空间中的目标点用"×"表示，在工作空间中的目标点用"+"表示。考虑到清晰表达多目标点工作空间隶属性，不在底层直线轨道方向上设置移动范围限制。

具体参数设置。设定随机生成目标点所在的长方体空间为

$$\mathbf{XLim} = (XLim_{min}, \quad XLim_{max}) = (-2\,000 \quad 10\,000)$$

$$\mathbf{YLim} = (YLim_{min}, \quad YLim_{max}) = (-6\,000 \quad 6\,000)$$

$$\mathbf{ZLim} = (ZLim_{min}, \quad ZLim_{max}) = (-4\,000 \quad 5\,000)$$

随机生成的目标点总数为 500。仿真结果如图 3-14 所示。

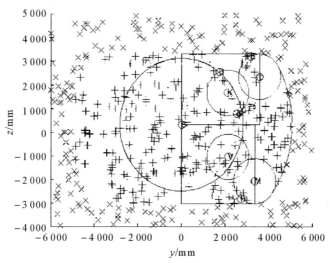

图 3-14　任意多目标点工作空间隶属度判定结果正视图

图 3-14 中，红色边界为工作空间 $y \geqslant 0$ 侧的各个判定子空间的边界。$y < 0$ 侧工作空间边界与 $y \geqslant 0$ 侧对称。对于任意 jpT 的判定，按照判定条件，按照子空间顺序逐个判定，只要满足子空间点坐标要求，即退出判定程序，将判定点的位置标识在图像上。

本次仿真，500 个随机目标点中，属于工作区间的目标点数量为 290 个。

从图 3-14 中可以看出，摄影机器人的水平最大半径为 5 076.5 mm。工作空间最高点为 3 297.54 mm，最低点为 -3 043.34 mm。考虑到世界坐标系原点到底层轨道上表面的距

离为 1 391 mm。实际空间中,摄影机器人可达最大高度为 4 688.54 mm,最低高度为－1 652.34 mm。

3.5 小 结

摄影机器人是具有 2 冗余自由度的 8 轴串联机器人。为便于实际使用和为逆解算法做准备,本章根据摄影机器人的使用特点,将腕点可达性作为工作空间的研究对象,分析了工作空间的内、外、上、下边界。利用摄影机器人运动学模型得到边界关键点坐标以及边界的解析几何方程表达式。采用复杂判定空间转化为多个标准图形子判定空间方法来判定任意给定目标点是否属于摄影机器人工作空间。使用摄影机器人真实连杆参数数据,借助计算机,使用本算法仿真了多目标点的工作空间隶属度判定,同时得到了摄影机器人详细的工作空间边界数据。

第二部分

摄影机器人运动学遗传算法的初级探索

第4章　摄影机器人关节空间显式遗传逆解算法

目前,遗传算法在机器人运动学逆解上的应用,主要是在机器人关节空间进行优化计算上。其主要思路为设定末端执行器位姿偏差作为优化目标(适应度函数值),根据机器人变换矩阵得到末端执行器位姿的显示表达式。利用遗传算法在正向运动学方程基础上进行机器人运动学逆解求解。本章用此方法对摄影机器人进行逆解计算。

4.1　实验仿真用计算机配置

处理器:Intel(R) Pentium(R) CPU N3510 @ 1.99 GHz。

安装内存:4.00 GB(2.89 GB 可用)。

系统:Windows 7 Service Pack 1,32 位操作系统。

后续章节所有实验均在此设备上进行。

4.2　遗传算法简介

遗传算法模拟生物进化过程的自然选择原理,可解决有约束优化问题和无约束优化问题。遗传算法不断重复地调整由个体解组成的种群。在每次调整中,遗传算法从当前的种群中,随机挑出一些个体作为父代,并且用这些父代产生子代。在连续多代之后,种群向着最优解方向进化。遗传算法可以解决目标函数不连续、不可微或者高度非线性的优化问题。

从当前种群创造下一代种群时,遗传算法使用 3 种主要规则:

(1)选择规则。选择父代个体来创造子代种群。

(2)交叉规则。结合两个父代个体创造子代个体。

(3)变异规则。对父代个体基因进行随机改变创造子代个体[145]。

遗传算法的简要计算流程主要有以下步骤:

(1)算法创建一个随机的初始种群,可以指定种群的大小,以及初始化范围。当明确地知道最小值所处的区间时,恰当地设置初始化范围有利于找到最优解,否则容易收敛到局部最小值。

(2)算法创建一系列的新种群。在每一步中,算法用当前种群中的个体,创建下一代种群。创建新种群执行以下步骤:

1)计算当代种群中的每个个体的适应度值。

2)将适应度得分转化到更容易使用的值域范围。

3)基于适应度选择作为父代的个体,适应值低的个体被选择的概率高(这里采用MAT-LAB的适应度函数定义)。

4)相比较其他个体,当前代中的一些具有更低适应值的个体被选作精英时,直接作为下一代的个体。

5)由父代个体生成子代个体。子代个体的生成主要有两种方式:一种是突变,即基于一个父代个体做随机改变;另一种是交叉,即结合一对父代个体的向量入口。

6)用生成的子代个体代替当前种群,形成新的一代。

(3)当满足某一个停止条件时,算法停止运算。停止条件有以下几种:

1)截止代数。当算法运行到设定的代数时,遗传算法停止迭代计算。

2)时间。当算法运行至设定的时间时,遗传算法停止迭代计算。

3)适应度值阈值。当前代中最好的个体的适应度值小于或等于指定的适应度值阈值时,遗传算法停止迭代计算。

4)延迟代数。当某指定代数的适应度函数值的具有权重的平均变化量小于函数指定阈值时,遗传算法停止迭代计算。

5)延迟时间阈值。当目标函数的最佳适应度值在延迟时间阈值指定的时间内没有提高时,遗传算法停止迭代计算。

4.3 实 验 设 定

以摄影机器人关节空间中的一组状态作为一个个体,格式为

$$\mathbf{Individual} = \begin{bmatrix} r_1 & \theta_2 & \theta_3 & r_4 & \theta_5 & \theta_6 & \theta_7 & \theta_{ee} \end{bmatrix}^{\mathrm{T}}$$

摄影机器人的当前状态为

$$\mathbf{CRCS} = \begin{bmatrix} 0 & 0 & 0 & 0 & 0 & 0 & 0 & 0 \end{bmatrix}^{\mathrm{T}}$$

目标点位姿为

$$\mathbf{paT} = \begin{bmatrix} 1 & 0 & 0 & 5\,000 \\ 0 & 1 & 0 & 1\,500 \\ 0 & 0 & 1 & 1\,500 \\ 0 & 0 & 0 & 1 \end{bmatrix} = \begin{bmatrix} \mathrm{paT}n_x & \mathrm{paT}o_x & \mathrm{paT}a_x & \mathrm{paT}p_x \\ \mathrm{paT}n_y & \mathrm{paT}o_y & \mathrm{paT}a_y & \mathrm{paT}p_y \\ \mathrm{paT}n_z & \mathrm{paT}o_z & \mathrm{paT}a_z & \mathrm{paT}p_z \\ 0 & 0 & 0 & 1 \end{bmatrix}$$

根据摄影机器人变换矩阵,得到末端执行器的位姿分量表达式,即

$$T_{ee}=A_0 \cdot A_1 \cdot A_2 \cdot A_3 \cdot A_4 \cdot A_5 \cdot A_6 \cdot A_7 \cdot A_{ee}=\begin{bmatrix} T_{ee}n_x & T_{ee}o_x & T_{ee}a_x & T_{ee}p_x \\ T_{ee}n_y & T_{ee}o_y & T_{ee}a_y & T_{ee}p_y \\ T_{ee}n_z & T_{ee}o_z & T_{ee}a_z & T_{ee}p_z \\ 0 & 0 & 0 & 1 \end{bmatrix} \quad (4-1)$$

由 MATLAB 软件的符号运算,很容易得到 T_{ee} 齐次矩阵中各个元素的符号表达式。

摄影机器人达到目标点,要求位置和姿态同时达到目标点指定状态。故摄影机器人最基本的优化目标,为摄影机器人末端执行器位姿与指定位姿的偏差最小。偏差为 0 是最理想状态。

将位置偏差记为 dP,姿态偏差记为 dA,位姿偏差记为 dPA。

定义位置偏差为摄影机器人末端执行器坐标系原点的位置向量与目标点位置向量差的模的二次方,即

$$dP=(paTp_x-T_{ee}p_x)^2+(paTp_y-T_{ee}p_y)^2+(paTp_z-T_{ee}p_z)^2 \quad (4-2)$$

定义姿态偏差为摄影机器人末端执行器坐标系各个坐标轴向量与对应目标点坐标轴向量差的模的二次方和,即

$$dA=(paTn_x-T_{ee}n_x)^2+(paTn_y-T_{ee}n_y)^2+(paTn_z-T_{ee}n_z)^2+$$
$$(paTo_x-T_{ee}o_x)^2+(paTo_y-T_{ee}o_y)^2+(paTo_z-T_{ee}o_z)^2+$$
$$(paTa_x-T_{ee}a_x)^2+(paTa_y-T_{ee}a_y)^2+(paTa_z-T_{ee}a_z)^2 \quad (4-3)$$

定义位姿偏差为位置偏差与姿态偏差之和,即

$$dPA=dP+dA \quad (4-4)$$

设定适应度函数的函数值为 dPA。位姿偏差越小,适应度函数值越小,这样的个体越容易被选中作为产生下一代的父代个体。

遗传算法参数设定见表 4-1。

表 4-1 摄影机器人关节空间显式遗传逆解算法参数设置

参数名称	参数值	主要代码	备注
种群类型	双精度向量	default	
基因变量数目	8	NVARS＝8	
约束-基因变量范围	[−3 000；−170； −25；0；−180； −150；−60；−150] [10 000；170； 40；1600；0； 150；240；150]	LB＝vLB； UB＝vUB；	

续 表

参数名称	参数值	主要代码	备 注
种群初始范围	$\begin{bmatrix} -3\,000 & -170 & -25 \\ 0 & -180 & -150 & -60 \\ -150; & 10\,000 & 170 \\ 40 & 1\,600 & 0 & 150 \\ & 240 & 150 \end{bmatrix}$	options = gaoptimset ('PopInitRange', vPIR);	
种群规模	50	options = gaoptimset (options, 'PopulationSize',50)	
截止代数	20	options =gaoptimset (options, 'Generations',20)	
选择策略	随机均匀分布	default	将所有个体排列成一条线,个体对应线段的长度为此个体的期望值。用一个固定的步距在此线上移动,每移动一步得到一个个体
适应度尺度变换	等级变换	default	将个体按原始适应度值排序,适应度函数最小的个体编制为等级1,适应度函数值第二小的个体编制为等级2,以此类推
精英保留	2	default	
交叉率	0.8	default	变异率为1-0.8
突变策略	满足边界约束的可行自适应策略	default	
交叉策略	分散方式	default	根据随机产生的二进制向量,从父代选取相应的基因组成子代个体
适应度函数	HijGAForwardFcn	[vR1,f1val] = ga (@HijGAForwardFcn, NVARS,[],[],[],[], LB,UB,[],options);	

4.4　实验结果

算法运行时间为 2 094.838 654 s,约 35 min。适应度函数平均值和最小值随遗传代数的变化如图 4-1 所示。

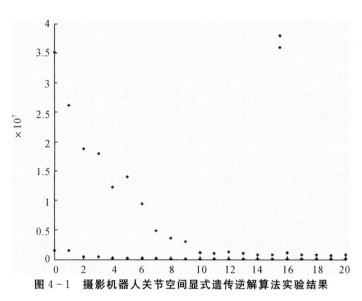

图 4-1　摄影机器人关节空间显式遗传逆解算法实验结果

适应度函数 HijGAForwardFcn 的最小值为 62 858.099 089 86。此时最优个体为

$$\textbf{CRTS}=\begin{bmatrix} 6\ 851.62 & 2.725\ 5 & 0.019\ 5 & 132.30 & -2.605\ 3 \\ -1.059\ 0 & 3.435\ 5 & -1.500\ 1 \end{bmatrix}^{\mathrm{T}}$$

摄影机器人到达目标点时状态如图 4-2 所示。其中,圆圈点处坐标系为指定目标点位姿坐标系。虚线为摄影机器人当前状态,实线为逆解得到的结果状态。

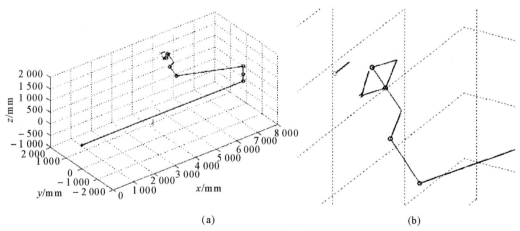

(a)　　　　　　　　　　　　　　(b)

图 4-2　关节空间遗传算法优化解仿真

(a)整体效果;(b)末端特写

4.5 实验分析

从结果上看,当种群规模为 50,截止代数为 20 时,遗传算法没有收敛。另外,适应度函数的最小值不是理想的 0,而是 62 858。这个差距在逆解结果的位姿图示上可以清楚地看到,摄影机器人没有达到目标位姿。虽然理论上增大种群数量和截止代数可以得到适应度函数值更小的最优个体,但是本算法的耗时已经达到了 35 min,超出了摄影机器人实际使用的时间承受能力。故没有继续研究种群规模和截止代数对优化结果的影响。对造成此结果的原因做如下分析:

(1)摄影机器人关节数量多,各轴运动量大,尤其是顶层直线运动轴和底层直线运动轴运动范围大,种群规模相对较小,具有有效基因个体的适应度函数值大而被淘汰。

(2)运动优化目标函数的结构不确定,没有成熟的方法构造函数结构。具体为,本书只设定位置偏差和姿态偏差作为适应度。但是摄影机器人有些状态能满足较小的位置偏差,却有很大的姿态偏差,此个体就会被淘汰。实际上,具有很小位置偏差的解,通过摄影机器人末端执行器姿态调整 3 组合轴,可以调整姿态。摄影机器人结构的功能特点并没有在关节空间显式遗传逆解算法中得到应用。如果增加各个关节角运动幅度最小的优化目标,运动优化目标函数的结构就更加难以确定。由于摄影机器人对于末端执行器的位置和姿态定位精度要求很高,故简单地增加权重很难让种群收敛到有效解附近。

(3)由于摄影机器人机构复杂,变换矩阵数量多,所以末端执行器位姿齐次矩阵的符号表达比较复杂,使遗传算法的运行时间很难缩短。

综上所述,摄影机器人关节空间显式遗传逆解算法效果不好,在实际中难以使用。针对算法失败的原因,本书提出以下改进方向:

(1)利用摄影机器人机构特点,减少解空间维度,即变相增大种群中有效个体的密度。

(2)在减少解空间维度的同时,根据摄影机器人机构特点,提高有效逆解的比例以及解的质量。

(3)放弃运动优化目标函数为适应度函数基因变量的显式表达,获得更加自由和直观的摄影机器人运动优化目标函数。

4.6 小 结

本章将目前遗传算法在机器人逆解上的主要方法,基于正向位姿显式表达式的关节空间遗传逆解算法应用到摄影机器人的运动学逆解上。实验结果表明,由于摄影机器人结构复杂,机器人正向样本空间复杂庞大,所以本算法运行效率过低且不能完成逆解任务。同时,本算法的适应度函数构造可行性差。最后,提出了针对摄影机器人逆解求解的改进方向。放弃适应度函数关于个体基因的显式表达,利用摄影机器人结构特点减少解空间维度,提高逆解质量。

第三部分

摄影机器人运动学遗传算法的
高级探索

第 5 章　去冗余度摄影机器人运动学逆解

机器人运动学逆解指根据给定的目标位姿,转换成机器人末端执行器位姿,进而求解出机器人所有关节轴的值。当机器人有 6 个自由度时,理论上可以达到任意目标位姿。当机器人拥有的自由度大于任务需要的自由度时,称为冗余自由度机器人。本书研究的摄影机器人具有 8 自由度,含有 2 冗余自由度。其逆解有无限多组。冗余度使得控制更加复杂,同时也更加灵活。前面章节实验说明,关节空间显式遗传逆解算法不适用于构型复杂的摄影机器人。本章研究去冗余度摄影机器人有限组逆解算法。该算法设定顶层直线运动轴和底层直线运动轴为参数,反解其他 6 轴,进而降低摄影机器人的解空间维度。

机器人逆解主要有两种,即封闭解和数值解。逆解方法主要有代数法和几何法。本书采用代数几何复合法求解去冗余度摄影机器人的封闭逆解。

5.1　摄影机器人子结构功能特点分析

摄影机器人有 8 个轴,如图 5-1 所示。与传统的 6 轴工业机器人相比,增加了大臂长度伸缩轴,以及可以让摄影机器人主体结构在一个自由度上运动的底层直线运动位移轴。这样的设计使摄影机器人有更大的工作空间以满足电影拍摄时镜头运动范围要求。摄影机器人末端执行器姿态调整 3 组合轴使摄影机器人末端执行器在可达工作空间有更灵活的姿态调整能力。

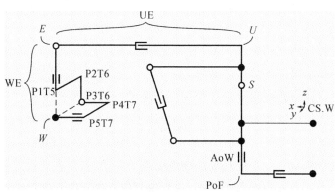

图 5-1　摄影机器人机构零状态

设工作中,摄影机器人到达目标状态,含义为摄影机器人腕点位置与设定的目标点位置重合,末端执行器坐标系姿态与指定目标点姿态一致。由于有末端的 3 轴姿态调节,故可以认为,当腕点达到目标点位置时,理论上目标姿态可以通过末端执行器姿态调节 3 旋转轴调节得到。

摄影机器人的底层直线运动轴确定脚点的位置,等效于确定肩点与腕点之间的距离。大臂伸缩量和肘的弯曲量确定到达目标状态时摄影机器人的"臂型"。也就是说,决定臂型的因素包括大臂长度、肘关节的弯曲量,以及腕肩距。根据目标点的位置,就能计算腰轴的旋转量。当脚点确定时,肩点和腕点之间的距离随即确定。大臂伸长,肘关节弯曲越大,大臂缩短,肘关节弯曲越小。脚距离腕点越近,肘关节弯曲越大,脚距离腕点越远,肘关节弯曲越小。

另外,将图 5-1 中的世界坐标系称为摄影机器人运动学逆解用世界坐标系。以其为基准,将目标点坐标分解成 x 方向、y 方向和 z 方向。其中,目标点位置的 z 坐标主要由肩轴旋转量,肘轴旋转量以及大臂的长度决定。目标点位置的 x 和 y 坐标,主要由脚点位置和腰轴的旋转量决定。

上面的描述,只是从各个单独的角度对摄影机器人的结构进行分析。换个角度,与 6 自由度非冗余机器人对比,分析摄影机器人的特点。6 自由度机器人在确定目标点位姿后,其逆解的数量为有限个。摄影机器人结构与之相比,特点是大臂长度可伸缩,腰的位置可随着脚的平移而变化,肩点始终在平行于底层轨道的直线上运动。假设一个指定目标点位置经过判定算法确定在摄影机器人的工作空间内,摄影机器人以某一个逆解解集状态达到目标位姿。情况 1,如果增加一个脚的自由度,即腰的位置可以移动,那么,在脚移动的过程中,肩和肘的旋转量随着脚远离或接近目标点而变化,始终使得腕点与目标点位置重合。例如,当脚点接近目标点位置时,由腕点、肘点和肩点组成的臂型,开始向锐角三角形转化。其中,大臂和小臂的夹角越来越小,同时,腕点位置坐标始终与目标点位置重合,末端执行器姿态调整 3 组合轴不断修正末端执行器坐标系的姿态,始终保证与指定目标姿态一致。情况 2,如果增加一个大臂伸缩的自由度,即大臂长度可以变化,那么,在大臂伸缩的过程中,肩和肘的旋转量随着大臂的长度而变化,使得腕点与目标点位置始终重合,末端执行器姿态调整 3 组合轴不断修正末端执行器坐标系的姿态,始终保证与指定目标姿态一致。例如,当大臂缩短时,为保证腕点与目标点的位置一致,由腕点、肘点和肩点组成的臂型,逐渐向钝角三角形转化。其中,大臂和小臂的夹角越来越大。

综上所述,设定底层直线运动轴和顶层直线运动轴为摄影机器人的 2 冗余自由度。一个简单的思路是,随机任意指定这两个轴的值,像已有的 6 轴工业机器人一样得到有限个逆解状态,通过判断解的有效性,得到需要的逆解,从而确定逆解解集的有效性。

有效解,指摄影机器人各个运动轴的逆解值都为实数,且都在其设定的物理运动范围之内。理论有效解,指不考虑物理约束范围,只根据目标点等理论标准值得到的解。

5.2　任意确定冗余自由度时摄影机器人运动学逆解

指定目标点位姿,在任意确定了一组冗余自由度(r_1,r_4)后,即可以在已知条件下进行其他轴的逆解计算。

5.2.1　底层环形旋转轴旋转量逆解

目标点的位置即为腕点位置,即

$$pT = W = (pT_x, \quad pT_y, \quad pT_z, \quad 1)$$

目标点的姿态为

$$aT = \begin{bmatrix} aTn_x & aTo_x & aTa_x \\ aTn_y & aTo_y & aTa_y \\ aTn_z & aTo_z & aTa_z \end{bmatrix}$$

目标点的位姿齐次矩阵为

$$paT = \begin{bmatrix} aTn_x & aTo_x & aTa_x & pT_x \\ aTn_y & aTo_y & aTa_y & pT_y \\ aTn_z & aTo_z & aTa_z & pT_z \\ 0 & 0 & 0 & 1 \end{bmatrix}$$

在选定底层直线运动轴移动量和顶层直线运动轴移动量后,摄影机器人的处于半确定状态。指定目标点空间位姿后,只有调整底层环形旋转轴,才能调整摄影机器人腕点相对于肩点在水平投影面中的转角。也就是说,底层环形旋转轴旋转量是腕点坐标,肩点坐标的函数,即$\theta_2 = TThetaTwo(W,S)$。

首先,设定θ_2的逆解坐标系如图5-2所示。

在图5-2中,CS. W 为世界坐标系,CS. 2I 为逆向求解θ_2时的参考坐标系。设定 CS. 2I 的原则是,摄影机器人运动学模型具有零状态信息。零状态时,机器人臂型的朝向正好是 CS. W 的x轴的正向。此时应该对应的是$\theta_2 = 0$。同时,摄影机器人运动学模型的θ_2转动方向原则由 CS. 2 的z轴方向确定。所以,设定θ_2为vSW_H与x轴的夹角。CS. 2I 的x轴与 CS. W 的x轴在一条直线上。CS. 2I 的z轴与 CS. 2 的z轴重合且方向一致,以保证θ_2的正负取值与摄影机器人运动学模型中的 CS. 2 一致。由右手定则确定y轴。由于 W 和 S 都是相对于 CS. W 设定的,故这里设定的 CS. 2I 的x轴和y轴满足 vSW 在水平面内投影的方位表达需求。其中,vSW_H为肩点相对于腕点的向量在水平面内的投影。

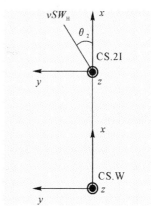

图 5-2　摄影机器人底层环形旋转轴逆解坐标系设定

$$
\begin{aligned}
vSW &= W - S = pT - S \\
&= (vSW_x, \quad vSW_y, \quad vSW_z, \quad 0) \\
&= (W_x - S_x, \quad W_y - S_y, \quad W_z - S_z, \quad 0)
\end{aligned}
\tag{5-1}
$$

则

$$
\theta_2 = \arctan2\,(vSW_y, vSW_x)
\tag{5-2}
$$

式中：arctan2 函数返回值的范围为 $[-\pi, \pi]$，当 (vSW_x, vSW_y) 在第 1 和第 2 象限时，θ_2 为正值，当 (vSW_x, vSW_y) 在第 3 和第 4 象限时，θ_2 为负值。

从代数角度看，设腕点为 $W = (W_x, \quad W_y, \quad W_z, \quad 1)^T$。由摄影机器人运动学模型得到的 W 点坐标为

$$
\begin{aligned}
W_x = r_6 &\Big[\cos\Big(\theta_3 - \frac{\pi}{2}\Big)\sin\Big(\theta_2 - \frac{\pi}{2}\Big)\sin\Big(\theta_5 + \frac{\pi}{2}\Big) + \cos\Big(\theta_5 + \frac{\pi}{2}\Big)\sin\Big(\theta_2 - \frac{\pi}{2}\Big) \cdot \\
&\sin\Big(\theta_3 - \frac{\pi}{2}\Big) \Big] + \sin\Big(\theta_2 - \frac{\pi}{2}\Big)\sin\Big(\theta_3 - \frac{\pi}{2}\Big)(r_4 + r_{40}) - \\
&l_3\cos\Big(\theta_3 - \frac{\pi}{2}\Big)\sin\Big(\theta_2 - \frac{\pi}{2}\Big) + r_1 + r_{10}
\end{aligned}
\tag{5-3}
$$

$$
\begin{aligned}
W_y = l_3 &\cos\Big(\theta_3 - \frac{\pi}{2}\Big)\cos\Big(\theta_2 - \frac{\pi}{2}\Big) - \sin\Big(\theta_3 - \frac{\pi}{2}\Big)\cos\Big(\theta_2 - \frac{\pi}{2}\Big) \cdot \\
&(r_4 + r_{40}) - r_6\Big[\cos\Big(\theta_2 - \frac{\pi}{2}\Big)\cos\Big(\theta_3 - \frac{\pi}{2}\Big)\sin\Big(\theta_5 + \frac{\pi}{2}\Big) + \\
&\cos\Big(\theta_2 - \frac{\pi}{2}\Big)\sin\Big(\theta_3 - \frac{\pi}{2}\Big)\cos\Big(\theta_5 + \frac{\pi}{2}\Big) \Big]
\end{aligned}
\tag{5-4}
$$

$$
\begin{aligned}
W_z = r_2 &- \cos\Big(\theta_3 - \frac{\pi}{2}\Big)(r_4 + r_{40}) - r_6\Big[\cos\Big(\theta_3 - \frac{\pi}{2}\Big)\cos\Big(\theta_5 + \frac{\pi}{2}\Big) - \\
&\sin\Big(\theta_3 - \frac{\pi}{2}\Big)\sin\Big(\theta_5 + \frac{\pi}{2}\Big) \Big] - l_3\sin\Big(\theta_3 - \frac{\pi}{2}\Big)
\end{aligned}
\tag{5-5}
$$

由摄影机器人运动学模型得到的 S 点坐标为

$$
S = \begin{pmatrix} S_x \\ S_y \\ S_z \\ 1 \end{pmatrix} = \begin{pmatrix} r_1 + r_{10} \\ 0 \\ r_2 \\ 1 \end{pmatrix}
\tag{5-6}
$$

则 vSW 为

$$
\begin{aligned}
vSW_x = r_6 &\Big[\cos\Big(\theta_3 - \frac{\pi}{2}\Big)\sin\Big(\theta_2 - \frac{\pi}{2}\Big)\sin\Big(\theta_5 + \frac{\pi}{2}\Big) + \\
&\cos\Big(\theta_5 + \frac{\pi}{2}\Big)\sin\Big(\theta_2 - \frac{\pi}{2}\Big)\sin\Big(\theta_3 - \frac{\pi}{2}\Big) \Big] + \\
&\sin\Big(\theta_2 - \frac{\pi}{2}\Big)\sin\Big(\theta_3 - \frac{\pi}{2}\Big)(r_4 + r_{40}) - l_3\cos\Big(\theta_3 - \frac{\pi}{2}\Big)\sin\Big(\theta_2 - \frac{\pi}{2}\Big)
\end{aligned}
\tag{5-7}
$$

$$
vSW_y = l_3\cos\Big(\theta_3 - \frac{\pi}{2}\Big)\cos\Big(\theta_2 - \frac{\pi}{2}\Big) - \sin\Big(\theta_3 - \frac{\pi}{2}\Big)\cos\Big(\theta_2 - \frac{\pi}{2}\Big)(r_4 + r_{40}) -
$$

$$r_6 \left[\cos\left(\theta_2 - \frac{\pi}{2}\right) \cos\left(\theta_3 - \frac{\pi}{2}\right) \sin\left(\theta_5 + \frac{\pi}{2}\right) + \right.$$

$$\left. \cos\left(\theta_2 - \frac{\pi}{2}\right) \sin\left(\theta_3 - \frac{\pi}{2}\right) \cos\left(\theta_5 + \frac{\pi}{2}\right) \right] \tag{5-8}$$

$$vSW_z = -\cos\left(\theta_3 - \frac{\pi}{2}\right)(r_4 + r_{40}) -$$

$$r_6 \left[\cos\left(\theta_3 - \frac{\pi}{2}\right) \cos\left(\theta_5 + \frac{\pi}{2}\right) - \sin\left(\theta_3 - \frac{\pi}{2}\right) \sin\left(\theta_5 + \frac{\pi}{2}\right) \right] -$$

$$l_3 \cdot \sin\left(\theta_3 - \frac{\pi}{2}\right) \tag{5-9}$$

通过观察 vSW_x 和 vSW_y 可以得到

$$vSW_x \cdot \cos\left(\theta_2 - \frac{\pi}{2}\right) = -vSW_y \cdot \sin\left(\theta_2 - \frac{\pi}{2}\right) \tag{5-10}$$

整理得到

$$\frac{vSW_y}{vSW_x} = -\frac{\cos\left(\theta_2 - \frac{\pi}{2}\right)}{\sin\left(\theta_2 - \frac{\pi}{2}\right)} \tag{5-11}$$

于是有

$$\theta_2 = \arctan2(vSW_y, vSW_x) \tag{5-12}$$

可以得到与几何分析同样的结论。

5.2.2　去冗余工作空间隶属度判定法

指定目标点空间位置，即确定了摄影机器人腕点 W 的坐标。选定底层直线运动轴移动值和顶层直线运动轴移动值，即肩点 S 位置确定，大臂长度确定。此时臂型（上折或者下折）以及末端执行器姿态调整 3 组合轴的组合方式不确定。

在逆解之前要解决目标点确定、肩点确定时，是否有理论有效臂型存在，使得腕点和目标点重合，即目标点是否在此半确定的摄影机器人的工作空间内。如果能在大臂长度 r_4 确定，肩点位置 S 确定时求解出此时摄影机器人的理论有效工作空间，并找到合适计算方法来判断目标点是否属于该工作空间，那么上述问题就能解决。注意，此处的工作空间，是指任意确定一组 $[r_1 \quad r_4]$ 时的腕点可达工作空间，命名为摄影机器人去冗余工作空间。

大臂长度 r_4 确定，肩点位置 S 确定时的工作空间为边界 (A, B, C, D, F, G)，如图 5-3 所示。

从边界组成上看，根据工作空间分析，可以得到边界的关键点坐标，以及边界的各段的曲线方程。另外，工作空间是大臂长度和肩点位置的函数。但是，去冗余工作空间，不好判断目标点的隶属度。原因分析如下，由于边界的复杂性，因此采用边界方程的判别方法行不通。若采用简单标准图形空间分解的方法，本工作空间的组成为，扇形 (F, G, S) 的一部分，圆形 (B, D) 的一部分，圆形 (A, G) 的一部分组成。这个组成因子可直接利用性差，例如圆形

(B,D)的一部分,对于目标点的隶属度判断来说,是否属于一个圆,很好判断,但是判断是否属于圆(B,D)的子空间(C,F,D),就很难判断。由此看出,将复杂判定空间转化为多个标准图形子判定空间的工作空间判别方法不适合用于此问题求解。

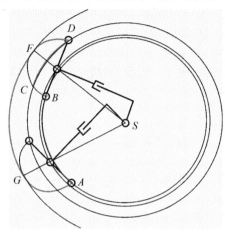

图5-3　摄影机器人去冗余工作空间

考虑以下4点因素提出扩展试探法。

(1)大臂长度r_4确定,肩点位置S确定时的工作空间边界之所以复杂,是因为环形结构顶部俯仰旋转轴θ_3以及顶层直线结构远端俯仰旋转轴θ_5有物理范围限制造成的。

(2)目标点是否在工作空间中的判定,虽然预期是建立在空间隶属度判别公式上的,但究其本质就是一种计算。如果忽略关节的物理范围限制直接计算出理论臂型关节值(理论臂型关节值,指θ_3和θ_5不考虑实际物理角度范围限制,只看几何约束的关节逆解值),实质也是计算。只要对理论臂型关节解进行物理范围有效性判断,即理论臂型关节解是否在物理范围内,即可知道是否有有效的逆解值。

(3)θ_3和θ_5的逆解计算比较简单。

(4)大臂长度r_4确定,肩点位置S确定时的工作空间处于环形$(A,B;F,G)$之内。

综上所述,扩展试探法思路为:

(1)将工作空间扩展为环形$(A,B;F,G)$,若目标点不在空间内,则说明摄影机器人没有合适的臂型使得腕点与目标点重合。

(2)若目标点在环形$(A,B;F,G)$空间中,那么此时摄影机器人必有2种[当处于弧(F,G)上时,两种臂型计算的计算结果一致且为同一结果,即直线臂型]理论臂型,上折和下折,使得腕点与目标点重合。

(3)判断两种理论臂型的θ_3和θ_5关节逆解中的每一组解是否在物理范围内,若θ_3和θ_5都在物理范围内,则判定为有效逆解。

下面用数学语言描述此方法。

已知,目标点位置pT,肘点E,腕点W,肩点S,大臂点U。

圆(A,B,S)半径为SA,且

$$\overline{SA}=\sqrt{(\overline{EA}-\overline{US})^2+\overline{UE}^2}=\sqrt{(r_6-l_3)^2+(r_4+r_{40})^2}$$

圆(F,G,S)半径为$\overline{GS}$，且

$$\overline{GS}=\overline{SE}+\overline{EG}=\sqrt{\overline{UE}^2+\overline{US}^2}+\overline{EG}=\sqrt{(r_4+r_{40})^2+l_3{}^2}+r_6$$

目标点到肩点的距离 SpT 为

$$SpT=\parallel pT-S\parallel=\sqrt{(pT_x-S_x)^2+(pT_y-S_y)^2+(pT_z-S_z)^2} \qquad (5-13)$$

如果$\overline{SA}\leqslant SpT\leqslant\overline{GS}$，则说明目标点在环形$(A,B;F,G)$中；否则，说明没有臂型可以使得目标点与腕点重合。

当目标点在环形$(A,B;F,G)$中时，根据目标点位置，反求θ_3和θ_5的理论值。

5.2.3　顶层直线结构远端俯仰旋转轴理论值的逆解算法

设顶层直线结构远端俯仰旋转轴理论值$\theta_{5T}=(\theta_{5TU}，\quad\theta_{5TD})$。其中，$\theta_{5TU}$代表上折时的$\theta_5$理论值，$\theta_{5TD}$代表下折时的$\theta_5$理论值。

图 5-4 中，指定了目标点位置$pT(W)$，确定了肩点位置S，并且确定了顶层直线运动轴的移动量$\overline{UE}$。若目标点在摄影机器人当前状态的工作空间内，则摄影机器人腕点到达目标位置时可能出现的 3 种状态，分别为下折臂型状态、上折臂型状态和直线臂型状态。

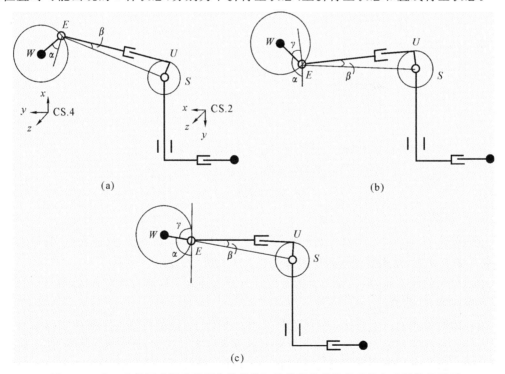

图 5-4　去冗余扩展试探法顶层直线结构远端俯仰旋转关节理论角度计算用臂型

(a)下折臂型；(b)上折臂型；(c)直线臂型

1. 下折状态

由 θ_{5TD} 的定义有 $\theta_{5TD} = -\alpha$。在 $\triangle WSE$ 中,由余弦定理得

$$\angle WES = \arccos\left(\frac{\overline{WE}^2 + \overline{ES}^2 - \overline{WS}^2}{2 \cdot \overline{WE} \cdot \overline{ES}}\right) \quad (5-14)$$

在 $\text{Rt}\triangle USE$ 中,有

$$\beta = \arctan\left(\frac{US}{UE}\right) \quad (5-15)$$

于是有

$$\alpha = \angle WES - \left(\frac{\pi}{2} - \beta\right) \quad (5-16)$$

则

$$\theta_{5TD} = \left(\frac{\pi}{2} - \beta\right) - \angle WES = \frac{\pi}{2} - \arctan\left(\frac{\overline{US}}{\overline{UE}}\right) - \arccos\left(\frac{\overline{WE}^2 + \overline{ES}^2 - \overline{WS}^2}{2 \cdot \overline{WE} \cdot \overline{ES}}\right) \quad (5-17)$$

2. 上折状态

由 θ_{5T} 的定义有 $\theta_{5TU} = -\alpha$。在 $\triangle WSE$ 中,由余弦定理得

$$\angle WES = \arccos\left(\frac{\overline{WE}^2 + \overline{ES}^2 - \overline{WS}^2}{2 \cdot \overline{WE} \cdot \overline{ES}}\right) \quad (5-18)$$

在 $\text{Rt}\triangle USE$ 中有

$$\beta = \arctan\left(\frac{\overline{US}}{\overline{UE}}\right) \quad (5-19)$$

由角的关系有

$$\gamma = \angle WES - \frac{\pi}{2} - \beta \quad (5-20)$$

$$\alpha = \pi - \gamma \quad (5-21)$$

则

$$\theta_{5TU} = \gamma - \pi = \angle WES - \frac{\pi}{2} - \beta - \pi = \angle WES - \frac{3\pi}{2} - \beta =$$

$$\arccos\left(\frac{\overline{WE}^2 + \overline{ES}^2 - \overline{WS}^2}{2 \cdot \overline{WE} \cdot \overline{ES}}\right) - \arctan\left(\frac{\overline{US}}{\overline{UE}}\right) - \frac{3\pi}{2} \quad (5-22)$$

3. 直线状态

直线臂型的"直线"指的是等效大臂 $\overline{SE}$ 和小臂 $\overline{WE}$ 是在一条直线上,即腕点、肘点和肩点 3 点在一条直线上,而小臂的极限位置却是相对于大臂 $\overline{UE}$ 设定的。

通过简单的代入验算,无论是上折臂型计算方法还是下折臂型计算方法,都可以计算出直线状态时的 θ_{5T} 数值。

由直线臂型状态可以看出,在 $\overline{UE}$ 同样长度的情况下,摄影机器人上折的空间要小于下折的空间。直线臂型是上折臂型和下折臂型的分界状态。因此,会出现两种情况,有时摄影机器人有上折和下折两种臂型状态达到目标点,有时摄影机器人只有下折臂型一种状态可以达到目标点。这时的数学判别方法为,在计算上折臂型状态时的式(5-20)中,若 $\gamma < 0$,说明上折臂型状态不存在,或者是小臂上折过大,小于 θ_5 的最小物理范围。但是这种判别方法很有局限性,这里只是讨论。

直线臂型状态可以认为既是上折臂型状态也是下折臂型状态。

应用扩展试探法,即只要目标点在环形 $(A,B;F,G)$ 空间中,直接利用式(5-17)、式(5-22)求得上折和下折时两种臂型的理论解 $(\theta_{5TU},\ \theta_{5TD})$。

5.2.4　环形结构顶部俯仰旋转轴理论值的逆解算法

θ_3 的逆解是在腕点坐标、肩点坐标、顶层直线运动轴移动量确定的情况下进行的。

设环形结构顶部俯仰旋转轴理论旋转值为 $\theta_{3T}=(\theta_{3TU},\ \theta_{3TD})$。其中,$\theta_{3TU}$ 代表上折时的 θ_3 理论值,θ_{3TD} 代表下折时的 θ_3 理论值。

腕肩连线与水平面的夹角为

$$\angle WSH = -\arctan2\left(v\mathrm{SW}_z,\sqrt{v\mathrm{SW}_x^2+v\mathrm{SW}_y^2}\right) \tag{5-23}$$

考虑摄影机器人零状态,θ_3 为大臂 UE 与水平面的夹角,其正方向由 CS.2 的 z 轴确定。

1. 下折臂型

当摄影机器人以下折臂型达到目标点时,如图 5-5(a)所示,有

$$\theta_{3TD} = -\angle WSH - \angle WSE + \alpha \tag{5-24}$$

式中:$\angle WSH$ 是有正、负的角,其零状态为水平状态,与 θ_3 一致。由 $\angle WSH$ 定义表达式可知,其正值方向和 θ_3 定义相反。故在 θ_3 表达式(5-24)中,其前面加负号。

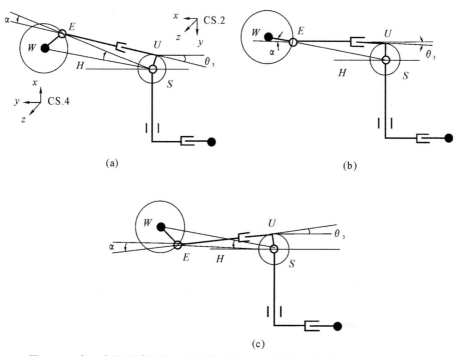

图 5-5　去冗余扩展试探法环形结构顶部俯仰旋转轴关节理论角度计算用臂型
(a)下折臂型;(b)直线臂型;(c)上折臂型

$$\angle WSE = \arccos\left(\frac{\overline{WS}^2 + \overline{ES}^2 - \overline{WE}^2}{2 \cdot \overline{WS} \cdot \overline{ES}}\right) = \arccos\left[\frac{\overline{WS}^2 + (r_4 + r_{40})^2 + l_3{}^2 - r_6{}^2}{2\sqrt{(r_4 + r_{40})^2 + l_3{}^2}\,\overline{WS}}\right] \quad (5-25)$$

在下折状态,式(5-25)所示$\angle WSE$的计算表达式恒为正值。由图5-5(a)看到,$\overline{WS}$经向上旋转,$\angle WSE$达到$\overline{SE}$。在θ_3的方向规定中,$\angle WSE$应为负值,所以,在θ_3的表达式(5-24)中,$\angle WSE$前面加负号。

$$\alpha = \angle SEU = \arctan\left(\frac{\overline{US}}{\overline{UE}}\right) \quad (5-26)$$

式(5-26)所示α的计算表达式恒为正值。由图5-5(a)看到,$\overline{SE}$经向下旋转α达到$\overline{UE}$。在θ_3的方向规定中,此角应为正值,所以,在θ_3的表达式中,α前面加正号。

2. 上折臂型

当摄影机器人以上折臂型达到目标点时,如图5-5(c)所示,有

$$\theta_{3\mathrm{TU}} = -\angle WSH + \angle WSE + \alpha \quad (5-27)$$

式中:$\angle WSH$计算表达式、初始状态和正方向都不变,故在θ_3表达式(5-27)中,其前面加负号。

$$\angle WSE = \arccos\left(\frac{\overline{WS}^2 + \overline{ES}^2 - \overline{WE}^2}{2 \cdot \overline{WS} \cdot \overline{ES}}\right) = \arccos\left[\frac{\overline{WS}^2 + (r_4 + r_{40})^2 + l_3{}^2 - r_6{}^2}{2\sqrt{(r_4 + r_{40})^2 + l_3{}^2}\,\overline{WS}}\right] \quad (5-28)$$

在上折状态,式(5-28)所示$\angle WSE$的计算表达式恒为正值。由图5-5(c)看到,WS经向下旋转,$\angle WSE$达到$\overline{SE}$。在θ_3的方向规定中,$\angle WSE$应为正值,所以,在θ_3的表达式(5-27)中,$\angle WSE$前面加正号。

$$\alpha = \angle SEU = \arctan\left(\frac{\overline{US}}{\overline{UE}}\right) \quad (5-29)$$

式(5-29)所示α的计算表达式、定义和正方向同下折臂型时一致,$\overline{SE}$经向下旋转α达到$\overline{UE}$。在θ_3的方向规定中,此角应为正值,所以,在θ_3的表达式(5-27)中,α前面加正号。

3. 直线臂型

对于直线臂型时θ_3的求解,可以看作是上折臂型或者下折臂型的特殊情况,如图5-5(b)所示。此时有

$$\overline{WS} = \overline{WE} + \overline{SE} \quad (5-30)$$

(1)检验,用下折臂型时的计算公式来计算θ_3,有

$$\angle WSE = \arccos\left(\frac{\overline{WS}^2 + \overline{ES}^2 - \overline{WE}^2}{2 \cdot \overline{WS} \cdot \overline{ES}}\right) =$$

$$\arccos\left(\frac{(\overline{WE} + \overline{SE})^2 + \overline{SE}^2 - \overline{WE}^2}{2 \cdot \overline{SE} \cdot (\overline{WE} + \overline{SE})}\right) = \arccos 1 = 0 \quad (5-31)$$

$$\alpha = \angle SEU = \arctan\left(\frac{\overline{US}}{\overline{UE}}\right) \quad (5-32)$$

于是,有

$$\theta_3 = -\angle WSH - \angle WSE + \alpha = -\angle WSH + \alpha \quad (5-33)$$

可以看出,θ_3的下折计算方式可以兼顾直线臂型时的情况。

(2)检验,用上折臂型时的计算公式来计算θ_3,有

$$\angle WSE = \arccos\left(\frac{\overline{WS}^2 + \overline{ES}^2 - \overline{WE}^2}{2 \cdot \overline{WS} \cdot \overline{ES}}\right) =$$

$$\arccos\left(\frac{(\overline{WE}+\overline{SE})^2+\overline{SE}^2-\overline{WE}^2}{2\cdot\overline{SE}\cdot(\overline{WE}+\overline{SE})}\right)=\arccos 1=0 \tag{5-34}$$

$$\alpha=\angle SEU=\arctan\left(\frac{\overline{US}}{\overline{UE}}\right) \tag{5-35}$$

于是

$$\theta_3=-\angle WSH+\angle WSE+\alpha=-\angle WSH+\alpha \tag{5-36}$$

可以看出,θ_3 的上折折计算方式可以兼顾直线臂型时的情况。

故,可直接利用式(5-24)、式(5-26)求得上折和下折时时两种臂型的理论解为(θ_{3TU},　θ_{3TD})。

5.2.5　扩展试探法理论解有效性判定

确定肩点位置,确定大臂伸缩量的情况下,在确定目标点在环形($A,B;F,G$)空间内后,通过上面分析,直接求取理论 θ_{3T} 和 θ_{5T}。判据:

(1)如果 $\theta_{3TD}\in[\theta_{3\min},\theta_{3\max}]$,并且 $\theta_{5TD}\in[\theta_{5\min},\theta_{5\max}]$,那么此时有在物理约束下的有效下折臂型,使得腕点与目标点重合,且记为一组有效臂型,$\theta_3=\theta_{3TD}$,$\theta_5=\theta_{5TD}$。

(2)如果 $\theta_{3TU}\in[\theta_{3\min},\theta_{3\max}]$,并且 $\theta_{5TU}\in[\theta_{5\min},\theta_{5\max}]$,那么此时有在物理约束下的有效上折臂型,使得腕点与目标点重合,且记为一组有效臂型,$\theta_3=\theta_{3TU}$,$\theta_5=\theta_{5TU}$。

(3)如果 θ_{3TD},θ_{3TU},θ_{5TD},θ_{5TU} 均符合上面的判据(1)和判据(2),且 $\theta_{3TU}=\theta_{3TD}$,$\theta_{5TU}=\theta_{5TD}$,那么此时为直线臂型状态。

(4)不满足上面判据(1)(2)(3)的臂型记为无效臂型。

通过以上 4 个判据,可以在确定目标点在环形工作空间后,确认是否有满足物理和理论约束的环形结构顶部俯仰旋转轴旋转量和顶层直线结构远端俯仰旋转轴旋转量。

5.3　末端执行器姿态调整 3 组合轴的逆解

当前,指定任意目标点位姿,可通过工作空间分析,判断其是否在工作空间内。任意选取物理约束范围内的底层直线运动轴移动量和顶层直线运动轴移动量,通过底层环形旋转轴旋转,可使得目标点处于摄影机器人肩点、肘点、腕点组成的平面内。通过基于环形工作空间的扩展试探法,判断摄影机器人是否有有效的臂型使得腕点和目标点重合。至此,可以获得摄影机器人腕点和目标点重合时,底层直线运动轴移动量,底层环形旋转轴旋转量,环形结构顶部俯仰旋转轴旋转量,顶层直线运动轴移动量以及顶层直线结构远端俯仰旋转轴旋转量,即$[\begin{matrix} r_1 & \theta_2 & \theta_3 & r_4 & \theta_5 \end{matrix}]^{\mathrm{T}}$。

影响摄影机器人末端执行器姿态的相关运动轴很多。通过前面的分析,可以看出,摄影机器人除末端执行器姿态调整的 3 个组合轴,其余轴的作用主要有:

(1)扩大摄影机器人的工作空间;

(2)使得摄影机器人的腕点与目标点重合。

故当末端执行器达到目标点位置时,末端姿态调整 3 组合轴的任务是将摄像机的姿态进一步调整到指定的方向。详细分析如下。

摄影机器人的预期位姿为齐次矩阵 **paT**。当摄影机器人末端执行器与指定位姿一致时,有

$$\mathbf{paT}=\boldsymbol{T}_{ee}=\boldsymbol{A}_0\cdot\boldsymbol{A}_1\cdot\boldsymbol{A}_2\cdot\boldsymbol{A}_3\cdot\boldsymbol{A}_4\cdot\boldsymbol{A}_5\cdot\boldsymbol{A}_6\cdot\boldsymbol{A}_7\cdot\boldsymbol{A}_{ee} \tag{5-37}$$

设 $\boldsymbol{T}_5=\boldsymbol{A}_0\cdot\boldsymbol{A}_1\cdot\boldsymbol{A}_2\cdot\boldsymbol{A}_3\cdot\boldsymbol{A}_4\cdot\boldsymbol{A}_5$,则

$$\boldsymbol{T}_{\mathrm{See}}=\boldsymbol{A}_6\cdot\boldsymbol{A}_7\cdot\boldsymbol{A}_{ee}=$$

$$\begin{bmatrix}
\cos\theta_6\cos\left(\theta_7-\frac{\pi}{2}\right)\cos\theta_{ee}+\sin\theta_6\sin\theta_{ee} & \cos\theta_6\cos\left(\theta_7-\frac{\pi}{2}\right)\sin\theta_{ee}-\sin\theta_6\cos\theta_{ee} & -\cos\theta_6\sin\left(\theta_7-\frac{\pi}{2}\right) & 0 \\
\sin\theta_6\cos\left(\theta_7-\frac{\pi}{2}\right)\cos\theta_{ee}-\cos\theta_6\sin\theta_{ee} & \sin\theta_6\cos\left(\theta_7-\frac{\pi}{2}\right)\sin\theta_{ee}+\cos\theta_6\cos\theta_{ee} & -\sin\theta_6\sin\left(\theta_7-\frac{\pi}{2}\right) & 0 \\
\sin\left(\theta_7-\frac{\pi}{2}\right)\cos\theta_{ee} & \sin\left(\theta_7-\frac{\pi}{2}\right)\sin\theta_{ee} & \cos\left(\theta_7-\frac{\pi}{2}\right) & r_6 \\
0 & 0 & 0 & 1
\end{bmatrix}$$

$$\tag{5-38}$$

则

$$\boldsymbol{T}_{ee}=\boldsymbol{T}_5\cdot\boldsymbol{T}_{\mathrm{See}} \tag{5-39}$$

式(5-39)将摄影机器人末端执行器的位姿矩阵分为两部分,$\boldsymbol{T}_5$ 主要完成腕点和目标点的位置重合任务。$\boldsymbol{T}_{6ee}$ 主要完成定位后,末端执行器的姿态调整。通过前面的分析和讨论,已经确定了 $\begin{bmatrix} r_1 & \theta_2 & \theta_3 & r_4 & \theta_5 \end{bmatrix}^{\mathrm{T}}$,则

$$\boldsymbol{T}_{\mathrm{See}}=\boldsymbol{T}_5{}^{-1}\cdot\boldsymbol{T}_{ee}=\boldsymbol{T}_5{}^{-1}\cdot\mathbf{paT}=\begin{bmatrix}
\mathrm{SEE}n_x & \mathrm{SEE}o_x & \mathrm{SEE}a_x & \mathrm{SEE}p_x \\
\mathrm{SEE}n_y & \mathrm{SEE}o_y & \mathrm{SEE}a_y & \mathrm{SEE}p_y \\
\mathrm{SEE}n_z & \mathrm{SEE}o_z & \mathrm{SEE}a_z & \mathrm{SEE}p_z \\
0 & 0 & 0 & 1
\end{bmatrix} \tag{5-40}$$

式(5-40)表示,当指定末端执行器的位姿,根据目标点位置逆解得到摄影机器人前 5 个关节轴解 $\begin{bmatrix} r_1 & \theta_2 & \theta_3 & r_4 & \theta_5 \end{bmatrix}^{\mathrm{T}}$ 时,可以计算出 $\boldsymbol{T}_{\mathrm{See}}$ 矩阵。

$\boldsymbol{T}_{\mathrm{See}}$ 矩阵的左上 3×3 子矩阵代表需要由末端执行器姿态调整 3 组合轴完成的姿态调节任务。联立公式(5-39)和公式(5-40),由 $\boldsymbol{T}_{\mathrm{See}}(3,3)$ 且

$$\mathrm{SEE}a_z=\cos\left(\theta_7-\frac{\pi}{2}\right) \tag{5-41}$$

得

$$\theta_{71}=\arccos(\mathrm{SEE}a_z)+\frac{\pi}{2}$$

或

$$\theta_{72}=-\arccos(SEEa_z)+\frac{\pi}{2} \tag{5-42}$$

其中,$\theta_{71}\in\left[\frac{\pi}{2},\frac{3\pi}{2}\right]$,$\theta_{72}\in\left[-\frac{\pi}{2},\frac{\pi}{2}\right]$。故 $\theta_7\in\left[-\frac{\pi}{2},\frac{3\pi}{2}\right]$。

由图 2－1 可知，θ_7 作用在 CS.6 上。考虑摄影机器人零位状态，其实际运动范围为 $\left[-\dfrac{\pi}{3},\dfrac{4\pi}{3}\right]\subset\left[-\dfrac{\pi}{2},\dfrac{3\pi}{2}\right]$，如图 5－6 所示。故 θ_7 的计算表达式值域符合实际情况，合理。

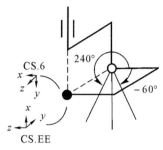

图 5－6　摄影机器人末端执行器姿态调整俯仰轴物理旋转范围

由 $\boldsymbol{T}_{\mathrm{See}}(3,1),\boldsymbol{T}_{\mathrm{See}}(3,2)$ 有

$$\left.\begin{aligned}\mathrm{SEE}n_z&=\sin\left(\theta_7-\frac{\pi}{2}\right)\cos\theta_{\mathrm{ee}}\\\mathrm{SEE}o_z&=\sin\left(\theta_7-\frac{\pi}{2}\right)\sin\theta_{\mathrm{ee}}\end{aligned}\right\}\tag{5-43}$$

当 $\theta_7\neq\dfrac{\pi}{2}$ 且 $\theta_7\neq-\dfrac{\pi}{2}$ 时，有

$$\left.\begin{aligned}\cos\theta_{\mathrm{ee}}&=\frac{\mathrm{SEE}n_z}{\sin\left(\theta_7-\dfrac{\pi}{2}\right)}\\\sin\theta_{\mathrm{ee}}&=\frac{\mathrm{SEE}o_z}{\sin\left(\theta_7-\dfrac{\pi}{2}\right)}\end{aligned}\right\}\tag{5-44}$$

则

$$\theta_{\mathrm{ee}}=\mathrm{arctan2}\left[\frac{\mathrm{SEE}o_z}{\sin\left(\theta_7-\dfrac{\pi}{2}\right)},\frac{\mathrm{SEE}n_z}{\sin\left(\theta_7-\dfrac{\pi}{2}\right)}\right]\tag{5-45}$$

arctan2 函数的值域为 $[-\pi,\pi]$。

由摄影机器人末端执行器的数学建模可知，θ_{ee} 作用在 CS.7 坐标系上。考虑零位状态，其实际运动范围为 $\left[-\dfrac{5\pi}{6},\dfrac{5\pi}{6}\right]\subset[-\pi,\pi]$，如图 5－7 所示。故 θ_{ee} 的计算表达式值域符合实际情况，合理。

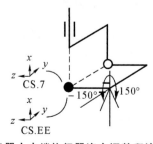

图 5－7　摄影机器人末端执行器姿态调整翻滚轴物理旋转范围

由 $\boldsymbol{T}_{\mathrm{See}}(1,3),\boldsymbol{T}_{\mathrm{See}}(2,3)$ 有

$$\left.\begin{aligned}\mathrm{SEE}a_x=-\cos\theta_6\sin\left(\theta_7-\frac{\pi}{2}\right)\\\mathrm{SEE}a_y=-\sin\theta_6\sin\left(\theta_7-\frac{\pi}{2}\right)\end{aligned}\right\}\qquad(5-46)$$

当 $\theta_7\neq\dfrac{\pi}{2}$ 且 $\theta_7\neq-\dfrac{\pi}{2}$ 时,有

$$\left.\begin{aligned}\cos\theta_6=-\frac{\mathrm{SEE}a_x}{\sin\left(\theta_7-\dfrac{\pi}{2}\right)}\\\sin\theta_6=-\frac{\mathrm{SEE}a_y}{\sin\left(\theta_7-\dfrac{\pi}{2}\right)}\end{aligned}\right\}\qquad(5-47)$$

则

$$\theta_6=\arctan2\left[-\frac{\mathrm{SEE}a_y}{\sin\left(\theta_7-\dfrac{\pi}{2}\right)},-\frac{\mathrm{SEE}a_x}{\sin\left(\theta_7-\dfrac{\pi}{2}\right)}\right]\qquad(5-48)$$

$\arctan2$ 函数的值域为 $[-\pi,\pi]$。

由摄影机器人运动学建模方案可知,θ_6 作用在 CS.5 坐标系上。考虑零位状态,其实际运动范围为 $\left[-\dfrac{5\pi}{6},\dfrac{5\pi}{6}\right]\subset[-\pi,\pi]$,如图 5-8 所示。故 θ_6 的计算表达式值域符合实际情况,合理。

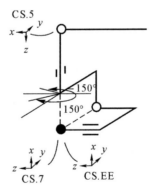

图 5-8　摄影机器人末端执行器姿态调整旋转轴物理旋转范围

当 $\theta_7=\dfrac{\pi}{2}$ 或 $\theta_7=-\dfrac{\pi}{2}$ 时,此时末端姿态调整 3 组合轴的姿态如图 5-9 所示。θ_6 和 θ_{ee} 的轴线共线,可见效果相同,可叠加使用。此时摄影机器人的末端姿态调整 3 组合轴处于奇异位形状态,姿态调整能力降低,丢失一自由度。

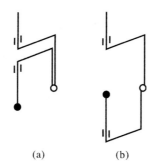

$$(a)\qquad\qquad(b)$$

图 5 - 9　摄影机器人末端执行器姿态调整旋转轴和翻滚轴轴线共线状态

$$(a)\theta_1=\frac{\pi}{2};(b)\theta_1=\frac{\pi}{2}$$

当 $\theta_7=\dfrac{\pi}{2}$ 时,有标志,$T_{\mathrm{See}}(3,3)=\mathrm{SEE}a_z=\cos\left(\theta_7-\dfrac{\pi}{2}\right)=1$。同时有

$$\mathrm{SEE}n_x=\cos\theta_6\cos\theta_{\mathrm{ee}}+\sin\theta_6\sin\theta_{\mathrm{ee}} \tag{5-49}$$

$$\mathrm{SEE}n_y=\sin\theta_6\cos\theta_{\mathrm{ee}}-\cos\theta_6\sin\theta_{\mathrm{ee}} \tag{5-50}$$

由三角形积化和差公式有

$$\cos\theta_6\cos\theta_{\mathrm{ee}}=\frac{1}{2}\left[\sin(\theta_6+\theta_{\mathrm{ee}})+\cos(\theta_6-\theta_{\mathrm{ee}})\right] \tag{5-51}$$

$$\sin\theta_6\sin\theta_{\mathrm{ee}}=\left(-\frac{1}{2}\right)\left[\cos(\theta_6+\theta_{\mathrm{ee}})-\cos(\theta_6-\theta_{\mathrm{ee}})\right] \tag{5-52}$$

$$\sin\theta_6\cos\theta_{\mathrm{ee}}=\frac{1}{2}\left[\sin(\theta_6+\theta_{\mathrm{ee}})+\sin(\theta_6-\theta_{\mathrm{ee}})\right] \tag{5-53}$$

$$\cos\theta_6\sin\theta_{\mathrm{ee}}=\frac{1}{2}\left[\sin(\theta_6+\theta_{\mathrm{ee}})-\sin(\theta_6-\theta_{\mathrm{ee}})\right] \tag{5-54}$$

得

$$\mathrm{SEE}n_x=\cos(\theta_6-\theta_{\mathrm{ee}}) \tag{5-55}$$

$$\mathrm{SEE}n_y=\sin(\theta_6-\theta_{\mathrm{ee}}) \tag{5-56}$$

则

$$(\theta_6-\theta_{\mathrm{ee}})=\mathrm{atan2}(\mathrm{SEE}n_y,\mathrm{SEE}n_x) \tag{5-57}$$

式(5-57)说明,只要保证 $(\theta_6-\theta_{\mathrm{ee}})$ 的值,θ_6 和 θ_{ee} 可以任意选取。根据这个选取原则,可以选择

$$\left.\begin{array}{l}\theta_6=0\\ \theta_{\mathrm{ee}}=-\arctan2(\mathrm{SEE}n_y,\mathrm{SEE}n_x)\end{array}\right\} \tag{5-58}$$

此时,可能在运动规划后出现 θ_{ee} 旋转量很大,从而造成旋转速度和加速度过大。故将总旋转量平均分配到末端姿态调整的旋转轴和翻滚轴上,即

$$\left.\begin{array}{l}\theta_6=\dfrac{1}{2}\arctan2(\mathrm{SEE}n_y,\mathrm{SEE}n_x)\\[2mm] \theta_{\mathrm{ee}}=-\dfrac{1}{2}\arctan2(\mathrm{SEE}n_y,\mathrm{SEE}n_x)\end{array}\right\} \tag{5-59}$$

当 $\theta_7=-\dfrac{\pi}{2}$ 时,有标志,$T_{\mathrm{See}}(3,3)=\mathrm{SEE}a_z=\cos\left(\theta_7-\dfrac{\pi}{2}\right)=-1$。同时有

$$\mathrm{SEE}n_x=-\cos\theta_6\cos\theta_{\mathrm{ee}}+\sin\theta_6\sin\theta_{\mathrm{ee}} \tag{5-60}$$

$$\mathrm{SEE}n_y=-\sin\theta_6\cos\theta_{\mathrm{ee}}-\cos\theta_6\sin\theta_{\mathrm{ee}} \tag{5-61}$$

考虑三角形积化和差公式,有

$$\mathrm{SEE}n_x=-\cos(\theta_6+\theta_{\mathrm{ee}}) \tag{5-62}$$

$$\mathrm{SEE}n_y=-\sin(\theta_6+\theta_{\mathrm{ee}}) \tag{5-63}$$

则

$$\theta_6+\theta_{\mathrm{ee}}=\arctan2(-\mathrm{SEE}n_y,-\mathrm{SEE}n_x) \tag{5-64}$$

式(5-64)说明,只要保证$(\theta_6+\theta_{\mathrm{ee}})$的值,$\theta_6$ 和 θ_{ee} 各自可任意选取。考虑转速和加速度限制,将总旋转量平均分配到末端姿态调整的旋转轴和翻滚轴上,即

$$\left.\begin{aligned}\theta_6&=\dfrac{1}{2}\arctan2(-\mathrm{SEE}n_y,-\mathrm{SEE}n_x)\\[4pt]\theta_{\mathrm{ee}}&=\dfrac{1}{2}\arctan2(-\mathrm{SEE}n_y,-\mathrm{SEE}n_x)\end{aligned}\right\} \tag{5-65}$$

此时,已得到摄影机器人末端执行器姿态调整3组合轴的理论值。如果理论值在物理约束范围之内,那么记为有效解;否则,记为无效解。

5.4 小 结

给定目标点位姿后,首先判断其是否属于摄影机器人工作空间。之后,在物理范围约束下,任意选取底层直线运动轴移动量和顶层直线运动轴移动量。在去冗余度逆解的过程中,根据摄影机器人子结构功能特点逐一求解其余6个关节轴。在摄影机器人的冗余自由度确定之后,利用扩展试探法判断是否存在理论有效臂型使得腕点位置与目标点位置重合。若存在,则可求解出最多4组理论有效的逆解值,包括上折、下折两种臂型和末端姿态调整的两种姿态的组合。再结合物理约束范围判定逆解的有效性。

第6章　摄影机器人双冗余度物理约束空间隐式遗传逆解算法

前面讨论了去冗余摄影机器人逆解算法。本章将物理范围约束内的任意一组二维双冗余度向量作为一个个体,利用遗传算法求取摄影机器人运动学逆解。在无穷个逆解中,提取出有效逆解,并通过优化目标函数的限定,在其中选择使得摄影机器人各关节轴加权变化量相对少的解作为逆解结果,即在相同的运动时间内,负载惯量大的轴,变化量小一些,转动惯量小的轴,变化量大一些。

6.1　摄影机器人运动优化目标函数

将前文中的摄影机器人运动优化目标用数学语言描述,得到运动优化目标函数。

设摄影机器人当前状态为

$$\mathbf{CRCS} = \begin{bmatrix} r_{1C} & \theta_{2C} & \theta_{3C} & r_{4C} & \theta_{5C} & \theta_{6C} & r_{7C} & \theta_{eeC} \end{bmatrix}^T$$

摄影机器人的目标(逆解)状态为

$$\mathbf{CRTS} = \begin{bmatrix} r_{1T} & \theta_{2T} & \theta_{3T} & r_{4T} & \theta_{5T} & \theta_{6T} & r_{7T} & \theta_{eeT} \end{bmatrix}^T$$

于是,摄影机器人此次运动规划的各轴移动量为

$$\begin{aligned}
\mathbf{CRMD} &= \mathbf{CRTS} - \mathbf{CRCS} \\
&= \begin{bmatrix} \Delta r_1 & \Delta \theta_2 & \Delta \theta_3 & \Delta r_4 & \Delta \theta_5 & \Delta \theta_6 & \Delta \theta_7 & \Delta \theta_{ee} \end{bmatrix}^T \\
&= \begin{bmatrix} r_{1T} - r_{1C} & \theta_{2T} - \theta_{2C} & \theta_{3T} - \theta_{3C} & r_{4T} - r_{4C} \\
& \theta_{5T} - \theta_{5C} & \theta_{6T} - \theta_{6C} & \theta_{7T} - \theta_{7C} & \theta_{eeT} - \theta_{eeC} \end{bmatrix}^T
\end{aligned} \tag{6-1}$$

消除正、负转向概念,使用摄影机器人各轴移动量的绝对值作为运动大小的度量,有

$$\mathbf{CRMDA} = \begin{bmatrix} |\Delta r_1| & |\Delta \theta_2| & |\Delta \theta_3| & |\Delta r_4| & |\Delta \theta_5| & |\Delta \theta_6| & |\Delta \theta_7| & |\Delta \theta_{ee}| \end{bmatrix}^T \tag{6-2}$$

考虑各电机轴的负载转动惯量,设各运动轴运动量权值为

$$\begin{aligned}
\mathbf{CRMW} &= \begin{bmatrix} w_1 & w_2 & w_3 & w_4 & w_5 & w_6 & w_7 & w_{ee} \end{bmatrix}^T \\
&= \begin{bmatrix} 50 & 200 & 100 & 50 & 30 & 1 & 1 & 1 \end{bmatrix}^T
\end{aligned} \tag{6-3}$$

权值的赋值原则为:电机轴的负载转动惯量越大,对应的权值越大;负载转动惯量越小,对应的权值越小。这样在计算目标优化函数时,转动惯量大的轴,优化后,其移动量越小;转动惯量小的轴,优化后,其移动量越大。摄影机器人运动优化目标函数的函数值越小,说明

优化性能越好;函数值越大,说明优化性能越差。

实践证明,本书对权值的设置,主要思路有:

(1)底层直线运动基本不会造成摄影机器人末端执行器的抖动,故在 x 轴方向上,底层直线运动轴可以运动量大一些。对于目标点高度的获得,主要有 3 种方式:①推举顶层直线结构;②旋转顶层直线结构末端俯仰旋转轴;③伸长顶层直线运动轴。

顶层直线运动轴的设置,主要考虑的是获得更大的工作空间,因此在不需要更高的可达高度时,尽量减少移动顶层直线运动轴。

(2)底层环形旋转轴的旋转对末端执行器的抖动有很大影响,故设置最大的权重值,使得在同样的运动时间内,底层环形旋转轴转动量尽可能小。

对于末端执行器姿态调整 3 组合轴,由于机构设计时已经将末端执行器的重心放在 3 旋转轴轴线的交点上,故电机输出轴的负载转动惯量比较小,在运动规划时,可以更多的移动。

在上述基础上,提出摄影机器人运动优化目标函数,摄影机器人运动加权幅度,即

$$
\begin{aligned}
\mathrm{CRMJD} = \mathbf{CRMW} \cdot \mathbf{CRMDA} \\
= \begin{bmatrix} w_1 & w_2 & w_3 & w_4 & w_5 & w_6 & w_7 & w_{\mathrm{ee}} \end{bmatrix} \cdot \\
\begin{bmatrix} |\Delta r_1| & |\Delta \theta_2| & |\Delta \theta_3| & |\Delta r_4| & |\Delta \theta_5| & |\Delta \theta_6| & |\Delta \theta_7| & |\Delta \theta_{\mathrm{ee}}| \end{bmatrix}^{\mathrm{T}} \\
= w_1 \cdot |\Delta r_1| + w_2 \cdot |\Delta \theta_2| + w_3 \cdot |\Delta \theta_3| + w_4 \cdot |\Delta r_4| + w_5 \cdot |\Delta \theta_5| + \\
w_6 \cdot |\Delta \theta_6| + w_7 \cdot |\Delta \theta_7| + w_{\mathrm{ee}} \cdot |\Delta \theta_{\mathrm{ee}}|
\end{aligned} \tag{6-4}
$$

CRMJD 越大,说明摄影机器人所有轴的运动加权幅度越大,运动过程中加速度最大值越大。CRMJD 越小,说明摄影机器人所有轴的运动加权幅度越小,运动过程中加速度最大值越小。因此,最理想的状态在尽可能短的时间内,从无穷多个逆解中,选择出 CRMJD 函数值最小的逆解,避免过大的加速度造成抖动。

对于不含有有效臂型逆解的 $\begin{bmatrix} r_1 & r_4 \end{bmatrix}$ 组合,规定此时摄影机器人运动的加权幅度函数为一很大的数,有

$$
n\mathrm{CRMJD_F} = 600\ 000
$$

6.2 摄影机器人使用时运动优化算法的特点和要求

摄影机器人在实际使用时,对运动优化算法的要求如下:

(1)摄影机器人属于具有双冗余自由度的机器人。其逆解有无穷多个。优化算法必须能处理数值区间,而不是在有限组解中选择使得目标函数最小的一组解。

(2)优化函数的变量数不是 1 个,属于多元函数。去冗余度摄影机器人存在多组解,使得优化函数不是变量的显式表达。优化算法需具备处理隐式目标函数的能力。

(3)摄影机器人在使用时,根据拍摄需求给定目标点位姿。此时,摄影机器人不用立即进行计算并完成运动控制,只要能在一段时间内对此次运动进行逆解,得到各个轴的移动量即可。摄影机器人得到关节空间全部的目标状态后,根据实际需要的时间要求,从当前状态

移动到目标状态。也就是说,优化算法的时间没有严格的实时性要求。

根据以上 3 个特点,本书采用遗传算法对运动学逆解进行优化。

6.3　摄影机器人隐式遗传逆解算法主要概念

1. 适应度函数

适应度函数是希望得到优化的函数。在经典的优化算法中称为目标函数[146]。本书使用 MATLAB 中遗传算法工具箱的设定,即寻找目标函数的最小值。将摄影机器人运动加权幅度作为运动优化目标函数,此函数包含在适应度函数 HijGAFcn 中,即

$$FitnessFunction = HijGAFcn \tag{6-5}$$

2. 个体

个体是完成适应度函数计算的解或者称为点,此点可为多维点向量。将个体代入适应度函数中,函数值称作这个个体的得分。本章中,在给定工作空间中的任意一目标点位姿后,摄影机器人首先需要指定底层直线运动轴的目标值以及顶层直线运动轴的目标值。将在物理约束内的一组随机的 $[r_1 \quad r_4]$ 作为一个维数为 2 的个体,代入到遗传算法中进行计算,得到 4 组逆解状态,其中包含无效的逆解状态。从中选择适应度函数值最小的逆解作为此个体的得分。

设 Individual＝FUTS＝$[r_1 \quad r_4]$。由此可以看出,摄影机器人使用遗传算法进行运动学运动优化时,个体的基因组并不能完全满足适应度函数计算所需的所有信息,需要将基因组进行"翻译"和"择优",才能获得此个体的分数。"翻译"指已知目标点位姿,底层直线运动轴目标值和顶层直线运动轴目标值,逆向求解得到 4 组摄影机器人的目标状态(CRTS)。"择优"指将每组目标状态代入适应度函数中得到此组目标状态的得分,选择 4 个得分中分数最小的目标状态作为此个体的得分(适应度函数值)。个体也称作基因组,个体中的向量称作基因。

3. 种群和世代

种群的实质是多个个体组成的数组。种群的列数是个体的基因数,种群的行数是个体的数量[132]。对于摄影机器人,假设在给定工作空间内一目标点位姿后,随机选择 50 组底层直线运动轴目标值和顶层直线运动轴目标值。每个个体有两个基因。故此时种群矩阵的行数为 50,列数为 2。种群中可以有相同的个体同时存在。

在每次迭代计算中,遗传算法会对当前种群进行一系列运算,得到新的种群。每个连续的新的种群称作新的一代。

4. 多样性

多样性代表种群中个体与个体之间的平均距离。一个种群多样性高，意味着平均距离比较大；多样性低意味着平均距离比较小[132]。在本书中，摄影机器人的底层直线运动轴和顶层直线运动轴，根据其物理约束，组成的个体空间如图 6-1 所示。

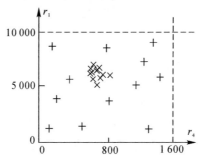

图 6-1　摄影机器人双冗余自由度的多样性说明

图 6-1 中有两种种群：一种是正十字，可以看出此种群中个体平均距离大，多样性高；另一种是叉十字，可以看出此种群中个体平均距离小，多样性低。

多样性对遗传算法来说很重要，多样性高，算法搜索的空间大。

在本书中，由于摄影机器人底层直线运动轴和顶层直线运动轴运动范围大，各运动轴的物理范围约束，故在物理约束下任意选取 $\begin{bmatrix} r_1 & r_4 \end{bmatrix}$ 时，存在很多的无效臂型逆解。过多的无效逆解使得摄影机器人在使用遗传算法时，优化解有效区间易丢失或搜索区间过于狭小，寻优过程中优秀基因流失。由此造成遗传算法过早收敛，或者过大的种群规模，使得最优解搜索速度慢，算法效率低。因此，在基于遗传算法的摄影机器人运动优化中，单纯的讨论种群多样性过于片面。

5. 适应度值和最佳适应度值

个体的适应度值是将该个体代入到适应度函数后得到的函数值。一般的遗传算法工具箱寻找适应度函数的最小值。故种群的最佳适应度为种群中所有个体的适应度值中最小的适应度函数值[132]。在本书中，将底层直线运动轴目标值和顶层直线运动轴目标值向量组"翻译"为摄影机器人目标状态（8 轴逆解值）后，代入摄影机器人运动加权幅度函数中，得到的函数值为适应度值。在随机选取的多组底层直线运动轴目标值和顶层直线运动轴目标值中，某个底层直线运动轴目标值和顶层直线运动轴目标值向量组经"翻译"后得到的适应度值取得所有向量组中的最小值，称为此种群的最佳适应度值。

6.　父代和子代

遗传算法在当代种群中选择某些个体作为父代个体，并用它们产生子代个体。通常，遗传算法选择具有更好适应度值的个体作为父代个体。

6.4　摄影机器人隐式遗传逆解算法基础设定

6.4.1　目标点位姿设定和工作空间隶属度判定

设摄影机器人当前状态为初始零状态,即

$$\mathbf{CRCS}=\begin{bmatrix}0 & 0 & 0 & 0 & 0 & 0 & 0 & 0\end{bmatrix}^{T}$$

目标点位姿齐次矩阵为

$$\mathbf{paT}=\begin{bmatrix}1 & 0 & 0 & 5\,000 \\ 0 & 1 & 0 & 1\,500 \\ 0 & 0 & 1 & 1\,500 \\ 0 & 0 & 0 & 1\end{bmatrix}$$

首先判定目标点是否在工作空间中,结果如图 6-2 所示。工作空间隶属度判定的结果为,此目标点在工作空间中,以米字点表示。

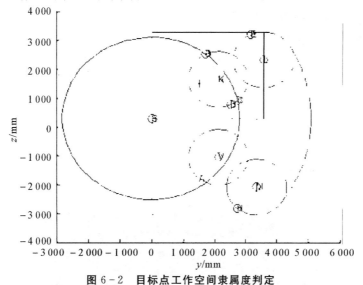

图 6-2　目标点工作空间隶属度判定

6.4.2　摄影机器人逆解解集格式设定

每确定一组摄影机器人冗余参数 $\begin{bmatrix}r_1 & r_4\end{bmatrix}$,便可以得到 4 个逆解状态,分别是上折、下折臂型两种可能,末端执行器姿态调整 3 组合轴姿态调整两种可能。在确定一组冗余参数时,基于 CRTS 设定摄影机器人逆解算法的逆解解集格式设定为

$$\mathbf{NPLCRTS}=\begin{bmatrix}r_{1TN_1} & \theta_{2TN_1} & \theta_{3TN_1} & r_{4TN_1} & \theta_{5TN_1} & \theta_{6TN_1} & \theta_{7TN_1} & \theta_{eeTN_1} & \mathrm{Validity}_1 & \mathrm{nRF}_1 \\ r_{1TN_2} & \theta_{2TN_2} & \theta_{3TN_2} & r_{4TN_2} & \theta_{5TN_2} & \theta_{6TN_2} & \theta_{7TN_2} & \theta_{eeTN_2} & \mathrm{Validity}_2 & \mathrm{nRF}_2 \\ r_{1TN_3} & \theta_{2TN_3} & \theta_{3TN_3} & r_{4TN_3} & \theta_{5TN_3} & \theta_{6TN_3} & \theta_{7TN_3} & \theta_{eeTN_3} & \mathrm{Validity}_3 & \mathrm{nRF}_3 \\ r_{1TN_4} & \theta_{2TN_4} & \theta_{3TN_4} & r_{4TN_4} & \theta_{5TN_4} & \theta_{6TN_4} & \theta_{7TN_4} & \theta_{eeTN_4} & \mathrm{Validity}_4 & \mathrm{nRF}_4\end{bmatrix}$$

$$(6-6)$$

其中,第1行和第2行为上折臂型,第3行和第4行为下折臂型。第1行和第3行为一种末端执行器姿态调整3组合轴姿态组合,第2行和第4行为另一种末端执行器姿态调整3组合轴姿态组合。Validity为8位二进制数,从低位到高位,分别对应1号轴到8号轴,0代表有效,1代表无效。无效时,可能的情况有两种,一种是逆解值超出物理约束范围,另一种是逆解值中存在虚部,即现实中根本不存在物理量。$Validity_x$全为0时,才为有效解。nRF中存放此逆解的适应度函数值。

在得到逆解解集之后,从中选出适应度函数值最小的有效解作为此冗余参数组合的适应度函数值。若不存在有效解,则此冗余参数组合的适应度函数值为$nCRMJD_F$。

6.4.3 适应度函数 HijGAFcn 函数图像

为了对本例的优化空间有更深刻的理解,绘制目标点位姿(**paT**)下的适应度函数HijGAFcn的图像,如图6-3所示。

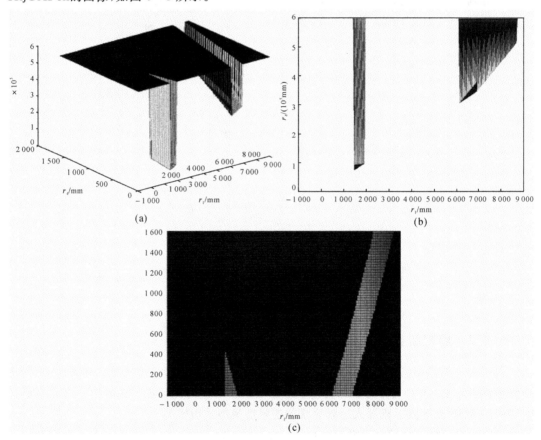

图6-3 有效逆解区间和适应度函数值

(a)立体视图;(b)x-z视图;(c)x-y视图

HijGAFcn 函数结构为

$$[\text{nFitFcn}]=\text{HijGAFcn}(\boldsymbol{r})$$

式中,函数变量为$\boldsymbol{r}=\begin{bmatrix} r_1 & r_4 \end{bmatrix}$。

本函数含有摄影机器人模型的肩点坐标 S,T_5 的逆矩阵 $\mathbf{InvT}_5$,各关节轴运动范围,摄影机器人关节空间当前状态以及目标位姿。

函数根据 r 通过去冗余逆解算法得到其他关节轴值,判断逆解的有效性并从 4 组逆解中求取适应度值最优的一组解。如果没有有效逆解,即 $\mathrm{Validity}_{y_x} \neq 0 (x=1,2,3,4)$。则 HijGAFcn函数返回初始值 nCRMJD$_\mathrm{F}$(此值大于任意一个有效最小适应度函数值)。

按照逆解算法,摄影机器人的有效逆解空间应该具有对称的函数图像。对称的原因为,工作空间中的任意指定目标点,在 r_1 上都有两种方式符合要求,参见摄影机器人冗余自由度运动范围分析章节。图 $6-3(c)$ 中$[r_1 \quad r_4]$的有效解空间不是对称的,原因是摄影机器人的末端执行器姿态调整 3 组合轴中,各轴的运动范围并不是 $360°$,参见摄影机器人末端执行器姿态调整 3 组合轴的逆解章节。3 组合轴的机构和电气设计可以达到 $360°$ 范围,但是部分角度会使得摄像机的镜头中出现摄影机器人主体机构。为避免优化后的摄影机器人逆解出现镜头方向正确,但是有自身机构遮挡拍摄景像的情况,对末端姿态调整 3 关节轴做了物理范围限制。于是出现了非对称的有效逆解空间(本书中只限制末端执行器姿态调整 3 组合轴机构的遮挡情况,未考虑摄影机器人其他结构的遮挡效果)。为保证结论的准确性,本书用仿真实验验证了将末端执行器姿态调整 3 组合轴的范围增大至 $360°$,得到了含有对称的摄影机器人有效逆解区间。如图 $6-4$ 所示。

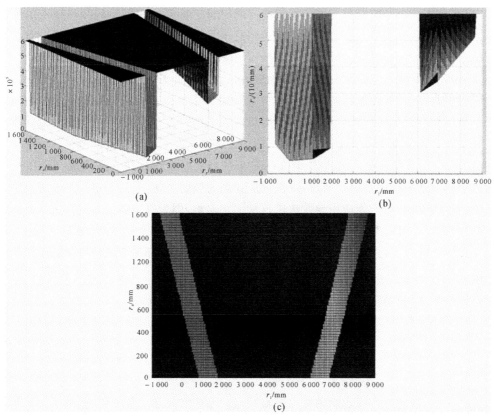

图 6 - 4　放宽姿态轴物理约束适应度函数

(a)立体视图;(b)$x-z$ 视图;(c)$x-y$ 视图

在了解适应度函数 HijGAFcn 图像的基础上,对摄影机器人的有效逆解区间进行分析。当指定目标点位姿为 **paT** 时,由摄影机器人的有效逆解区间可以看出,当 r_1 在 6 000 附近时,r_4 的有效取值很少,为 0~30。实际中,此时摄影机器人主体结构距离目标点很近,机器人臂型折叠程度高(臂型折叠程度主要指顶层直线结构远端俯仰旋转轴旋转量,旋转量越接近 0°或者−180°,代表臂型折叠程度越高,旋转量越接近 90°,代表臂型折叠程度越低,此状态命名为臂型展开),顶层直线运动轴可移动的范围很小。随着 r_1 增大,在 7 000 以前,r_4 的有效取值区间逐渐增大。此时摄影机器人主体结构逐渐远离目标点,远离目标点的距离,既可以由顶层直线运动轴补偿,也可以由臂型展开获得。故顶层直线运动轴的有效运动范围增大。从 7 000 开始到 8 000,随着 r_1 继续增大,r_4 的取值范围基本没有变化,只是取值区间整体向 1 600 方向移动。实际中,摄影机器人主体结构继续远离目标点,远离的程度既可以由臂型展开补偿,也可以由顶层直线运动轴补偿。与 r_1 在 6 000~7 000 范围内不同的是,此时单纯靠臂型展开已经无法使得摄影机器人腕点与目标点重合,必须适度增加顶层直线运动轴的伸长量。由于顶部直线运动轴的伸缩范围很大,在此区间内,还无需伸长至最大。r_1 继续增大,在 8 000~9 000 范围内,r_4 的取值范围逐渐减小。此时摄影机器人主体机构继续远离目标点,与前面不同的是,此时只靠顶层直线运动轴伸长(伸长至最远端)已经无法使得目标点与机器人腕点重合,必须借助摄影机器人臂型展开才能完成定位任务。当 r_1 在 9 000 附近时,r_4 的有效取值区间很小。此时摄影机器人主体结构与目标点的距离达到极限远,机器人臂型展开至实际中可以达到的最大值,顶层直线运动轴伸长至物理极限。

从 HijGAFcn 函数图中可以看出,适应度函数值的最小值出现在 $r_1 \in [1\ 000, 2\ 000]$,$r_4 \in [0, 500]$ 的空间内,这个与优化目标函数的权值设定有关。

直观上看,感觉有效解的空间是连续且有规律的。由摄影机器人冗余自由度运动范围分析章节可知,可以通过目标点位姿和摄影机器人结构特点在不逆解的情况下,大致找到有效逆解空间。但是基于去冗余度的摄影机器人逆解算法特点为适应度函数值 nFitFcn 与基因变量 $[r_1 \quad r_4]$ 并没有显式表达式,且 nFitFcn 是在 4 个逆解中挑选适应度函数值最小作为此组个体的适应度函数值。所以,虽然可能找到有效解个体,并且 HijGAFcn 的有效解区间可能为连续单调,却不能应用导数法进行最优化求解,因为摄影机器人运动优化目标函数并不是只包含 r_1 和 r_4 两个变量。摄影机器人运动优化目标函数的求解,是基于 $[r_1 \quad r_4]$ 求解出 4 组逆解状态后,进行筛选,用最优的一组摄影机器人全部关节轴解作为运动优化目标函数的参数代入计算而得。故本书将遗传算法引入冗余机器人的运动学逆解中,实现摄影机器人的运动学逆解。

6.5 双冗余度物理约束隐式遗传逆解算法实验

物理约束,指底层直线运动轴和顶层直线运动轴的实际运动范围限制,由摄影机器人机构设计和电气设计决定。由 HijGAFcn 函数图像可以看出,此时函数变量 $[r_1 \quad r_4]$ 的有效区间占总变量区间的 11% 左右。使用 MATLAB 的 ga 函数进行运算。

设定目标点位姿为 **paT**。设定摄影机器人关节空间当前状态为 **CRCS**。遗传算法参数设置见表 6-1。其中 MATLAB 2011Ra 版本的默认值用"default"表示。

表 6-1　双冗余度物理约束空间隐式遗传逆解算法实验参数

参数名称	参数值	主要代码	备注
种群类型	双精度向量	default	
基因变量数目	2	NVARS=2	
约束-基因变量范围	下限[−3 000,0] 上限[10 000,1 600]	LB=[R1LB; R4LB]; UB=[R1UB; R4UB];	
种群初始范围	[−3 000 0, 10 000　1 600]	options = gaoptimset ('PopInitRange', [R1LB R4LB; R1UB R4UB]);	
种群规模	20	options =gaoptimset (options, 'PopulationSize',20);	
截止代数	10	options = gaoptimset (options,'Generations',10);	
选择策略	随机均匀分布	default	将所有个体排列成一条线,每个个体对应线段的长度为此个体的期望值。用一个固定的步距在此线上移动,每移动一步得到一个个体作为父代
适应度尺度变换	等级变换	default	将个体按原始适应度值排序,适应度函数最小的个体编制为等级 1,适应度函数值第二小的个体编制为等级 2,依此类推
精英保留	2	default	
交叉率	0.8	default	变异率为 1−0.8
突变策略	可行自适应策略	default	
交叉策略	分散方式	default	根据随机产生的二进制向量,从父代选取相应的基因组成子代个体
适应度函数	HijGAFcn	[vR1 ,flval] = ga(@HijGAFcn,NVARS, [],[],[],[], LB,UB,[],options);	

实验结果:算法用时为 112.775 544 s;适应度函数平均值和最小值随遗传代数的变化如图 6-5 所示。

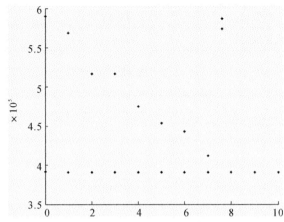

图 6-5　物理约束下适应度函数平均值和最小值随遗传代数变化

从遗传算法优化结果中可以看到,适应度函数最小值为 390 739。虽然本次实验在第 8 代时,适应度函数的最小值与种群的均值一致,但并不是每次实验能都收敛。此时对应的适应度函数值的个体为

$$[r_1 \quad r_4]=[7\ 296.7 \quad 505.9]$$

摄影机器人的完整有效逆解解集为

$$\mathbf{CRTS}=[7\ 296.7 \quad 2.714\ 59 \quad -0.047\ 83 \quad 505.9 \quad -2.373\ 23$$
$$0 \quad 0.850\ 27 \quad -0.427\ 00]^{\mathrm{T}}$$

摄影机器人达到目标点姿态时状态如图 6-6 所示。其中,虚线为摄影机器人初始状态,实线为摄影机器人达到目标点位姿时的状态。

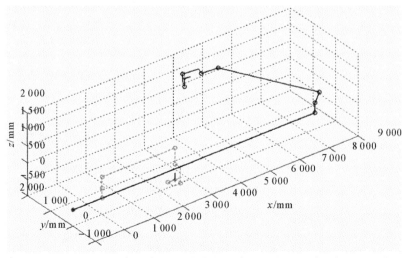

图 6-6　双冗余度物理约束空间隐式遗传逆解算法解的目标位姿

从逆解姿态效果上可以看出,此时的解并不是整个取值区间的最优。对比适应度函数图像,可以知道本次优化解,$r_1 \in [7\,000, 8\,000]$,只是局部最优,优化效果不理想。造成此结果的原因是由于适应度函数的变量取值范围大,种群规模相对较小,使得初始化的种群中没有距离全局最优解较近的个体存在,同时由于种群规模有限,有效个体存在比例很少,基因交叉效率低。在多次逆解计算中,不时会出现找不到有效逆解的情况。在实际中表现为,由于底层直线运动轴和顶层直线运动轴的运动范围较大,在双冗余自由度中随机取值,得到有效逆解臂型的可能性很低。同时,即使存在有效的逆解臂型,也可能出现逆解中某些关节轴变化量过大,速度或加速度过快,使得摄影机器人在加减速运动过程中,末端执行器出现抖动。针对此情况,需要做进一步改进研究。

6.6　种群规模对双冗余度物理约束空间隐式遗传逆解算法的影响

从双冗余度物理约束空间隐式遗传逆解算法实验结果分析中,暂时认定种群规模小是造成摄影机器人运动优化效果差的原因。下面实验采用提高种群规模的方式,使得在物理约束空间内个体的密度增加,产生更多的有效个体和优秀基因。期望获得更好的优化效果。

在摄影机器人双冗余度物理约束空间隐式遗传逆解算法实验参数设定的基础上,遗传算法参数设置的改变见表 6-2。

表 6-2　种群规模对双冗余度物理约束空间隐式遗传逆解算法影响的实验参数

参数名称	参数值	主要代码	备注
种群规模	nPS＝20:10:100	options = gaoptimset (options, 'PopulationSize', nPS);	初始设定为 20,每进行一次遗传计算,将种群规模增加 10,用和前次一样的初始种群重新进行遗传计算,直到种群规模到达 100(含 100)

实验结果:适应度函数值随种群规模增大的变化如图 6-7 所示。

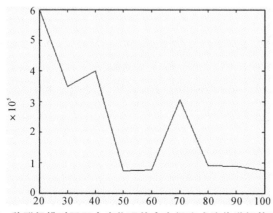

图 6-7　种群规模对双冗余度物理约束空间隐式遗传逆解算法的影响

摄影机器人运动学启发式算法从入门到精通

从实验结果可以看到,种群规模越大,遗传算法的最小适应度值向数值小的方向发展。但是并不是单调递减,而是包含一种无规律的振荡。这是因为即使种群规模增大,但是个体的分布还是随机的。由于 HijGAFcn 函数的有效变量区间很小,约占总面积的 11%,故如果想确保得到有效的优化逆解,需要将种群规模继续增大。本书认为,这个方向并不好,原因参见种摄影机器人群规模为 100 的双冗余度物理约束空间隐式遗传逆解算法实验。

6.7 设定种群规模为 100 的双冗余度物理约束空间隐式遗传逆解算法实验

遗传算法参数设置基于双冗余度物理约束空间隐式遗传逆解算法实验。不同之处见表 6-3。

表 6-3 种群规模为 100 时双冗余度物理约束空间隐式遗传逆解算法实验参数设定

参数名称	参数值	主要代码	备注
种群规模	nPS=100	options = gaoptimset (options, 'PopulationSize', nPS);	

实验结果:本算法运行时间为 534.766 s,约 9 min;适应度函数平均值和最小值随遗传代数变化如图 6-8 所示。

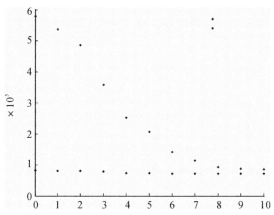

图 6-8 种群规模为 100 时双冗余度物理约束空间隐式遗传逆解算法实验结果

从遗传算法优化结果中可以看到,适应度函数在第 10 代时取得最小值为 71 660,但在 10 代内,适应度函数的最小值与种群的均值仍然有差距。此时对应的适应度函数值的个体为

$$[r_1 \quad r_4] = [1\ 423 \quad 6.415]$$

摄影机器人的完整有效逆解解集为

CRTS$= [1\ 423 \quad 0.527\ 1 \quad -0.012\ 80 \quad 6.415 \quad -2.607\ 21 \quad 0 \quad 1.049\ 213 \quad -2.614\ 46]^{\mathrm{T}}$

摄影机器人达到目标点姿态时状态如图 6-9 所示。

实验结果分析:本算法用时与种群规模为 20 时相比,是以前的 5 倍。虽然 9 min 对于

· 148 ·

一个位姿的计算不算长,但是考虑到为了确保得到有效的最优逆解,需要继续提高种群大小。同时,影视拍摄的一个镜头通常需要确定路径上多个镜头位姿目标点。假定种群大小为 200,按照线性关系估算,算法运行时间为 18 min。假定一个镜头有 10 个关键点,总时间约为 180 min,约 3 h。实际拍摄现场不可能有 3 h 用来计算一个镜头的最优路径。且本算法不能保证多数情况得到优化解。指定多目标点位姿时,单纯增加种群规模的遗传算法不适用于摄影机器人的运动学逆解实际需求。

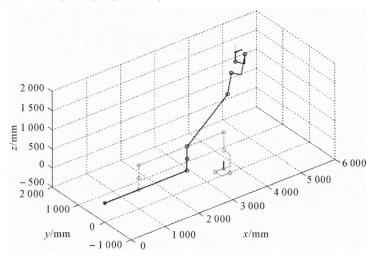

图 6 - 9　种群规模为 100 时双冗余度物理约束空间隐式遗传逆解算法解的目标位姿

针对此问题,本书提出摄影机器人的运动优化改进,通过对摄影机器人冗余自由度的运动范围分析,在已知目标点位姿的情况下,结合摄影机器人的机构学特点,预先判断底层直线运动轴和顶层直线运动轴的运动范围,即限制遗传算法基因变量的取值范围,从而提高遗传算法的运算效率。

6.8　小　　结

本章根据摄影机器人的拍摄过程运动镜头稳定性要求,以负载惯量大的轴少运动,负载惯量小的轴多运动,所有轴加权运动量最小为原则,提出了摄影机器人运动加权幅度,并以此作为运动优化的目标函数。实际应用对摄影机器人运动学逆解优化算法的实时性要求不高,但考虑到拍摄时镜头运动的稳定性,要求尽得到全局最优解。根据优化特点和要求,提出了摄影机器人隐式遗传逆解算法。将遗传算法概念与摄影机器人运动学逆解相关概念建立映射,分析了适应度函数图像。摄影机器人双冗余度物理约束空间隐式遗传逆解算法实验虽然得到了优化解,但是算法稳定性差,问题在于有效个体数量少,且比例小。在此基础上,研究了种群规模对优化效果的影响。虽然可以提高优化解出现的概率和减小适应度函数最小值,但是种群的随机性依然使得该优化算法可能出现失败的情况。另外,种群规模的增大,延长了算法的运行时间,以至于超过了摄影机器人实际应用可承受的时间长度。

第7章 摄影机器人双冗余自由度
运动范围分析

由第 6 章的实验可以看出,摄影机器人隐式遗传逆解算法,底层直线运动轴和顶层直线运动轴的物理运动范围较大,使得有效逆解的比例很低。单纯扩大种群规模使得逆解算法的运行速度减慢,并且优化效果不稳定。针对这个问题,本章在对摄影机器人工作空间分析的基础上,基于目标点位置坐标,在逆解运算之前,预先对摄影机器人冗余自由度(顶层直线运动轴和底层直线运动轴)的运动范围进行分析和限制,尽量增大遗传算法初代种群中有效个体的比例,从而提高遗传算法的运行和收敛速度,以及算法的稳定性和收敛精度。

设定:

(1)指定任意目标空间点位置 $\mathbf{pT}$,采用摄影机器人运动学逆解用世界坐标系,如图 5-1 所示;

(2)已经判定目标点位置 $\mathbf{pT}$ 属于摄影机器人工作空间。

7.1 底层直线运动轴取值范围分析

给定目标点坐标,此坐标与摄影机器人腕点 W 坐标一致。不同高度的目标点,摄影机器人存在相应的理论最小腕肩距 TWS_{min},理论最大腕肩距 TWS_{max}。设肩点运动轨迹为 tSM。任意指定目标点 $\mathbf{pT}$ 到 tSM 的距离为 $dpTtSM$。通过比较任意指定目标点到肩点运动轨迹的距离 $dpTtSM$ 和与其对应的理论最小腕肩距 TWS_{min},便可以求得摄影机器人臂型"最紧凑",主体结构距离目标点最近的最小腕肩距 WS_{min},以及底层直线运动轴距目标点的"最接近位置",即 r_{1close}。通过对应的理论最大腕肩距 TWS_{max},可以求得摄影机器人臂型"最舒展",且主体结构距离目标点最远时,底层直线运动轴的"最远位置",即 r_{1far}。

7.1.1 理论最小腕肩距

理论最小腕肩距 TWS_{min},指基于工作空间世界坐标系,在 $x=0$ 的子空间中,如图 3-9 所示,当目标点坐标位于摄影机器人广义内侧边界上时,腕点和肩点的距离。

摄影机器人广义内侧边界定义为边界 (N,E,D,C,B,A,H,O),其构成为 $\overset{\frown}{NE}$、$\overline{ED}$、$\overset{\frown}{DC}$、$\overset{\frown}{CB}$、$\overline{BA}$、$\overline{AH}$、$\overset{\frown}{HO}$,如图 3-9 中的实线。

可以看出,目标点在工作空间的不同高度,理论最小腕肩距的计算方式不同。下面逐段进行分析。

（1）当 $E_z < pT_z \leqslant N_z$ 时，腕点 W 在 $\overarc{NE}$ 上。$\overarc{NE}$ 上的不同点，对应的 TWS_{min} 不同。令 $z = pT_z = W_z$，代入 $\overarc{NE}$ 的方程，即公式（3-17）中，得到腕点 W 的两个 Y 坐标解（y_1, y_2）。通过图 3-9 可知，取两个解中数值较小的解，即

$$W_y = \min(y_1, y_2) = -\sqrt{EL^2 - (z - L_z)^2} + L_y \qquad (7-1)$$

则

$$TWS_{min} = \| W - S \| = \sqrt{(W_x - S_x)^2 + (W_y - S_y)^2 + (W_z - S_z)^2} \qquad (7-2)$$

（2）当 $D_z < pT_z \leqslant E_z$ 时，腕点 W 在 $\overline{ED}$ 上。$\overline{ED}$ 的不同点，对应的 TWS_{min} 不同。令 $z = pT_z = W_z$，代入 $\overline{ED}$ 的方程[见式（3-24]中，得到腕点 W 的 y 坐标解

$$W_y = \frac{z - E_z}{D_z - E_z} \cdot (D_y - E_y) + E_y \qquad (7-3)$$

则

$$TWS_{min} = \| W - S \| = \sqrt{(W_x - S_x)^2 + (W_y - S_y)^2 + (W_z - S_z)^2} \qquad (7-4)$$

（3）当 $C_z < pT_z \leqslant D_z$ 时，腕点 W 在 $\overarc{CD}$ 上。由于 $\overarc{CD}$ 是由腕点在顶层直线运动轴缩短至最小值，顶层直线结构远端俯仰旋转轴旋转量最小值的条件下绕肩点旋转得到的，即 $r_4 = r_{4min}, \theta_5 = \theta_{5min}$。故此时有

$$TWS_{min} = \| W - S \| = DS \qquad (7-5)$$

（4）当 $B_z < pT_z \leqslant C_z$ 时，腕点 W 在 $\overarc{BC}$ 上。$\overarc{BC}$ 上的不同点，对应的 TWS_{min} 不同。令 $z = pT_z = W_z$，代入 $\overarc{BC}$ 的方程[见式（3-22]中，得到腕点 W 的两个 y 坐标解（y_1, y_2）。通过图 3-9 知，取两个解中数值较大的解，即

$$W_y = \max(y_1, y_2) = \sqrt{DK^2 - (z - K_z)^2} + K_y \qquad (7-6)$$

则

$$TWS_{min} = \| W - S \| = \sqrt{(W_x - S_x)^2 + (W_y - S_y)^2 + (W_z - S_z)^2} \qquad (7-7)$$

（5）当 $A_z < pT_z \leqslant B_z$ 时，腕点 W 在 $\overarc{AB}$ 上。由于 $\overarc{AB}$ 是由腕点在顶层直线运动轴缩短至最小值，顶层直线结构远端俯仰旋转轴旋转到最大值的条件下绕肩点旋转得到的，即 $r_4 = r_{4min}, \theta_5 = \theta_{5max}$。故

$$TWS_{min} = \| W - S \| = AS \qquad (7-8)$$

（6）当 $H_z < pT_z \leqslant A_z$ 时，腕点 W 在 $\overline{AH}$ 上。$\overline{AH}$ 上的不同点，对应的 TWS_{min} 不同。令 $z = pT_z = W_z$，代入 $\overline{AH}$ 的方程[见公式（3-25]中，得到腕点 W 的 y 坐标解：

$$W_y = \frac{z - A_z}{H_z - A_z} \cdot (H_y - A_y) + A_y \qquad (7-9)$$

则

$$TWS_{min} = \| W - S \| = \sqrt{(W_x - S_x)^2 + (W_y - S_y)^2 + (W_z - S_z)^2} \qquad (7-10)$$

（7）当 $O_z \leqslant pT_z \leqslant H_z$ 时，腕点 W 在 $\overarc{OH}$ 上。$\overarc{OH}$ 上的不同点，对应的 TWS_{min} 不同。令 $z = pT_z = W_z$，代入 $\overarc{OH}$ 的方程[见式（3-19]中，得到腕点 W 的两个 y 坐标解（y_1, y_2）。通过图 3-9 可知，取两个解中数值较小的解，即

$$W_y = \min(y_1, y_2) = -\sqrt{HM^2 - (z - M_z)^2} + M_y \qquad (7-11)$$

则

$$TWS_{\min} = \| W - S \| = \sqrt{(W_x - S_x)^2 + (W_y - S_y)^2 + (W_z - S_z)^2} \qquad (7-12)$$

7.1.2 理论最大腕肩距

理论最大腕肩距 $TWS_{\max}$,指基于工作空间世界坐标系,在 $x = 0$ 的子空间中,如图 3-9 所示,当目标点坐标位于摄影机器人广义外侧边界上时,腕点和肩点的距离。

摄影机器人广义内侧边界定义为边界 (N, F, G, O),其构成为 $\overset{\frown}{NF}, \overset{\frown}{FG}, \overset{\frown}{GO}$,如图 3-9 所示。

可以看出,目标点在工作空间的不同高度,理论最大腕肩距的计算方式不同。下面逐段进行分析。

(1)当 $F_z < pT_z \leqslant N_z$ 时,腕点 W 在 $\overset{\frown}{NF}$ 上。$\overset{\frown}{NF}$ 上的不同点,对应的 $TWS_{\max}$ 不同。令 $z = pT_z = W_z$,代入 $\overset{\frown}{NF}$ 的方程[见式(3-17)]中,得到腕点 W 的两个 y 坐标解 (y_1, y_2)。通过图 3-9 可知,取两个解中数值较大的解,即

$$W_y = \max(y_1, y_2) = \sqrt{EL^2 - (z - L_z)^2} + L_y \qquad (7-13)$$

则

$$TWS_{\max} = \| W - S \| = \sqrt{(W_x - S_x)^2 + (W_y - S_y)^2 + (W_z - S_z)^2} \qquad (7-14)$$

(2)当 $G_z < pT_z \leqslant F_z$ 时,腕点 W 在 $\overset{\frown}{FG}$ 上。由于 $\overset{\frown}{FG}$ 是由腕点在顶层直线运动轴伸长至最大值,顶层直线结构远端俯仰旋转轴旋转至肩点,腕点和肘点共线的角度上的条件下绕肩点旋转得到的,即 $r_4 = r_{4\max}, \theta_5 = -\left[\dfrac{\pi}{2} + \arctan\left(\dfrac{l_3}{r_{4\max} + r_{40}} \right) \right]$,故

$$TWS_{\max} = \| W - S \| = FS \qquad (7-15)$$

(3)当 $O_z \leqslant pT_z \leqslant G_z$ 时,腕点 W 在 $\overset{\frown}{GO}$ 上。$\overset{\frown}{GO}$ 上的不同点,对应的 $TWS_{\max}$ 不同。令 $z = pT_z = W_z$,代入 $\overset{\frown}{GO}$ 的方程[见式(3-19]中,得到腕点 W 的两个 y 坐标解 (y_1, y_2)。通过图 3-9 可知,取两个解中数值较大的解,即

$$W_y = \max(y_1, y_2) = \sqrt{HM^2 - (z - M_z)^2} + M_y \qquad (7-16)$$

则

$$TWS_{\max} = \| W - S \| = \sqrt{(W_x - S_x)^2 + (W_y - S_y)^2 + (W_z - S_z)^2} \qquad (7-17)$$

理论最小腕肩距和理论最大腕肩距只与摄影机器人的结构尺寸,各个关节轴的运动范围有关,与摄影机器人的运动状态无关。

7.1.3 摄影机器人以极限状态到达目标点时底层直线运动轴运动量求解

摄影机器人达到指定目标点有无穷多种状态。极限状态指,摄影机器人的腕点与目标点重合,机器人主体结构与目标点距离最大和最小时的状态。

1. 最小腕肩距

无论目标点处于空间任何位置,只要目标点在工作空间内,感觉上应该存在这样一个状态,摄影机器人主体结构通过在底层直线轨道上移动,以一种"最收缩状态",使得腕点与指

定的目标点位置重合。

最收缩状态指摄影机器人大臂尽可能短一些,即顶层直线运动轴尽可能收缩。同时,肩关节和肘关节尽可能弯曲。最收缩状态的效果,就是使得摄影机器人主体结构尽可能地接近目标点。

使用图 7-1 所示的摄影机器人运动学逆解用世界坐标系,肩点的坐标见式(5-6),可以看到,肩点只和底层直线运动轴 r_1 有关。

通过底层环形旋转轴旋转,使腕点到达目标点时,小臂(含肘点)、大臂(含肩点)和目标点必在同一平面内。对于"侧向距离足够远"的目标点,当摄影机器人的肩点移动到过目标点且与肩点运动轨迹垂直的平面上时,摄影机器人不会出现收缩到极限还不能使腕点与目标点重合的情况。此时,实际最小腕肩距 WS_{min} 为目标点(腕点)到肩点的距离,即

$$WS_{min} = \| pT - S \| \qquad (7-18)$$

对于"侧向距离不够远"的目标点,可以称为"前后向"目标点。当摄影机器人的肩点移动到过目标点且与肩点运动轨迹垂直的平面上时,摄影机器人因为自身结构含有的近身区域腕点不可达空间存在,使得摄影机器人收缩到自身极限的时候,依然无法使腕点和目标点位置重合。此时只能让摄影机器人在直线轨道上前后移动,当目标点在机器人近身区域理论最小腕肩距上时,获得实际最小腕肩距 WS_{min},其值为对应高度的理论最小腕肩距,即

$$WS_{min} = TWS_{min} \qquad (7-19)$$

下面用数学语言对上面的分析进行具体描述。

设目标点到肩点运动轨迹的距离为 $dpTtSM$。目标点到肩点运动轨迹的垂足为 $ppTtSM$。用 $dpTtSM$ 描述指定目标点的"侧向距离"远近程度。在工作空间的指定高度(SHP)上做剖面,如图 7-1 所示。

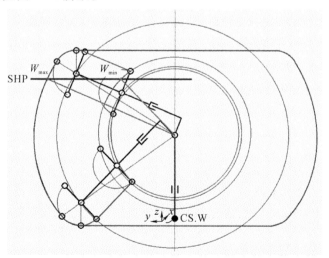

图 7-1　指定高度的理论最小腕肩距和理论最大腕肩距示意图

在图 7-1 中,剖面 SHP 与摄影机器人内侧边界相交于点 W_{min},与外侧边界相交于点 W_{max}。也就是说,在这个指定高度上,摄影机器人理论最小腕肩距为 $TWS_{min} = W_{min}S$。理论最大腕肩距为 $TWS_{max} = W_{max}S$。现在指定两个目标点 T_1 和 T_2,如图 7-2 所示。

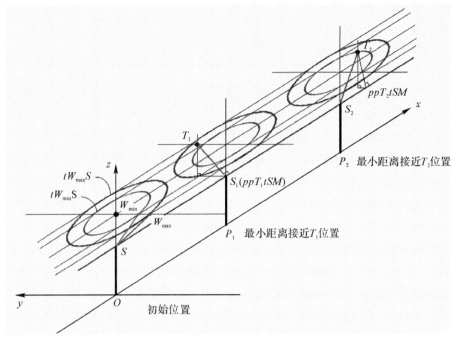

图 7-2　摄影机器人到达在指定高度上两个不同位置的目标点

摄影机器人的主体结构零状态时在 S 点,由于腕点可绕底层环形旋转轴转动,故在三维空间中,通过理论最小腕肩距 TWS_{min},腕点可在指定高度剖面 SHP 上形成一个圆形轨迹 $tW_{min}S$。通过理论最大腕肩距 TWS_{max},腕点可在指定高度剖面 SHP 上形成一个圆形轨迹 $tW_{max}S$,如图 7-2 中的红线所示。T_1 在 $tW_{min}S$ 和 $tW_{max}S$ 两环之间,T_2 在 $tW_{min}S$ 的运动轨迹之内。

对于 T_1 点,这个点所在的位置属于"侧向距离足够远"。当摄影机器人用最小距离接近 T_1 时,摄影机器人的主体结构与 T_1 点的 x 坐标重合。考虑式(5-6),可知,在摄影机器人机构固定的情况下,肩点的可变坐标变量只有 x 坐标。故此时的肩点 S_1 的坐标是确定的。对于 T_1 点,实际最小腕肩距为

$$WS_{min} = \| T_1 - S_1 \|$$

且

$$WS_{min} > TWS_{min}$$

对于 T_2 点,其所在的位置属于"前后向位置",也就是"侧向距离不够远"。摄影机器人的工作空间具有近身不可达区域,使得摄影机器人主体在以最小距离接近 T_2 点时,不能走得"太近",当 T_2 点处于 $tW_{min}S$ 上时,就已经是"最接近状态"了。此时,实际最小腕肩距为

$$WS_{min} = TWS_{min}$$

通过以上的数学分析,可以看到在指定高度上,目标点的"侧向距离"不同,其实际最小腕肩距 WS_{min} 的取值是不同。问题明确了,只要能详细描述"目标点侧向距离远近",无论是"远"是"近",都可以根据理论最小腕肩距和目标点坐标,确定实际最小腕肩距。下面给出目标点侧向距离远近的判定。

任意指定摄影机器人工作空间内的目标点 **pT**,做目标点到肩点运动轨迹的垂线,即三维

空间点到直线的距离 $dpTtSM$,垂足为 $ppTtSM$。若 $dpTtSM \leqslant TWS_{min}$,则说明指定目标点的"侧向距离不够远",属于"前后向"目标点,如图 $7-2$ 中,指定目标点为 T_2 时的情况,此时有

$$WS_{min} = TWS_{min} \tag{7-20}$$

注意,这里的 TWS_{min} 为指定高度剖面上的理论最小腕肩距。

若 $TWS_{min} < dpTtSM \leqslant TWS_{max}$,则说明指定目标点的"侧向距离足够远"。如图 $7-2$ 中,摄影机器人处于零状态,指定目标点为 T_1 点的情况,此时有

$$WS_{min} = \| pT - S \| \tag{7-21}$$

注意,这里的肩点 S 是摄影机器人主体已经处于最接近目标点状态时的肩点,即

$$S_x = pT_x$$

由摄影机器人的工作空间分析可知,在不同高度剖面上,摄影机器人具有不同的理论最小腕肩距。由目标点 pT 的 z 坐标,可以确定此高度值。由此可见,对图 $3-9$ 中理论最小腕肩距进行研究具有重要意义。至此,根据目标点坐标可以求得摄影机器人以"最收缩状态"到达此目标点时的实际最小腕肩距 WS_{min}。

2. 摄影机器人以最小腕肩距到达目标点时底层直线运动轴运动量求解

给定工作空间中任意一目标点 pT,同样的最小腕肩距 WS_{min},摄影机器人有两种到达方式,如图 $7-3$ 中 S_{1n} 和 S_{1p} 所示。

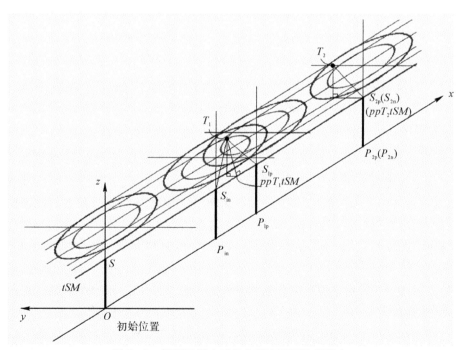

图 $7-3$　摄影机器人以最小腕肩距到达目标点

当 $dpTtSM \leqslant TWS_{min}$ 时,如图 $7-3$ 中的 T_1 点。摄影机器人有正向和负向(相对于 x 轴来说)两种方式以"最收缩状态"达到目标点。由图 $7-3$ 可以看到两种情况的最小腕肩距是一样的,为

$$WS_{min} = T_1 S_{1n} = T_1 S_{1p} = TWS_{min} \qquad (7-22)$$

设肩点 S_{1n} 和 S_{1p} 到垂足的距离分别为 $dS_1 ppT_1 tSM$ 和 $dS_{1p} ppT_1 tSM$。通过直角三角形几何关系，容易得到

$$dS_1 ppT_1 tSM = dS_{1n} ppT_1 tSM = dS_{1p} ppT_1 tSM = \sqrt{TWS_{min}^2 - dT_1 tSM^2} \qquad (7-23)$$

式中，$ppT_1 tSM$ 和 T_1 的 X 坐标一致，即 $ppT_1 tSM_x = T_{1\,x}$，得到

$$\left. \begin{array}{l} S_{1n\,x} = ppT_1 tSM_x - dS_1 ppT_1 tSM \\ S_{1p\,x} = ppT_1 tSM_x + dS_1 ppT_1 tSM \end{array} \right\} \qquad (7-24)$$

因为由式(5-6)，有 $S_x = r_1 + r_{10}$。

设 $r_{1close} = (r_{1closen},\quad r_{1closep})$，则

$$\left. \begin{array}{l} r_{1closen} = S_{1n\,x} - r_{10} \\ r_{1closep} = S_{1p\,x} - r_{10} \end{array} \right\} \qquad (7-25)$$

当 $TWS_{min} < dpTtSM \leqslant TWS_{max}$ 时，如图 7-3 中的 T_2 点。摄影机器人以"最收缩状态"达到目标点时，只有一种状态，也可以认为是两种"最收缩状态"重合了。此时有

$$WS_{min} = \parallel T_2 - S_2 \parallel$$

式中，$S_2 = S_{2n} = S_{2p}$。

设肩点 S_2 到垂足的距离为 $dS_2 ppT_2 tSM$，则

$$dS_2 ppT_2 tSM = 0$$

考虑到 $S_{2\,x} = T_{2\,x}$，则

$$r_{1closen} = r_{1closep} = S_{2\,x} - r_{10} \qquad (7-26)$$

3. 最大腕肩距

由图 7-1 可知，在指定高度的剖面 SHP 上，摄影机器人的理论最大腕肩距为

$$WS_{max} = TWS_{max} = W_{max}S \qquad (7-27)$$

这里的最大腕肩距指当顶层直线运动轴移动至最大状态时的腕肩距。

4. 摄影机器人以最大腕肩距到达目标点时底层直线运动轴运动量求解

对于指定高度剖面上的任意目标点，摄影机器人有 1 种方式，两个以"最舒展状态"位置，使得腕点与目标点 pT 重合。在图 7-4 中，给定目标点 pT，做目标点到肩点运动轨迹的距离，记为 $dpTtSM$，垂足为 $ppTtSM$。由于肩点运动轨迹与摄影机器人运动学逆解用世界坐标系的 x 轴平行，故有 $ppTtSM_x = T_x$。在指定高度上，只有唯一的最大腕肩距 TWS_{max}。

设肩点 S_n 和 S_p 到垂足的距离分别为 $dS_n ppTtSM$ 和 $dS_p ppTtSM$。通过直角三角形几何关系，容易得到

$$dS ppTtSM = dS_n ppTtSM = dS_p ppTtSM = \sqrt{TWS_{max}^2 - dTtSM^2} \qquad (7-28)$$

有

$$\left. \begin{array}{l} S_{n\,x} = ppTtSM_x - dS ppTtSM \\ S_{p\,x} = ppTtSM_x + dS ppTtSM \end{array} \right\} \qquad (7-29)$$

设 $r_{1far} = (r_{1farn},\quad r_{1farp})$，则

$$\left.\begin{array}{l} r_{1\text{farn}} = S_{nx} - r_{10} \\ r_{1\text{farp}} = S_{px} - r_{10} \end{array}\right\} \tag{7-30}$$

综上所述，任意给定摄影机器人工作空间内的目标点，即可求出底层直线运动轴的运动范围为 $r_1 \in [r_{1\text{farn}}, r_{1\text{closen}}] \cup [r_{1\text{closep}}, r_{1\text{farp}}]$。

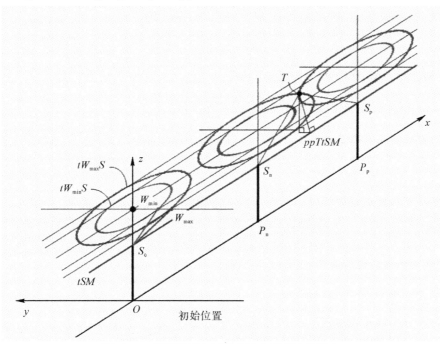

图 7 - 4　摄影机器人以最大腕肩距到达目标点

7.2　顶层直线运动轴取值范围分析

前面讨论了任意给定工作空间内的目标点，求得底层直线运动轴 r_1 的运动范围。接下来，在确定了 r_1 取值，即确定了肩点空间位置的情况下，求解顶层直线运动轴 r_4 的取值范围。

首先，为方便后面分析，提出概念，肘点运动轨迹记为 tE。大臂点运动轨迹记为 tU。已知目标点在工作空间中，$pT(W)$，S 已知。此时，限制顶层直线运动轴运动范围的因素有 4 项，下面逐一进行分析。

7.2.1　顶层直线运动轴取值范围约束因素 1

顶层直线运动轴取值必须满足等效大臂，小臂，腕肩距可以组成广义三角形，即

$$SE - WE \leqslant WS \leqslant SE + WE \tag{7-31}$$

其中，$SE = \sqrt{US^2 + UE^2}$ 有

$$r_{4\text{minsf1}} \leqslant r_4 \leqslant r_{4\text{maxsf1}} \tag{7-32}$$

其中，$r_{4\text{minsf1}} = \sqrt{(WS - r_6)^2 - l_3^2} - r_{40}$，$r_{4\text{maxsf1}} = \sqrt{(WS + r_6)^2 - l_3^2} - r_{40}$。

顶层直线运动轴在因素 1 的约束下,有 $r_4 \in \left[r_{4\text{minsf1}}, r_{4\text{maxsf1}}\right]$。

7.2.2　顶层直线运动轴取值范围约束因素 2

顶层直线运动轴取值范围必须满足摄影机器人大臂长度在其物理运动范围内,即

$$r_{4\text{min}} + r_{40} \leqslant UE \leqslant r_{4\text{max}} + r_{40} \tag{7-33}$$

有

$$r_{4\text{min}} \leqslant r_4 \leqslant r_{4\text{max}} \tag{7-34}$$

顶层直线运动轴在因素 2 的约束下,有 $r_4 \in \left[r_{4\text{min}}, r_{4\text{max}}\right]$。

7.2.3　顶层直线运动轴取值范围约束因素 3

顶层直线运动轴取值必须满足顶层直线结构远端俯仰旋转轴在其物理运动范围内,即

$$\theta_{5\text{min}} \leqslant \theta_5 \leqslant \theta_{5\text{max}} \tag{7-35}$$

其中,$\theta_{5\text{min}} = -\pi$,$\theta_{5\text{max}} = 0$。

任意给定目标点位置和肩点位置,均可得到图 7-5 的子结构。此时,小臂绕腕点旋转,肘点的运动轨迹为 tE。大臂绕肩点旋转,大臂点的运动轨迹为 tU。由摄影机器人的结构特点可知,UE 和 US 永远是垂直的,所以 UE 总是和圆 S 相切。但是 UE 和圆 W 不总是相切,只有在两个极限位置,才有 WE 与 UE 垂直的情况。

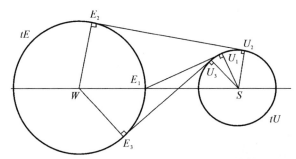

图 7-5　腕肩连线水平时顶层直线结构远端俯仰旋转轴物理极限位置

在图 7-5 中,WS 为已知量。腕点,肘点,肩点组成广义三角形的 3 个顶点。当肘点处于 E_1 状态时,顶层直线运动轴取值为

$$r_4 = r_{4\text{minsf3}} = r_{4\text{minsf1}} = \sqrt{(WS - r_6)^2 - l_3{}^2} - r_{40} \tag{7-36}$$

当肘点在肘点运动轨迹上运动,从 $E_1 \to E_2$ 时,UE 的长度都随着 E 点远离 E_1 变大,顶层直线结构远端俯仰旋转轴转角逐渐变大。当 E 点运动到 E_2 位置时,底层直线机构远端俯仰旋转轴达到最大值,即 $\theta_5 = \theta_{5\text{max}}$,如图 7-6 所示。此时 $U_2 E_2$ 为圆 W 和圆 S 的公切线。r_4 取得最大值 $r_{4\text{maxsf32}}$。

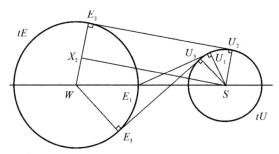

图 7 - 6　腕肩连线水平时顶层直线结构远端俯仰旋转轴极限状态 U_2E_2 计算

过 S 点做 U_2E_2 的平行线 SX_2，交 E_2W 于 X_2 点。易得

$$E_2U_2 = SX_2 \tag{7-37}$$

$$U_2S = E_2X_2 \tag{7-38}$$

$$\overline{WS}^2 = \overline{WX_2}^2 + \overline{SX_2}^2 \tag{7-39}$$

得到

$$U_2E_2 = \sqrt{\overline{WS}^2 - (\overline{WE_2} - \overline{U_2S})^2} = \sqrt{\overline{WS}^2 - (r_6 - l_3)^2} \tag{7-40}$$

$$r_{4\text{maxsf}32} = \sqrt{\overline{WS}^2 - (r_6 - l_3)^2} - r_{40} \tag{7-41}$$

当 E 点从 $E_1 \to E_3$，UE 的长度都随着 E 点远离 E_1 变大，顶层直线结构远端俯仰旋转轴转角逐渐变小。当 E 点运动到 E_3 位置时，底层直线机构远端俯仰旋转轴达到最小值，即 $\theta_5 = \theta_{5\text{min}}$，如图 7 - 7 所示。此时 U_3E_3 为圆 W 和圆 S 的公切线。r_4 取得最大值 $r_{4\text{maxsf}33}$。

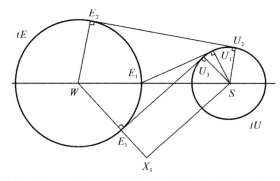

图 7 - 7　腕肩连线水平时顶层直线结构远端俯仰旋转轴极限状态 U_3E_3 计算

过 S 点作 U_3E_3 的平行线 SX_3，交 WE_3 的延长线于 X_3。易得

$$U_3E_3 = SX_3 \tag{7-42}$$

$$U_3S = E_3X_3 \tag{7-43}$$

$$WS^2 = WX_3^2 + SX_3^2 \tag{7-44}$$

有

$$U_3E_3 = SX_3 = \sqrt{\overline{WS}^2 - (\overline{WE_3} + \overline{E_3X_3})^2} = \sqrt{\overline{WS}^2 - (r_6 + l_3)^2} \tag{7-45}$$

$$r_{4\text{maxsf}33} = \sqrt{\overline{WS}^2 - (r_6 + l_3)^2} - r_{40} \tag{7-46}$$

在顶层直线结构远端俯仰旋转轴的运动范围限制下，顶层直线运动轴的移动范围为

$r_{4\mathrm{minsf3}} \leqslant r_4 \leqslant r_{4\mathrm{maxsf3}}$。

式中，

$$r_{4\mathrm{maxsf3}} = \max(r_{4\mathrm{maxsf32}}, r_{4\mathrm{maxsf33}}) = r_{4\mathrm{maxsf32}} \tag{7-47}$$

由上述结果可知，当 E 点从 E_1 向 E_2 和 E_3 移动时，r_4 会逐渐伸长。当 $r_4 \in (r_{4\mathrm{minsf3}}, r_{4\mathrm{maxsf33}}]$ 时，摄影机器人到达目标点有两种臂型。当 $r_4 \in (r_{4\mathrm{maxsf33}}, r_{4\mathrm{maxsf32}}] \cup \{r_{4\mathrm{minsf3}}\}$ 时，摄影机器人到达目标点只有一种臂型，或者说，$r_4 \in [r_{4\mathrm{minsf3}}, r_{4\mathrm{maxsf3}}]$ 时，至少有一个有效臂型逆解。

7.2.4 顶层直线运动轴取值范围约束因素 4

顶层直线运动轴取值必须满足环形结构顶部俯仰旋转轴在其理论物理的综合运动范围内，即

$$\theta_{3\mathrm{minTP}} \leqslant \theta_3 \leqslant \theta_{3\mathrm{maxTP}} \tag{7-48}$$

1. 环形结构顶部俯仰旋转轴的物理运动范围影响因素

环形结构顶部俯仰旋转轴旋转量必须在其物理运动范围内，即

$$\theta_{3\mathrm{min}} \leqslant \theta_3 \leqslant \theta_{3\mathrm{max}} \tag{7-49}$$

式中，$\theta_{3\mathrm{min}} = -\dfrac{25}{180} \times \pi$，$\theta_{3\mathrm{max}} = \dfrac{40}{180} \times \pi$。

2. 环形结构顶部俯仰旋转轴的理论运动范围影响因素

当给定任意目标点时，要确定环形结构顶部俯仰旋转轴旋转量的理论旋转范围，即

$$\theta_{3\mathrm{intervalT}} = [\theta_{3\mathrm{minT}} \quad \theta_{3\mathrm{maxT}}]$$

（1）腕肩连线为水平状态。考虑当 WS 处于水平时，θ_3 的运动范围对 r_4 的影响。在图 7-8 中，WS 处于水平状态。SV_1 垂直于 WS。US 与 SV_1 的夹角为环形结构顶部俯仰旋转轴的转角 θ_3，且顺时针为负，逆时针为正。

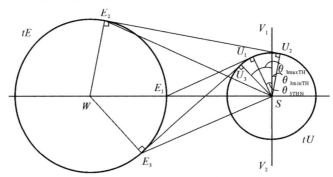

图 7-8　腕肩连线水平时环形结构顶端俯仰旋转轴的物理极限状态

理论上，r_4 最短时的状态为 U_1E_1。此时，$\theta_3 = \theta_{3\mathrm{THN}}$。由

$$\overline{WS} = \overline{SE_1} + \overline{WE_1} \tag{7-50}$$

得到

$$\overline{SE}_1 = \overline{WS} - \overline{WE}_1 = \overline{WS} - r_6 \qquad (7-51)$$

有

$$\angle E_1 SU_1 = \arcsin\left(\frac{U_1 S}{SE_1}\right) \qquad (7-52)$$

$$\theta_{3\mathrm{THN}} = \frac{\pi}{2} - \left(\frac{\pi}{2} - \angle E_1 SU_1\right) = \angle E_1 SU_1 = \arcsin\left(\frac{l_3}{WS - r_6}\right) \qquad (7-53)$$

以 $\theta_{3\mathrm{THN}}$ 为基准,随着 θ_3 的减小,U 点绕 S 点顺时针转动,当 U 点到达 U_2 时为极限位置,继续旋转,UE 与圆 W 将无交点。此时,$U_2 E_2$ 与圆 W 相切,有 $\theta_3 = \theta_{3\mathrm{minTH}}$。连接 SE_2。由公式(7-40),得到 $U_2 E_2$ 值。

于是,在 $\mathrm{Rt}\triangle SU_2 E_2$ 中,有

$$SE_2 = \sqrt{U_2 S^2 + U_2 E_2{}^2} = \sqrt{l_3{}^2 + \left[\overline{WS}^2 - (r_6 - l_3)^2\right]} = \sqrt{\overline{WS}^2 - r_6{}^2 + 2r_6 l_3} \qquad (7-54)$$

$$\angle E_2 SU_2 = \arctan\left(\frac{E_2 U_2}{U_2 S}\right) = \arctan\left(\frac{\sqrt{\overline{WS}^2 - (r_6 - l_3)^2}}{l_3}\right) \qquad (7-55)$$

在 $\triangle E_2 SW$ 中,由余弦定理得

$$\begin{aligned}
\angle E_2 SW &= \arccos\left(\frac{\overline{E_2 S}^2 + \overline{WS}^2 - \overline{WE_2}^2}{2 \cdot \overline{E_2 S} \cdot \overline{WS}}\right) \\
&= \arccos\left(\frac{\overline{WS}^2 - r_6{}^2 + 2r_6 l_3 + \overline{WS}^2 - r_6{}^2}{2\sqrt{\overline{WS}^2 - r_6{}^2 + 2r_6 l_3}\,\overline{WS}}\right) \\
&= \arccos\left(\frac{\overline{WS}^2 - r_6{}^2 + r_6 l_3}{\sqrt{\overline{WS}^2 - r_6{}^2 + 2r_6 l_3} \cdot \overline{WS}}\right) \qquad (7-56)
\end{aligned}$$

则

$$\begin{aligned}
\theta_{3\mathrm{minTH}} &= -\left\{\frac{\pi}{2} - \left[\pi - (\angle E_2 SU_2 + \angle E_2 SW)\right]\right\} \\
&= \frac{\pi}{2} - (\angle E_2 SU_2 + \angle E_2 SW) \\
&= \frac{\pi}{2} - \arctan\left(\frac{\sqrt{\overline{WS}^2 - (r_6 - l_3)^2}}{l_3}\right) - \arccos\left(\frac{\overline{WS}^2 - r_6{}^2 + r_6 l_3}{\sqrt{\overline{WS}^2 - r_6{}^2 + 2r_6 l_3} \cdot \overline{WS}}\right) \qquad (7-57)
\end{aligned}$$

以 $\theta_{3\mathrm{THN}}$ 为基准,随着 θ_3 的增大,U 点绕 S 点顺时针转动,当 U 点到达 U_3 时为极限位置,继续旋转,UE 与圆 W 将无交点。此时有,$\theta_3 = \theta_{3\mathrm{maxTH}}$。连接 SE_3,由式(7-45)得到 $U_3 E_3$ 长度。

在 $\mathrm{RT}\triangle SU_3 E_3$ 中,有

$$SE_3 = \sqrt{U_3 S^2 + U_3 E_3{}^2} = \sqrt{l_3{}^2 + \left[\overline{WS}^2 - (r_6 + l_3)^2\right]} = \sqrt{\overline{WS}^2 - r_6{}^2 - 2r_6 l_3} \qquad (7-58)$$

$$\angle E_3 SU_3 = \arctan\left(\frac{E_3 U_3}{U_3 S}\right) = \arctan\left(\frac{\sqrt{\overline{WS}^2 - (r_6 + l_3)^2}}{l_3}\right) \qquad (7-59)$$

在 $\triangle E_3 SW$ 中,由余弦定理有

$$\angle E_3 SW = \arccos\left(\frac{\overline{E_3 S}^2 + \overline{WS}^2 - \overline{WE_3}^2}{2E_3 S \cdot WS}\right)$$

$$= \arccos\left(\frac{\overline{WS}^2 - r_6{}^2 - 2r_6 l_3 + \overline{WS}^2 - r_6{}^2}{2\sqrt{\overline{WS}^2 - r_6{}^2 - 2r_6 l_3} \cdot \overline{WS}}\right)$$

$$= \arccos\left(\frac{\overline{WS}^2 - r_6{}^2 - r_6 l_3}{\sqrt{\overline{WS}^2 - r_6{}^2 - 2r_6 l_3} \cdot \overline{WS}}\right) \quad (7-60)$$

则

$$\theta_{3\text{maxTH}} = \pi - \left[\left(\frac{\pi}{2} - \angle E_3 SW\right) + \angle E_3 SU_3\right]$$

$$= \frac{\pi}{2} + \angle E_3 SW - \angle E_3 SU_3$$

$$= \frac{\pi}{2} + \arccos\left(\frac{\overline{WS}^2 - r_6{}^2 - r_6 l_3}{\sqrt{\overline{WS}^2 - r_6{}^2 - 2r_6 l_3} \cdot \overline{WS}}\right) -$$

$$\arctan\left(\frac{\sqrt{\overline{WS}^2 - (r_6 + l_3)^2}}{l_3}\right) \quad (7-6)$$

由上面的分析可以看出,在给定目标点位置和肩点确定的情况下,θ_3 在 WS 水平时的理论极限状态和 θ_5 的物理极限状态是同样的。也就是说,θ_3 在 WS 水平时的理论极限状态对 r_4 的限制和 θ_5 的物理极限状态对 r_4 的限制是同样的。

(2)腕肩连线为任意状态。当 WS 与水平面有夹角时的一般情况如图 7-9 所示。

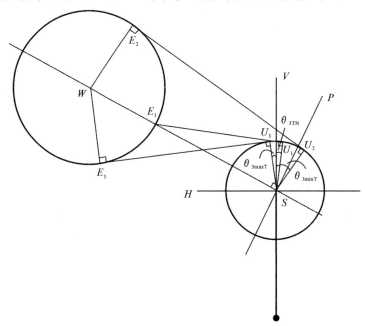

图 7-9 腕肩连线与水平线有夹角时的一般情况

在图 7-9 中,PS 与 WS 垂直。任意指定目标点 $pT(W)$,腕肩连线与水平面 H 不平行,存在夹角 $\angle WSH$,此角的方向规定同 θ_3。标准状态为 WS 与水平面平行,即,$\angle WSH =$

0。此时，$\theta_{3\text{maxTH}}$，$\theta_{3\text{minTH}}$ 和 $\theta_{3\text{THN}}$ 相对于 PS 的位置不变，其大小还是 WS 水平状态时的理论极限值。由于所有 θ_3 相关的定义角，都是以 S 点为顶点的角，故当 WS 绕 S 旋转 $\angle WSH$ 时，相当于所有 θ_3 相关的定义角都平移了 $\angle WSH$，即

$$\theta_{3\text{T}} = \theta_{3\text{TH}} + \angle WSH \qquad (2-62)$$

所有 θ_3 相关的定义角包括，$\theta_{3\text{maxTH}}$，$\theta_{3\text{minTH}}$ 和 $\theta_{3\text{THN}}$，于是有

$$\left.\begin{aligned}
\theta_{3\text{maxT}} &= \theta_{3\text{maxTH}} + \angle WSH \\
\theta_{3\text{minT}} &= \theta_{3\text{minTH}} + \angle WSH \\
\theta_{3\text{TN}} &= \theta_{3\text{THN}} + \angle WSH
\end{aligned}\right\} \qquad (7-63)$$

此时，指定任意空间目标点和肩点时，可得到 θ_3 理论上的极限状态。但是，在指定任意空间目标点之后，由于 θ_3 有物理极限限制，即 $\theta_{3\text{min}} \le \theta_3 \le \theta_{3\text{max}}$。故需要对 θ_3 理论和物理两个区间的关系及 $\theta_{3\text{THN}}$ 的位置进行讨论，进而得到指定任意目标点和肩点时，物理和理论综合限制下的 θ_3 极限范围。

(3)TRFour 函数。在分区间讨论之前，先研究函数 $r_{4\text{T}} = \text{TRFour}(W, S, \theta_3)$。

TRFour 函数为已知腕点坐标，肩点坐标以及环形结构顶部俯仰旋转轴的旋转值，求解此时顶层直线运动轴的理论伸缩值，即 r_4 的理论值。

首先根据腕点坐标，肩点坐标以及符合理论和物理约束的 θ_3 值，计算出在 WS 水平状态下对应的环形结构顶部俯仰旋转轴变量 $\theta_{3\text{TH}}$。根据式(7-62)得

$$\theta_{3\text{TH}} = \theta_3 - \angle WSH \qquad (7-64)$$

$\theta_{3\text{TH}}$ 的求解以 $\theta_{3\text{THN}}$ 为边界分成两种情况。

当 $\theta_{3\text{TH}} > \theta_{3\text{THN}}$ 时，记 $\theta_{3\text{TH}} = \theta_{3\text{BNTH}} = \theta_3 - \angle WSH$。此时 U_{BNTH} 在 U_1 和 U_3 之间，E_{BNTH} 在 E_1 和 E_3 之间，如图 7-10 所示。

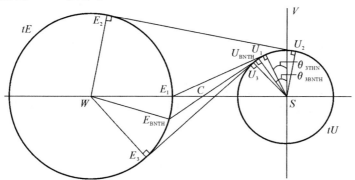

图 7-10　$\theta_{3\text{TH}} > \theta_{3\text{THN}}$ 时 UE 长度求解

$U_{\text{BNTH}} E_{\text{BNTH}}$ 的求解。

$$\angle U_{\text{BNTH}} SW = \frac{\pi}{2} - \theta_{3\text{BNTH}} \qquad (7-65)$$

$$\begin{aligned}
U_{\text{BNTH}} C &= U_{\text{BNTH}} S \cdot \tan(\angle U_{\text{BNTH}} SW) \\
&= l_3 \cdot \tan\left(\frac{\pi}{2} - \theta_{3\text{BNTH}}\right) \\
&= l_3 \cdot \cot(\theta_{3\text{BNTH}}) \qquad (7-66)
\end{aligned}$$

$$SC = \frac{U_{\text{BNTH}}S}{\cos(\angle U_{\text{BNTH}}SW)} \qquad (7-67)$$

$$\angle WCE_{\text{BNTH}} = \angle U_{\text{BNTH}}CS = \frac{\pi}{2} - \angle U_{\text{BNTH}}SW = \theta_{3\text{BNTH}} \qquad (7-68)$$

$$WC = WS - SC \qquad (7-69)$$

在 $\triangle WCE_{\text{BNTH}}$ 中，根据余弦定理有

$$\overline{WE}_{\text{BNTH}}^2 = \overline{WC}^2 + \overline{CE}_{\text{BNTH}}^2 - 2 \cdot \overline{WC} \cdot \overline{CE}_{\text{BNTH}} \cdot \cos(\angle WCE_{\text{BNTH}}) \qquad (7-70)$$

式中，$WE_{\text{BNTH}} = r_6$。

整理得到

$$\overline{CE}_{\text{BNTH}}^2 - 2 \cdot WC \cdot \cos(\angle WCE_{\text{BNTH}}) \cdot CE_{\text{BNTH}} + \overline{WC}^2 - \overline{WE}_{\text{BNTH}}^2 = 0 \qquad (7-71)$$

考虑到 CE 所在直线，这里取

$$CE_{\text{BNTH}} = \frac{2 \cdot WC \cdot \cos(\angle WCE_{\text{BNTH}})}{2 \cdot 1} -$$

$$\frac{\sqrt{[-2WC \cdot \cos(\angle WCE_{\text{BNTH}})]^2 - 4 \times 1 \times (\overline{WC}^2 - \overline{WE}_{\text{BNTH}}^2)}}{2 \times 1} \qquad (7-72)$$

由 $U_{\text{BNTH}}E_{\text{BNTH}} = CE_{\text{BNTH}} + U_{\text{BNTH}}C = r_4 + r_{40}$，得

$$r_4 = U_{\text{BNTH}}E_{\text{BNTH}} - r_{40} \qquad (7-73)$$

当 $\theta_{3\text{TH}} < \theta_{3\text{THN}}$ 时，记 $\theta_{3\text{TH}} = \theta_{3\text{SNTH}} = \theta_3 - \angle WSH$。此时 U_{SNTH} 在 U_1 和 U_2 之间，E_{SNTH} 在 E_1 和 E_2 之间。此时，U_{SNTH} 又分为 3 种情况，记为 U_{S1}，U_{S2}，U_{S3}，如图 7-11 所示。

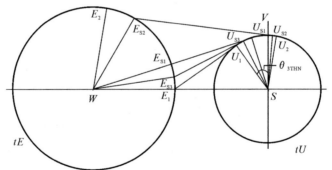

图 7-11 $\theta_{3\text{TH}} < \theta_{3\text{THN}}$ 时 U 点位置的 3 个类型

考虑 $\theta_{3\text{SNTH}}$ 的定义及其方向约定，得

$$\angle WSU_{SNTH} = \frac{\pi}{2} - \theta_{3\text{SNTH}} \qquad (7-74)$$

在 $\triangle WSU_{SNTH}$ 中，由余弦定理有

$$\overline{WU}_{SNTH}^2 = \overline{WS}^2 + \overline{U_{SNTH}S}^2 - 2 \cdot \overline{WS} \cdot U_{SNTH}S \cdot \cos(\angle WSU_{SNTH}) \qquad (7-75)$$

$$\overline{WU}_{SNTH} = \sqrt{\overline{WS}^2 + \overline{U_{SNTH}S}^2 - 2 \cdot \overline{WS} \cdot U_{SNTH}S \cdot \cos(\angle WSU_{SNTH})} \qquad (7-76)$$

则

$$\angle WU_{SNTH}S = \arccos\left(\frac{\overline{WU}_{SNTH}^2 + \overline{U_{SNTH}S}^2 - \overline{WS}^2}{2WU_{SNTH} \cdot U_{SNTH}S}\right) \qquad (7-77)$$

以 $\angle WU_{SNTH}S - \frac{\pi}{2}$ 与 0 的关系为基准。

当 $\angle WU_{\text{SNTH}}S - \dfrac{\pi}{2} = 0$ 时，W, E_{S1}, U_{S1} 3 点在一条直线上，且 $WU_{S1} \perp U_{S1}S$。

$$U_{S1}E_{S1} = WU_{S1} - WE_{S1} = r_4 + r_{40} \tag{7-78}$$

$$r_4 = U_{S1}E_{S1} - r_{40} \tag{7-79}$$

当 $\angle WU_{\text{SNTH}}S - \dfrac{\pi}{2} > 0$ 时，U_{S2} 在 U_{S1} 和 U_2 之间，E_{S2} 在 E_{S1} 和 E_2 之间，如图 7-12 所示。

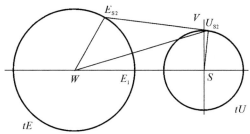

图 7-12　$\theta_{3\text{TH}} < \theta_{3\text{THN}}$ 时 $U_{S2}E_{S2}$ 求解

连接 WU_{S2}，有

$$\angle WU_{S2}E_{S2} = \frac{\pi}{2} - \angle WU_{S2}S \tag{7-80}$$

已知 WE_{S2}, WU_{S2}。在 $\triangle WE_{S2}U_{S2}$ 中，由余弦定理有

$$\overline{WE_{S2}}^2 = \overline{WU_{S2}}^2 + \overline{U_{S2}E_{S2}}^2 - 2\,\overline{WU_{S2}} \cdot \overline{U_{S2}E_{S2}} \cdot \cos(\angle \overline{WU_{S2}}E_{S2}) \tag{7-81}$$

整理得到

$$\overline{U_{S2}E_{S2}}^2 - 2\,\overline{WU_{S2}} \cdot \cos(\angle \overline{WU_{S2}}E_{S2}) \cdot U_{S2}E_{S2} + \overline{WU_{S2}}^2 - \overline{WE_{S2}}^2 = 0 \tag{7-82}$$

考虑到 $U_{S2}E_{S2}$ 所在直线位置，这里取

$$U_{S2}E_{S2} = \frac{-(-2 \times WU_{S2} \cdot \cos(\angle WU_{S2}E_{S2}))}{2 \times 1} -$$

$$\frac{\sqrt{[-2WU_{S2} \cdot \cos(\angle WU_{S2}E_{S2})]^2 - 4 \times 1 \times (WU_{S2}{}^2 - WE_{S2}{}^2)}}{2 \times 1}$$

$$= r_4 + r_{40} \tag{7-83}$$

得

$$r_4 = U_{S2}E_{S2} - r_{40} \tag{7-84}$$

当 $\angle WU_{\text{SNTH}}S - \dfrac{\pi}{2} < 0$ 时，U_{S3} 在 U_{S1} 和 U_1 之间，E_{S3} 在 E_{S1} 和 E_1 之间，如图 7-13 所示。

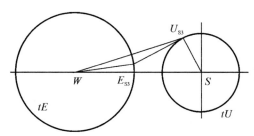

图 7-13　$_{3\text{TH}} < \theta_{3\text{THN}}$ 时 $U_{S3}E_{S3}$ 求解

连接 WU_{S3}，有

$$\angle WU_{S3}E_{S3}=\angle WU_{S3}S-\frac{\pi}{2} \tag{7-85}$$

已知 WE_{S3}，WU_{S3}。在 $\triangle WE_{S3}U_{S3}$ 中，由余弦定理有

$$WE_{S3}{}^2=WU_{S3}{}^2+U_{S3}E_{S3}{}^2-2\times WU_{S3} \cdot U_{S3}E_{S3} \cdot \cos(\angle WU_{S3}E_{S3}) \tag{7-86}$$

整理得到

$$U_{S3}E_{S3}{}^2-2WU_{S3} \cdot \cos(\angle WU_{S3}E_{S3}) \cdot U_{S3}E_{S3}+WU_{S3}{}^2-WE_{S3}{}^2=0 \tag{7-87}$$

考虑到 $U_{S3}E_{S3}$ 所在直线位置，这里取

$$U_{S3}E_{S3}=\frac{-[-2WU_{S3} \cdot \cos(\angle WU_{S3}E_{S3})]}{2\times1}-$$

$$\frac{\sqrt{[-2WU_{S3} \cdot \cos(\angle WU_{S3}E_{S3})]^2-4\times1\times(WU_{S3}{}^2-WE_{S3}{}^2)}}{2\times1}$$

$$=r_4+r_{40} \tag{7-88}$$

得

$$r_4=U_{S3}E_{S3}-r_{40} \tag{7-89}$$

对上述 3 中情况分析可以看出，令 $\angle WU_{SNTH}E_{SNTH}=\left|\angle WU_{SNTH}S-\frac{\pi}{2}\right|$，则 U_{SNTH} 的 2 种情况（U_{S1}，U_{S3}）可以写为同样的计算方法。

当 W，E_{S2}，U_{S2} 在一条直线上，视 $\triangle WE_{S2}U_{S2}$ 为广义三角形。此时有

$$\angle WU_{S2}E_{S2}=\frac{\pi}{2}-\angle WU_{S2}S=0 \tag{7-90}$$

在广义 $\triangle WE_{S2}U_{S2}$ 中，余弦定理依然成立，有

$$WE_{S2}{}^2=WU_{S2}{}^2+U_{S2}E_{S2}{}^2-2WU_{S2} \cdot U_{S2}E_{S2} \cdot \cos(\angle WU_{S2}E_{S2}) \tag{7-91}$$

整理得到

$$U_{S2}E_{S2}{}^2-2WU_{S2} \cdot \cos(\angle WU_{S2}E_{S2}) \cdot U_{S2}E_{S2}+WU_{S2}{}^2-WE_{S2}{}^2=0 \tag{7-92}$$

考虑到 $U_{S2}E_{S2}$ 所在直线位置，这里取

$$U_{S2}E_{S2}=\frac{-[-2WU_{S2} \cdot \cos(\angle WU_{S2}E_{S2})]}{2\times1}-$$

$$\frac{\sqrt{[-2WU_{S2} \cdot \cos(\angle WU_{S2}E_{S2})]^2-4\times1\times(WU_{S2}{}^2-WE_{S2}{}^2)}}{2\times1}$$

$$=r_4+r_{40} \tag{2-93}$$

得

$$r_4=U_{S2}E_{S2}-r_{40} \tag{7-94}$$

综上所述，当 $\theta_{3TH}<\theta_{3THN}$ 时，在已知肩点坐标，腕点坐标和环形结构顶部俯仰旋转轴旋转量的情况下，r_4 的求解计算方法可以归结为统一形式：

已知 WE_{SNTH}，WU_{SNTH}。在 $\triangle WE_{SNTH}U_{SNTH}$ 中，由余弦定理有

$$WE_{SNTH}{}^2=WU_{SNTH}{}^2+U_{SNTH}E_{SNTH}{}^2-2 \cdot WU_{SNTH} \cdot U_{SNTH}E_{SNTH} \cdot \cos(\angle WU_{SNTH}E_{SNTH})$$

$$(7-95)$$

整理得到

$$U_{\text{SNTH}}E_{\text{SNTH}}{}^{2}-2WU_{\text{SNTH}}\cdot\cos(\angle WU_{\text{SNTH}}E_{\text{SNTH}})\cdot$$
$$U_{\text{SNTH}}E_{\text{SNTH}}+WU_{\text{SNTH}}{}^{2}-WE_{\text{SNTH}}{}^{2}=0 \qquad (7-96)$$

考虑到 $U_{\text{SNTH}}E_{\text{SNTH}}$ 所在直线位置,这里取

$$U_{\text{SNTH}}E_{\text{SNTH}}=\frac{-\left[-2WU_{\text{SNTH}}\cdot\cos(\angle WU_{\text{SNTH}}E_{\text{SNTH}})\right]}{2\times1}-$$
$$\frac{\sqrt{\left[-2WU_{\text{SNTH}}\cdot\cos(\angle WU_{\text{SNTH}}E_{\text{SNTH}})\right]^{2}-4\times1\times(WU_{\text{SNTH}}{}^{2}-WE_{\text{SNTH}}{}^{2})}}{2\times1}$$
$$=r_{4}+r_{40} \qquad (7-97)$$

得

$$r_{4}=U_{\text{SNTH}}E_{\text{SNTH}}-r_{40} \qquad (7-98)$$

至此,考虑是否可以得到 θ_{3TH} 的 3 种情况的统一计算形式。

由 $\theta_{3TH}<\theta_{3THN}$ 时, $\angle WU_{\text{SNTH}}S-\dfrac{\pi}{2}<0$ 的分析可知,此计算方法同样适用于 $\theta_{3TH}=\theta_{3THN}$ 的情况。

当 $\theta_{3TH}>\theta_{3THN}$ 时,连接 WU_{BNTH},如图 7 - 14 所示。

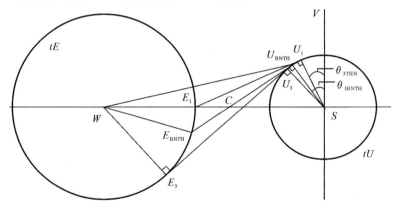

图 7 - 14　$\theta_{3TH}>\theta_{3THN}$ 时 UE 和 r_{4} 的计算方式

容易证明,此时的计算方式同 $\theta_{3TH}<\theta_{3THN}$ 时的计算方式。

同时,容易证明,当 $\theta_{3TH}=\theta_{3maxTH}$ 以及 $\theta_{3TH}=\theta_{3minTH}$ 时,使用 $\theta_{3TH}<\theta_{3THN}$ 的计算方式,其结果都是有效的。

综上所述,将 TRFour 函数的完整计算方法综合整理成统一形式。

当 W 在工作空间中, θ_{3} 在其物理或理论范围之内,符合摄影机器人实际情况时(主要指求解 UE 时,开方运算的正负取值),有函数 $r_{4T}=\text{TRFour}(W,S,\theta_{3})$。此函数可以得到指定状态下的 r_{4} 的理论值。

求得当前 θ_{3} 对应的 WS 水平状态时的 θ_{3TH},即

$$\theta_{3TH}=\theta_{3}-\angle WSH \qquad (7-99)$$

则

$$\angle WSU = \left| \frac{\pi}{2} - \theta_{3TH} \right| \tag{7-100}$$

在 $\triangle WSU$ 中，由余弦定理有

$$WU^2 = \overline{WS}^2 + US^2 - 2WS \cdot US \cdot \cos(\angle WSU) \tag{7-101}$$

$$WU = \sqrt{WS^2 + US^2 - 2WS \cdot US \cdot \cos(\angle WSU)} \tag{7-102}$$

则

$$\angle WUS = \arccos\left(\frac{WU^2 + US^2 - WS^2}{2WU \cdot US} \right) \tag{7-103}$$

$$\angle WUE = \left| \angle WUS - \frac{\pi}{2} \right| \tag{7-104}$$

在 $\triangle WUE$ 中，由余弦定理有

$$WE^2 = WU^2 + UE^2 - 2WU \cdot UE \cdot \cos(\angle WUE) \tag{2-105}$$

整理得到

$$UE^2 - 2WU \cdot \cos(\angle WUE) \cdot UE + WU^2 - WE^2 = 0 \tag{2-106}$$

考虑到 UE 所在直线位置，这里取

$$UE = \frac{-[-2WU \cdot \cos(\angle WUE)] - \sqrt{[-2WU \cdot \cos(\angle WUE)]^2 - 4 \times 1 \times (WU^2 - WE^2)}}{2 \times 1}$$

$$= WU \cdot \cos(\angle WUE) - \sqrt{WE^2 - WU^2 \cdot \sin(\angle WUE)^2}$$

$$= r_{4T} + r_{40} \tag{7-107}$$

得

$$r_{4T} = UE - r_{40} \tag{7-108}$$

3. 环形结构顶部俯仰旋转轴理论和物理运动范围综合影响因素

综合考虑环形结构顶部俯仰旋转轴旋转量在其物理和理论运动范围内对顶层直线运动轴取值范围的影响。由前面的分析，可以在已知腕点坐标，肩点坐标和环形结构顶部俯仰旋转轴旋转量的条件下，求得此时顶部直线运动轴的理论伸缩量 r_{4T}。以此为基础，讨论在环形结构顶部俯仰旋转轴旋转量理论和物理双约束下，顶层直线运动轴的运动范围 $[r_{4minsf4}, r_{4maxsf4}]$。

图 7-15 中，右上斜线填充区间为 θ_3 的理论极限范围 $[\theta_{3minT}, \theta_{3maxT}]$，左上斜线填充区间为 θ_3 的物理极限范围 $[\theta_{3min}, \theta_{3max}]$，交叉线填充区间为物理和理论重叠的极限范围，过圆心线条为 θ_{3TN} 所在位置。根据 θ_3 的物理范围，θ_3 的理论范围和 θ_{3TN} 的相对位置关系，分别讨论顶层直线运动轴的极限位置。其中，θ_3 的物理极限范围不会变化，θ_3 的理论极限范围和 θ_{3TN} 会随着腕点 W 相对于肩点 S 的位置不同而变化。并且始终有 $\theta_{3minT} < \theta_{3TN} < \theta_{3maxT}$。

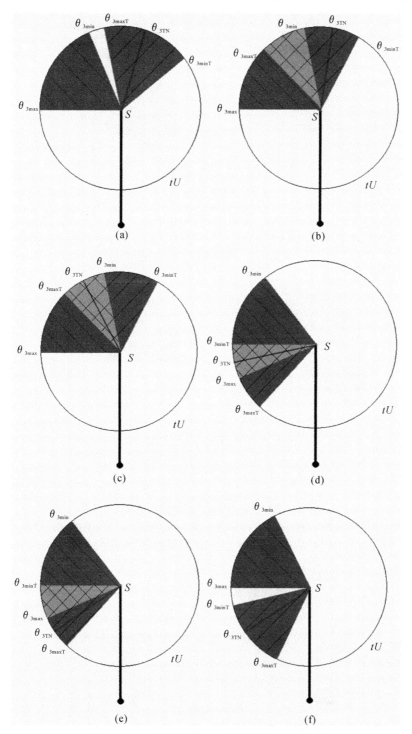

图 7-15　θ_3 物理范围-θ_3 理论范围-θ_{3TN}-关系

(a)θ_3 物理范围-θ_3 理论范围-θ_{3TN}-关系 1;(b)θ_3 物理范围-θ_3 理论范围-θ_3-关系 2;

(c)θ_3 物理范围-θ_3 理论范围-θ_{3TN}-关系 3;(d)θ_3 物理范围-θ_3 理论范围-θ_{3TN}-关系 4;

(e)θ_3 物理范围-θ_3 理论范围-θ_{3TN}-关系 5;(f)θ_3 物理范围-θ_3 理论范围-θ_{3TN}-关系 6

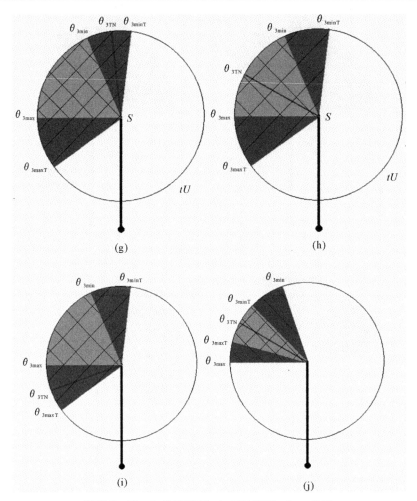

续图 7-15　θ_3 **物理范围**-θ_3 **理论范围**-θ_{3TN}-**关系**

(g)θ_3 物理范围-θ_3 理论范围-θ_{3TN}-关系 7；(h)θ_3 物理范围-θ_3 理论范围-θ_{3TN}-关系 8；

(i)θ_3 物理范围-θ_3 理论范围-θ_{3TN}-关系 9；(j)θ_3 物理范围-θ_3 理论范围-θ_{3TN}-关系 10

当 $\theta_{3min} > \theta_{3maxT}$ 时，代表 θ_3 的物理区间和理论区间无交集，如图 7-15(a)所示。本情况不存在 θ_{3minTP} 和 θ_{3maxTP}。造成本情况的原因是目标点的位置不在工作空间中。

当 $\theta_{3max} > \theta_{3maxT}$，$\theta_{3maxT} \geqslant \theta_{3min}$，$\theta_{3min} > \theta_{3minT}$ 且 $\theta_{3minT} < \theta_{3TN} \leqslant \theta_{3min}$ 时，代表 θ_3 的物理区间低部（区间中数值比较小的子区间）和理论区间高部（区间中数值比较大的子区间）有交集，如图 7-15(b)所示。此时有 $\theta_{3minTP} = \theta_{3min}$，$\theta_{3maxTP} = \theta_{3maxT}$。另外，当 $\theta_3 = \theta_{3min} = \theta_{3minTP}$ 时，得到 $r_{4minsf4}$。当 $\theta_3 = \theta_{3maxT} = \theta_{3maxTP}$ 时，得到 $r_{4maxsf4}$。

当 $\theta_{3max} > \theta_{3maxT}$，$\theta_{3maxT} \geqslant \theta_{3min}$，$\theta_{3min} > \theta_{3minT}$ 且 $\theta_{3min} < \theta_{3TN} < \theta_{3maxT}$ 时，代表 θ_3 的物理区间低部（区间中数值比较小的子区间）和理论区间高部（区间中数值比较大的子区间）有交集，如图 7-15(c)所示。此时有 $\theta_{3minTP} = \theta_{3min}$，$\theta_{3maxTP} = \theta_{3maxT}$。另外，当 $\theta_3 = \theta_{3TN}$ 时，得到 $r_{4minsf4}$。同时有

$$r_{4maxsf4} = \max\left[\text{TRFour}(W, S, \theta_{3minTP}), \text{TRFour}(W, S, \theta_{3maxTP})\right] \qquad (7-109)$$

当 $\theta_{3\mathrm{maxT}} \geqslant \theta_{3\max}$，$\theta_{3\max} > \theta_{3\mathrm{minT}}$，$\theta_{3\mathrm{minT}} \geqslant \theta_{3\min}$ 且 $\theta_{3\mathrm{minT}} \leqslant \theta_{3\mathrm{TN}} < \theta_{3\max}$ 时，代表 θ_3 的物理区间高部和理论区间低部有交集，如图 7-15(d) 所示。此时有 $\theta_{3\mathrm{minTP}} = \theta_{3\mathrm{minT}}$，$\theta_{3\mathrm{maxTP}} = \theta_{3\max}$。另外，当 $\theta_3 = \theta_{3\mathrm{TN}}$ 时，得到 $r_{4\mathrm{minsf4}}$。同时有

$$r_{4\mathrm{maxsf4}} = \max[\mathrm{TRFour}(W, S, \theta_{3\mathrm{minTP}}), \mathrm{TRFour}(W, S, \theta_{3\mathrm{maxTP}})] \tag{7-110}$$

当 $\theta_{3\mathrm{maxT}} \geqslant \theta_{3\max}$，$\theta_{3\max} > \theta_{3\mathrm{minT}}$，$\theta_{3\mathrm{minT}} \geqslant \theta_{3\min}$ 且 $\theta_{3\max} \leqslant \theta_{3\mathrm{TN}} < \theta_{3\mathrm{maxT}}$ 时，代表 θ_3 的物理区间高部和理论区间低部有交集，如图 7-15(e) 所示。此时有 $\theta_{3\mathrm{minTP}} = \theta_{3\mathrm{minT}}$，$\theta_{3\mathrm{maxTP}} = \theta_{3\max}$。另外，当 $\theta_3 = \theta_{3\mathrm{maxTP}} = \theta_{3\max}$ 时，得到 $r_{4\mathrm{minsf4}}$。当 $\theta_3 = \theta_{3\mathrm{minTP}} = \theta_{3\mathrm{minT}}$ 时，得到 $r_{4\mathrm{maxsf4}}$。

当 $\theta_{3\mathrm{minT}} > \theta_{3\max}$ 时，代表 θ_3 的物理区间和理论区间无交集，如图 7-15(f) 所示。本情况不存在 $\theta_{3\mathrm{minTP}}$ 和 $\theta_{3\mathrm{maxTP}}$。造成本情况的原因是目标点的位置不在工作空间中。

当 $\theta_{3\mathrm{maxT}} \geqslant \theta_{3\max}$，$\theta_{3\min} \geqslant \theta_{3\mathrm{minT}}$，且 $\theta_{3\mathrm{minT}} < \theta_{3\mathrm{TN}} < \theta_{3\min}$ 时，代表 θ_3 的物理区间完全包含于理论区间，如图 7-15(g) 所示。此时有 $\theta_{3\mathrm{minTP}} = \theta_{3\min}$，$\theta_{3\mathrm{maxTP}} = \theta_{3\max}$。另外，当 $\theta_3 = \theta_{3\mathrm{minTP}} = \theta_{3\min}$ 时，得到 $r_{4\mathrm{minsf4}}$。当 $\theta_3 = \theta_{3\mathrm{maxTP}} = \theta_{3\max}$ 时，得到 $r_{4\mathrm{maxsf4}}$。

当 $\theta_{3\mathrm{maxT}} \geqslant \theta_{3\max}$，$\theta_{3\min} \geqslant \theta_{3\mathrm{minT}}$，且 $\theta_{3\min} \leqslant \theta_{3\mathrm{TN}} \leqslant \theta_{3\max}$ 时，代表 θ_3 的物理区间完全包含于理论区间，如图 7-15(h) 所示。此时有 $\theta_{3\mathrm{minTP}} = \theta_{3\min}$，$\theta_{3\mathrm{maxTP}} = \theta_{3\max}$。另外，当 $\theta_3 = \theta_{3\mathrm{TN}}$ 时，得到 $r_{4\mathrm{minsf4}}$。同时有

$$r_{4\mathrm{maxsf4}} = \max[\mathrm{TRFour}(W, S, \theta_{3\mathrm{minTP}}), \mathrm{TRFour}(W, S, \theta_{3\mathrm{maxTP}})] \tag{7-111}$$

当 $\theta_{3\mathrm{maxT}} \geqslant \theta_{3\max}$，$\theta_{3\min} \geqslant \theta_{3\mathrm{minT}}$，且 $\theta_{3\max} \leqslant \theta_{3\mathrm{TN}} < \theta_{3\mathrm{maxT}}$ 时，代表 θ_3 的物理区间完全包含于理论区间，如图 7-15(i) 所示。

此时有 $\theta_{3\mathrm{minTP}} = \theta_{3\min}$，$\theta_{3\mathrm{maxTP}} = \theta_{3\max}$。并且，当 $\theta_3 = \theta_{3\mathrm{maxTP}} = \theta_{3\max}$ 时，得到 $r_{4\mathrm{minsf4}}$。当 $\theta_3 = \theta_{3\mathrm{minTP}} = \theta_{3\min}$ 时，得到 $r_{4\mathrm{maxsf4}}$。

当 $\theta_{3\max} \geqslant \theta_{3\mathrm{maxT}}$，$\theta_{3\mathrm{minT}} \geqslant \theta_{3\min}$ 时，代表 θ_3 的理论区间完全包含于物理区间，如图 7-15(j) 所示。此时有 $\theta_{3\mathrm{minTP}} = \theta_{3\mathrm{minT}}$，$\theta_{3\mathrm{maxTP}} = \theta_{3\mathrm{maxT}}$。当 $\theta_3 = \theta_{3\mathrm{TN}}$ 时，得到 $r_{4\mathrm{minsf4}}$。由公式(7-47)结论有

$$\begin{aligned} r_{4\mathrm{maxsf4}} &= \max[\mathrm{TRFour}(W, S, \theta_{3\mathrm{minTP}}), \mathrm{TRFour}(W, S, \theta_{3\mathrm{maxTP}})] \\ &= \mathrm{TRFour}(W, S, \theta_{3\mathrm{minTP}}) \end{aligned} \tag{7-112}$$

通过上述分析，可以得到在给定腕点坐标，肩点坐标以及综合考虑 θ_3 的物理和理论限制时，顶层直线运动轴的移动量 r_4 的运动范围 $[r_{4\mathrm{minsf4}}, r_{4\mathrm{maxsf4}}]$。

7.2.5　顶层直线运动轴运动范围影响因素综合

已知目标点在工作空间中，且肩点位置确定的情况下，即 $pT(W)$，S 已知。限制顶层直线运动轴运动范围的因素有以下 4 项。

(1) 等效大臂、小臂、腕肩距必须可以组成广义三角形，此条件下 r_4 的运动区间为 $r_4 \in [r_{4\mathrm{minsf1}}, r_{4\mathrm{maxsf1}}]$。

(2) 大臂长度必须在其物理运动范围内，此条件下 r_4 的运动区间为 $r_4 \in [r_{4\min}, r_{4\max}]$。

(3) 顶层直线结构远端俯仰旋转轴必须在其物理运动范围内，此条件下 r_4 的运动区间为 $r_4 \in [r_{4\mathrm{minsf3}}, r_{4\mathrm{maxsf3}}]$。

（4）环形结构顶部俯仰旋转轴必须在其理论和物理的综合运动范围内，此条件下 r_4 的运动区间为 $r_4 \in [r_{4\mathrm{minsf4}}, r_{4\mathrm{maxsf4}}]$。

在从理论角度讨论 θ_3 对 r_4 的限制时，发现其极限位置恰好为从物理约束角度讨论 θ_5 对 r_4 限制的极限位置，故因素 3 包含于因素 4。各因素的集合关系为，因素 3 是因素 1 的子集，因素 4 是因素 3 的子集，即 $[r_{4\mathrm{minsf4}}, r_{4\mathrm{maxsf4}}] \subseteq [r_{4\mathrm{minsf3}}, r_{4\mathrm{maxsf3}}] \subset [r_{4\mathrm{minsf1}}, r_{4\mathrm{maxsf1}}]$。于是得到目标点在工作空间中，且肩点位置确定的情况下，顶层直线运动轴的运动范围为 $r_4 \in [r_{4\mathrm{min}}, r_{4\mathrm{max}}] \cap [r_{4\mathrm{minsf4}}, r_{4\mathrm{maxsf4}}]$。在此范围内任意选取 r_4。可以保证得到一个有效的逆解。也就是说，至少存在一种有效的臂型（上折或者下折）逆解。也可能同时有两种臂型（上折和下折）都能达到目标点位置。

7.3 小 结

本章针对摄影机器人双冗余自由度，在摄影机器人工作空间边界的基础上，以最小腕肩距和最大腕肩距为基准，根据目标点 x 坐标，确定底层直线运动轴的取值范围。接着分析了影响顶层直线运动轴取值范围的 4 个因素。其中，环形结构顶部俯仰旋转轴的物理和理论因素是主要因素。以腕肩连线水平状态为基准，分情况讨论了环形结构顶部俯仰旋转轴理论运动范围及其对顶层直线运动轴运动范围的影响。之后，讨论了腕肩连线为任意状态时，环形结构顶部俯仰旋转轴与腕肩连线为水平状态时的映射关系，借助具有统一计算形式的 TRFour 函数，解决了任意目标点位置时，环形结构顶部俯仰旋转轴理论运动范围及其对顶部直线运动轴的范围影响。最后，综合顶层直线运动轴的物理运动范围，得到了已知目标点位置和肩点位置条件下的顶层直线运动轴的运动范围。

第8章 摄影机器人双冗余度理论范围约束遗传逆解算法

由摄影机器人冗余自由度运动范围分析可以看出,给定工作空间内的目标点位姿,可以得到底层直线运动轴(r_1)的理论有效运动范围。每选定一个 r_1,便可根据底层直线运动轴取值和目标点位置($[pT r_1]$),确定顶层直线运动轴(r_4)的理论有效运动范围。

上面的分析揭示一个重要的特点:PRRPR-S 型摄影机器人双冗余度取值范围的确定具有顺序性,即给定目标点位姿,r_1 的理论有效取值范围和 r_4 的理论有效取值范围不是同时确定的。

于是提出双冗余度理论约束空间嵌套隐式遗传逆解算法,即由目标点位姿通过 R1TSFcn 函数得到底层直线运动轴的运动范围后,将 r_1 作为第一层适应度函数(HijGAR1)的变量。在此适应度函数中,对每个 r_1,结合目标点位置,计算 r_4 的有效取值范围,并且在此函数中再次以 r_4 作为第二层适应度函数(HijGAR4)变量,将当前选定的 r_1 作为参数代入到 HijGAR4 中。

下面采用双冗余度理论约束空间嵌套隐式遗传逆解算法进行求解。

8.1 双冗余度理论约束空间嵌套隐式遗传逆解实验仿真

设定目标位姿(**paT**)和摄影机器人当前状态(**CRCS**)与摄影机器人双冗余度物理空间隐式遗传逆解算法一致。

8.1.1 实验流程

双冗余度理论约束空间嵌套隐式遗传逆解算法流程如图 8-1 所示。

其中,**paT** 代表目标点的位姿。R1TSFcn 函数通过处理目标点位姿信息,得到底层直线运动轴的运动范围 **vR1TS**。将 HijGAR1 作为第 1 层遗传算法的适应度函数,其基因变量为 r_1,并进行遗传算法优化。HijGAR1 函数根据当前选定的 r_1 值计算出顶层直线运动轴 r_4 的运动范围 **vR4TS**。将 HijGAR4 作为第 2 层遗传算法的适应度函数,其基因变量为 r_4,

输入参数为 r_{1s}，并进行遗传算法优化。HijGAR4 函数在已知 **paT**，r_1 和 r_4 的情况下，进行摄影机器人逆解运算，并将 1 组（含 4 个）摄影机器人 8 运动轴完整逆解代入到运动优化目标函数 CRMJD 中，将最优解个体 $\begin{bmatrix} r_1 & r_4 \end{bmatrix}$ 对应的 CRMJD 作为当前适应度函数值 ngFitFcn，同时将此值返回给第 1 层适应度函数 HijGAR1 作为其适应度函数值。

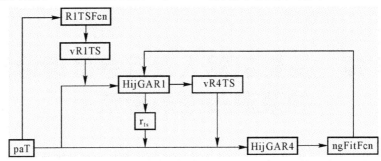

图 8-1 双冗余度理论约束空间嵌套隐式遗传逆解算法流程

8.1.2 遗传算法参数设置

第 1 层遗传算法参数设置见表 8-1。

表 8-1 嵌套遗传算法的第 1 层参数设置

参数名称	参数值	主要代码	备 注
种群类型	双精度向量	default	
基因变量数目	1	NVARS=1	
约束-基因变量范围	r_1 低位区间 下限[R1LB1] 上限[R1UB1] r_1 高位区间 下限[R1LB2] 上限[R1UB2]	LB=[R1LB1]； UB=[R1UB1]；	由 HijR1TS 函数得到的底层直线运动轴的运动范围为 R1LB1=−699 R1LB2=1941 R1UB1=6059 R1UB2=8699 LB∪UB 由于算法运行时间长，只对 r_1 低位区间进行嵌套求解
种群初始范围	[−699.03； 1 940.97]	options = gaoptimset ('PopInitRange', [R1LB1 ;R1UB1]);	
种群规模	10	options = gaoptimset (options, 'PopulationSize',10);	
截止代数	5	options = gaoptimset (options,'Generations',5);	

续 表

参数名称	参数值	主要代码	备 注
选择策略	随机均匀分布	default	将所有个体排列成一条线,每个个体对应线段的长度为此个体的期望值。用一个固定的步距在此线上移动,每移动一步得到一个个体作为父代
适应度尺度变换	等级变换	default	将个体按原始适应度值排序,适应度函数最小的个体编制为等级 1,适应度函数值第二小的个体编制为等级 2,以此类推
精英保留	2	default	
交叉率	0.8	default	变异率为 $1-0.8$
突变策略	满足边界约束的可行自适应策略	default	
交叉策略	分散方式	default	根据随机产生的二进制向量,从父代选取相应的基因组成子代个体
适应度函数	HijGAR1	[vR1,f1val] = ga (@HijGAR1,NVARS, [],[],[],[],LB,UB,[], options);	

第 2 层遗传算法参数设置见表 8 - 2。

表 8 - 2　嵌套遗传算法的第 2 层参数设置

参数名称	参数值	主要代码	备 注
种群类型	双精度向量	default	
基因变量数目	1	NVARS=1	
约束-基因变量范围	下限[R4LB] 上限[R4UB]	LB=[R4LB]; UB=[R4UB];	由 HijGAR1 函数得到, $r_4 \in [R4LB, R4UB]$
种群初始范围	[R4LB;R4UB]	options = gaoptimset ('PopInitRange', [R4LB;R4UB]);	
种群规模	20	options = gaoptimset (options, 'PopulationSize',20);	

续 表

参数名称	参数值	主要代码	备 注
截止代数	5	options = gaoptimset (options, ′Generations′, 5);	
选择策略	随机均匀分布	default	将所有个体排列成一条线,每个个体对应线段的长度为此个体的期望值。用一个固定的步距在此线上移动,每移动一步得到一个个体作为父代
适应度尺度变换	等级变换	default	将个体按原始适应度值排序,适应度函数最小的个体编制为等级 1,适应度函数值第二小的个体编制为等级 2,以此类推
精英保留	2	default	
交叉率	0.8	default	变异率为 1−0.8
突变策略	满足边界约束的可行自适应策略	default	
交叉策略	分散方式	default	根据随机产生的二进制向量,从父代选取相应的基因组成子代个体
适应度函数	HijGAR4	[vR2,f2val] = ga (@HijGAR4,NVARS, [],[],[],[],LB,UB, [],options);	

8.1.3 实验结果

算法运行时间为 2 h 5 min。适应度函数的最小值和平均值随代数变化情况如图 8-2 所示。

适应度函数 HijGAR1 的最小值为 88 326.433 8。此时最优个体为

$$[r_1 \quad r_4]=[1762.24 \quad 0.015]$$

此时对应的摄影机器人最优关节空间完整解为

CRTS$=[1\ 762.24 \quad 0.590\ 5 \quad 0.031\ 18 \quad 0.015 \quad -2.979\ 7 \quad 0 \quad 1.377\ 7 \quad -2.55\ 1]^{\mathrm{T}}$

Best:88326.4Mean:1.079 53×10⁶

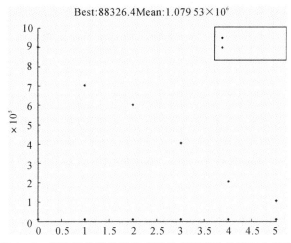

图 8 - 2　嵌套遗传算法适应度函数值随遗传代数变化情况

摄影机器人到达目标点时的状态如图 8 - 3 所示。

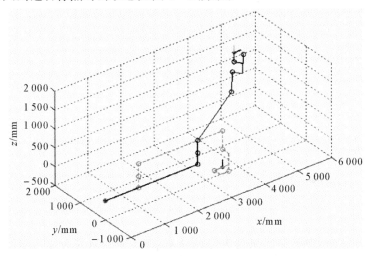

图 8 - 3　双冗余度理论约束空间嵌套隐式遗传逆解算法解的目标位姿

8.1.4　实验分析

可以看到，双冗余度理论约束空间嵌套隐式遗传逆解算法虽然得到了有效优化解，但是其实用情况并不理想。首先，运算时间过长。在拍摄现场，不可能有 2 h 来进行一个拍摄镜头路径关键点的运算。造成这个结果的原因是，遗传算法是一种迭代算法，并且操作的对象并不是一个数，而是一个种群。尽管本实验使用的种群规模很小，遗传代数也很小，但是嵌套使用遗传算法，依然出现运算数量过大的情况。其次，由摄影机器人的结构特点可知，如果没有目标点的限制，底层直线运动轴和顶层直线运动轴是各自独立运行的，无包含关系。由于嵌套遗传算法随机选择 r_1 基因，r_4 基因再次随机选择的有效区间很小，r_4 基因的多样性受到限制。这会造成有些优秀的 r_4 基因，结合了不合适的 r_1 基因，使得个体的适应度函数值很大，优秀的 r_4 基因在自然选择中被淘汰。故在实验中，嵌套遗传算法在限制的代数之内没有收敛，种群的适应度函数平均值与最优值有一定差距，得到的个体不是最优个体。

综上所述,双冗余度理论约束空间隐式嵌套遗传逆解算法虽然能找到有效优化解,但是算法运算速度太慢,收敛速度慢,且不一定能在解空间中收敛到最优个体。

8.1.5 算法改良方向分析

摄影机器人双冗余度物理约束空间隐式遗传逆解算法只根据基因的物理区间进行种群个体的选取。在种群规模为20,遗传代数限定为10代的情况下,有效区间占比率小,使得双冗余度物理约束空间隐式遗传逆解算法有可能找不到有效解,使得算法失败。也有可能找到有效优化解,但是并不是最优解。由于有效优化解数量少,遗传算法的收敛速度慢。由于突变率不能太高,故有效优化解的进一步寻优非常困难。算法运行时间较长,不适用于多个关键点的拍摄路径逆解。

根据摄影机器人的机构特点,本章分析摄影机器人冗余自由度的有效取值区间。在给定目标点位姿后,可以得到r_1的有效区间范围。再根据r_1和目标点的信息,得到r_4的有效区间。从而提出了双冗余度理论约束空间隐式嵌套遗传逆解算法来求解摄影机器人逆解。限制r_1和r_4的运动范围是好的,问题出在低效率的遗传算法嵌套使用方式。

综上所述,很容易想到,不过分追求完美基因变量范围约束。提出根据目标点位姿,得到r_1的有效取值区间。放弃二次限制r_4基因的有效取值范围,只考虑r_4的物理约束。通过两种方案的解的空间分布图可以看出,此时如果在限制区间内平均分布的随机取值,有效区间的覆盖率约为55%。依然可以提高初始种群中有效个体的数量。

8.2 底层直线运动轴理论约束和顶层直线运动轴物理约束空间双冗余度隐式遗传逆解算法实验仿真

设定目标位姿(**paT**)和摄影机器人当前状态(**CRCS**)与双冗余度物理约束空间隐式遗传逆解算法实验一致。

8.2.1 实验流程

r_1理论约束和r_4物理约束空间隐式遗传逆解算法流程如图8-4所示。

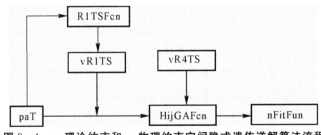

图8-4 r_1理论约束和r_4物理约束空间隐式遗传逆解算法流程

其中,**vR1TS**为目标点位置理论约束下的r_1取值范围为

$$[R1LB1,R1UB1] \cup [R1LB2,R1UB2]$$

变量格式为

$$\mathbf{vR1TS} = \begin{bmatrix} R1LB1 & R1LB2 \\ R1UB1 & R1UB2 \end{bmatrix} = \begin{bmatrix} -699 & 6\,059 \\ 1\,940 & 8\,699 \end{bmatrix}$$

其中，称[R1LB1,R1UB1]为 r_1 的理论低位子区间，[R1LB2,R1UB2]为 r_1 的理论高位子区间。

$\mathbf{vR4PS}$ 代表 r_4 的物理取值区间[R4LB,R4UB]，格式为

$$\mathbf{vR4PS} = \begin{bmatrix} R4LB \\ R4UB \end{bmatrix}$$

HijGAFcn 函数的基因变量为[r_1 r_4]，根据此个体数据计算得到 1 组(含 4 个)摄影机器人关节空间完整解，选择满足实际约束的完整解分别代入到运动优化目标函数CRMJD，将返回的 4 个运动优化目标 CRMJD 函数中值最小的一个作为本函数的适应度值 nFitFun。本函数内含有摄影机器人的肩点坐标，T_5 的逆矩阵，各个轴运动范围，摄影机器人关节空间当前状态以及目标位姿。

8.2.2 遗传算法参数设置

分别对 r_1 的两个子区间调用遗传算法，算法参数在双冗余度物理约束空间隐式遗传逆解算法的基础上，做出表 8-3 和表 8-4 的修改。

表 8-3 r_1 理论低位子区间的算法参数变更部分

参数名称	参数值	主要代码	备 注
约束-基因变量范围	r_1 低位区间 下限[R1LB1;R4LB] 上限[R1UB1;R4UB]	LB=[R1LB1;R4LB] UB=[R1UB1;R4UB]	R1LB1=-699 R1UB1=1940 R4LB=0 R4UB=1600
种群初始范围	[R1LB1 R4LB; R1UB1 R4UB]	options = gaoptimset ('PopInitRange', [R1LB1 R4LB; R1UB1 R4UB]);	

注:种群规模和截止代数与双冗余度物理约束空间隐式遗传逆解算法设置一致。

表 8-4 r_1 理论高位子区间的算法参数变更部分

参数名称	参数值	主要代码	备 注
约束-基因变量范围	r_1 高位区间 下限[R1LB2;R4LB] 上限[R1UB2;R4UB]	LB=[R1LB2;R4LB] UB=[R1UB2;R4UB]	R1LB2=6059 R1UB2=8699 R4LB=0 R4UB=1600
种群初始范围	[R1LB2 R4LB; R1UB2 R4UB]	options = gaoptimset ('PopInitRange', [R1LB2 R4LB; R1UB2 R4UB]);	

8.2.3 实验结果

算法运行时间为 204.988 510 s,约 3.3 min。

r_1 理论低位子区间适应度函数的最小值和平均值随代数变化情况如图 8-5 所示。

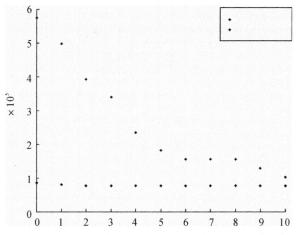

图 8-5 r_1 低位子区间适应度函数平均值和最小值随遗传代数的变化

r_1 低位子区间遗传算法的最小适应度值为 75 745.23。

r_1 低位子区间最优个体为

$$[r_1 \quad r_4] = [1\ 510.37 \quad 0.062\ 5]$$

此个体对应的摄影机器人关节空间运动学逆解状态为

$$\mathbf{CRTS} = [1\ 510.37 \quad 0.542\ 26 \quad 0.002\ 55 \quad 0.062\ 5 \quad -2.709\ 3 \quad 0$$
$$1.135\ 9 \quad -2.599\ 34]^{\mathrm{T}}$$

摄影机器人达到目标点时的状态如图 8-6 所示。

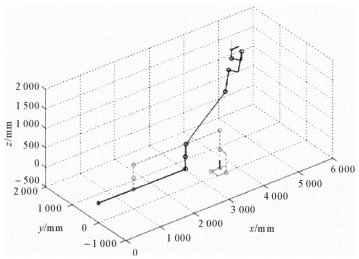

图 8-6 r_1 理论低位子区间隐式遗传逆解算法解的目标位姿

r_1 理论高位子区间适应度函数的最小值和平均值随代数变化情况如图 8-7 所示。

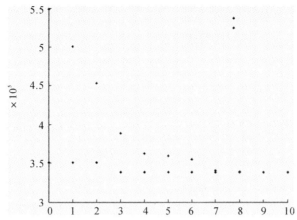

图 8 - 7　r_1 高位子区间适应度函数平均值和最小值随遗传代数的变化

r_1 高位子区间遗传算法的最小适应度值为 338 641.63。

r_1 高位子区间最优个体为

$$[r_1 \quad r_4] = [6\ 694.02 \quad 66.68]$$

此个体对应的摄影机器人逆解状态为

$\mathbf{CRTS} = [6\ 694.02 \quad 2.633\ 55 \quad -0.023\ 36 \quad 66.68 \quad -2.541\ 3\ 14 \quad 0 \quad 0.993\ 9$
$-0.508\ 04]^{\mathrm{T}}$

摄影机器人达到目标点位姿时的状态如图 8 - 8 所示。

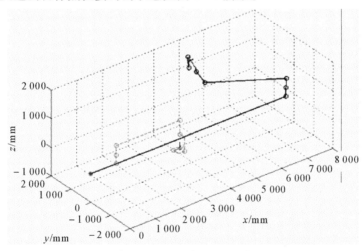

图 8 - 8　r_1 理论高位子区间隐式遗传逆解算法解的目标位姿

8.2.4　实验分析

从实验结果上看,逆解算法的时间缩短到可以接受的程度。假定的 10 个关键位姿点的拍摄路径,路径计算时间大约为 30 min。与 Milo 等国外摄影机器人通过手动调整摄影机器人关节轴得到目标位姿相比,要简单和快速。但是对于在 r_1 的低位子区间内的运算,遗传算法依然没有收敛到最优值。从 HijGAFcn 的函数图像上可以看出,适应度函数最小值在 70 000 左右。每次调用此函数,适应度函数的最小值变化很大,收敛速度慢。

　　另外,在 HijGAFcn 函数图像中,当 $r_1 \in [-699, 1\,940]$ 时,适应度函数值 nFitFun 明显小于 $r_1 \in [6\,059, 8\,699]$ 区间内的适应度函数值。在本次实验中可看出,在 r_1 的低位子区间中,适应度函数最小值为 75 715。在 r_1 的高位子区间中,适应度函数最小值为338 641.63。摄影机器人的逆解优化目标是希望摄影机器人负载惯量较大的轴运动量小,负载惯量较小的轴运动量大。上面两个情况证明,摄影机器人主体结构当前状态如果偏向目标点的某一侧,那么适应度函数的最小值就会出现在相应的 r_1 子区间内。考虑可能由于摄影机器人各轴的物理范围约束使得含有最小适应度函数值的 r_1 子区间不存在有效解,以及相邻摄影机器人指定目标点之间的距离在 0.5 m 以内。故采用先计算存在理论适应度最小值的 r_1 子区间,如果没有有效个体存在,再判断 r_1 的另外一个子区间。在大多数应用中,可以减少一半的计算时间。

8.2.5　判别摄影机器人主体结构与目标点相对位置法

　　将摄影机器人肩点 S 的 x 坐标 S_x 作为摄影机器人主体机构的判别位置,将目标点位置 pT 的 x 坐标 pT_x 作为目标点的判别位置。

　　当 $S_x \leqslant pT_x$ 时,遗传算法中对 r_1 的范围限制为 $[r_{1\mathrm{farn}}, r_{1\mathrm{closen}}]$;当 $S_x > pT_x$ 时,遗传算法中对 r_1 的范围限制为 $[r_{1\mathrm{closep}}, r_{1\mathrm{farp}}]$。

　　采用增加判别摄影机器人主体结构与目标点相对位置的方法,设定与 r_1 理论约束和 r_4 物理约束空间隐式遗传逆解算法实验同样的机器人初始状态、目标点位姿和遗传算法参数。

　　实验结果为,算法运行时间 109.602 341 s。在本例中,得到遗传算法优化解的时间在 2 min 以内。摄影机器人逆解算法的运行时间已经符合要求。判别摄影机器人主体结构与目标点相对位置,r_1 理论区间内适应度函数的最小值和平均值随代数变化情况如图 8-9 所示。

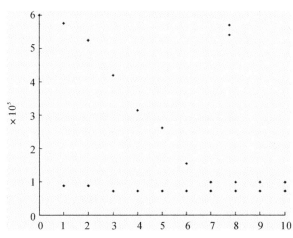

图 8-9　判别摄影机器人主体结构与目标点相对位置时 r_1 理论区间
约束隐式遗传逆解算法适应度函数值随遗传代数的变化情况

判别摄影机器人主体结构与目标点相对位置时，r_1 理论区间约束下遗传算法的最小适应度值为 70 361.4。判别摄影机器人主体结构与目标点相对位置时 r_1 理论区间约束下最优个体为，

$$[r_1 \quad r_4] = [1\ 403.06 \quad 0.42]$$

此个体对应的摄影机器人逆解状态为

CRTS $= [1\ 403.06 \quad 0.523\ 8 \quad -0.018\ 92 \quad 0.42 \quad -2.570\ 24 \quad 0 \quad 1.018\ 4 \quad -2.617\ 8]^{\mathrm{T}}$

达到目标点位姿时的摄影机器人姿态如图 8-10 所示。

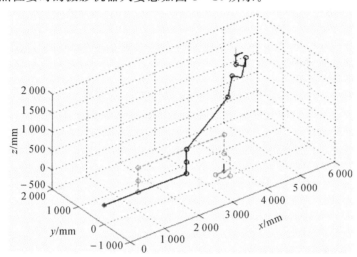

图 8-10　判别摄影机器人主体结构与目标点相对位置时 r_1
理论区间约束隐式遗传逆解算法解的目标位姿

8.3　判别底层直线运动轴理论子区间约束和顶层直线运动轴物理约束空间双冗余度隐式遗传逆解算法稳定性研究

判别 r_1 理论子区间指判别机器人主体结构相对与目标点位置后，找到理论最优解所在的 r_1 子区间。

前面解决了摄影机器人隐式遗传逆解算法的运算速度。但是遗传算法每次收敛速度较慢，适应度函数最小值与其平均值有较大距离。另外，适应度函数的最小值也不同，甚至会出现优化算法失效的情况。这是由于虽然限定了 r_1 和 r_4 的物理取值范围，以及限定了 r_1 的理论取值范围，但是种群个体的选取仍然是随机的。从前面的 HijGAFcn 函数图像可以看出，在 r_1 的低位区间内，基因变量的有效取值区间只约占总取值区间的 10% 左右。有效个体很少，优秀个体更少。此时经过选择，交叉和变异，新个体中更加优秀的个体数量很少。故遗传算法收敛速度慢，且最后收敛的位置也不一定是全局最优解。针对这个问题，提出扩大种群规模和增大截至代数的方法以期望改善逆解算法稳定性。

8.3.1 判别 r_1 理论子区间约束和 r_4 物理约束空间双冗余度隐式遗传逆解算法改进——扩大种群规模

扩大种群规模,增加个体的数量,可以更密集的覆盖基因变量的取值区间。以此获取更多的有效个体。期望当种群规模增大的某一程度时,95%的概率可以找到优化解。

设定和判别 r_1 理论子区间约束和 r_4 物理约束空间双冗余度隐式遗传逆解实验一样的摄影机器人初始状态(**CRCT**)和目标点位姿(**paT**)。

1. 遗传算法参数设定

在判别 r_1 理论子区间约束和 r_4 物理约束空间双冗余度隐式遗传逆解实验参数设定的基础上,做表 8.5 的修改。

表 8-5　扩大种群规模判别 r_1 理论子区间约束和 r_4 物理约束空间双冗余度隐式遗传逆解算法参数设定

参数名称	参数值	主要代码	备 注
种群规模	nPS＝20:5:50	options ＝ gaoptimset (options, 'PopulationSize', nPS);	初始设定为20,每进行一次遗传计算,将种群规模增加5,用和前次不同的初始种群(即随机种群)重新进行遗传计算,直到种群规模到达50(含50)。截止代数为10

2. 实验结果

判别 r_1 理论子区间约束和 r_4 物理约束空间双冗余度隐式遗传逆解算法的适应度函数最小值随种群规模的变化如图 8-11 所示。

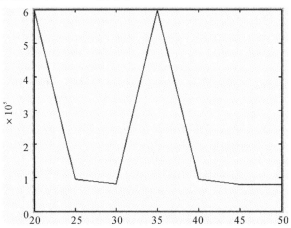

图 8-11　判别 r_1 理论子区间约束和 r_4 物理约束空间双冗余度隐式遗传逆解算法的适应度函数最小值随种群规模的变化

3.实验分析

从实验结果看,扩大种群规模,在一定程度上可以使得优化得到的适应度函数值最小值更小。但是由于初始种群的随机性,即使限制了基因变量的范围,依然有可能出现经过10代计算仍然找不到任何一个有效解的情况,如种群规模为 35 时。这说明,由于初始种群的随机性,单纯的扩大种群规模的遗传算法改进是不稳定的。另外,从实验数据可以看出,7种种群规模的摄影机器人逆解,适应度函数最小值只达到 78 000。在以前的实验中,曾经有70 300 左右的最小适应度函数值。这说明,扩大种群规模并不一定能得到更优秀的个体。同时,增大种群规模,会延长算法的运算时间,不能无限制的扩大种群规模。扩大种群规模来获得更好优化效果的尝试不成功。

8.3.2　判别 r_1 理论子区间约束和 r_4 物理约束空间双冗余度隐式遗传逆解算法改进——增大截止代数

增大截止代数,期望使得遗传算法的适应度函数平均值尽量接近最小值。此时种群中较优秀的个体数量增加,希望通过交叉和变异,得到更优秀的个体,从而获得更加优化的摄影机器人运动学逆解。

设定和判别 r_1 理论子区间约束和 r_4 物理约束空间双冗余度隐式遗传逆解实验一样的摄影机器人初始状态(**CRCT**)和目标点位姿(**paT**)。

1.遗传算法参数设定

在判别 r_1 理论子区间约束和 r_4 物理约束空间双冗余度隐式遗传逆解实验参数设定的基础上,做出调整见表 8 - 6。

表 8 - 6　递增截止代数判别 r_1 理论子区间约束和 r_4 物理约束空间
双冗余度隐式遗传逆解算法参数设定

参数名称	参数值	主要代码	备　注
截止代数	nG＝10:5:30	options ＝ gaoptimset (options, 'Generations',nG);	初始设定为 20,每进行一次遗传计算,将截止代数增加 5,用和前次不同的初始种群(即随机种群)重新进行遗传计算,直到截止代数到达 30(含 30)

2.实验结果

判别 r_1 理论子区间约束和 r_4 物理约束空间双冗余度隐式遗传逆解算法的适应度函数最小值随截止代数的变化如图 8 - 12 所示。

截止代数为 30 次时,适应度函数的最小值和平均值随遗传代数变化如图 8 - 13 所示。

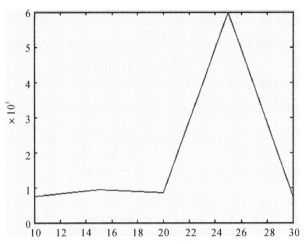

图 8-12　判别 r_1 理论子区间约束和 r_4 物理约束空间双冗余度隐式遗传
逆解算法的适应度函数最小值随截止代数的变化

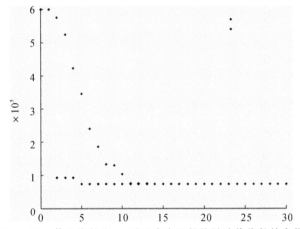

图 8-13　截止代数为 30 时适应度函数值随遗传代数的变化

1. 实验分析

从实验结果可以看出,当截止代数为 15 代及以上时,适应度函数最小值和平均值的距离已经很小了。说明此时种群中优化个体数量很多。遗传算法已经收敛。但是由 5 次独立的逆解算法结果看,适应度函数最小值为 73 194.8,而且它并不是随着截止代数增加,最优秀个体对应的适应度函数最小值越小。遗传算法结果收敛,代表种群中的优秀个体数量很多,但是并没有得到更优秀的个体。造成这个现象的原因是,由于有效区间的占有率只有 10%左右,使得初始种群中的有效解数量很少。随着遗传代数的增加,通过选择、交叉和变异得到的新个体都集中到有效区间中,但是这种集中主要靠精英保留和有效个体的交叉得到,此时有效区间内个体的基因多样性差。更优秀的个体几乎只能来自变异。但是变异的方向无法控制,且有效变异的方向非常少,故通过变异得到更优秀个体的概率很小。可见,即使本例中遗传算法已经收敛,但是最优个体不足够好。单纯依靠增加截止代数,得到更优秀个体的概率很小。

因此,由遗传算法得到的优化解,其效果主要还是由初始种群中是否存在足够优秀的个体决定。如果初始种群的个体分布距离有效区间较远,即使截止代数为 25,依然在遗传算法结束时得不到有效逆解。本例没有固定遗传算法的随机状态,目的是想验证高截止代数是否能每次都得到有效个体。

综上所述,扩大种群规模和增加截止代数,并不能得到预期的最优个体和较短的运算时间。制约遗传算法逆解效果的主要因素有两个。

(1)在有效区间较小的情况下,初始种群的随机性使得有效个体数量很少或者没有;

(2)当遗传计算收敛时,由于优化个体主要来自精英保留以及有效个体的交叉,有效基因的多样性差,依靠变异很难得到具有更优秀基因的个体。

8.3.3　判别 r_1 理论子区间约束和 r_4 物理约束空间双冗余度隐式遗传逆解算法改进——设定理论有效初始种群

从前面的实验可以看出,初始种群的随机性是造成遗传算法在面对低有效区间占有比的情况下,优化不稳定的主要原因。本书在分析摄影机器人指定目标位姿时对底层直线运动轴和顶层直线运动轴运动范围约束的基础上,提出人为设定遗传算法初始种群的摄影机器人运动学逆解算法。

在给定目标点的情况下,根据摄影机器人工作空间的边界特点,可以确定底层直线运动轴的运动范围。对于任意确定的 r_1,根据摄影机器人的机构特点,可以确定顶层直线运动轴的运动范围。本书从此角度设定初始种群,将 r_1 基因变量在其理论区间内平均选取,之后根据每个 r_1 值,确定基因变量 r_4 的取值范围,选取区间的中间值作为 r_4 的取值。这样得到的种群个体,在不考虑末端姿态调整 3 组合轴物理约束的情况下,都是理论区间内的有效解。由此得到的初始种群,个体平均分布在理论有效区间内。同时可以解决优秀的 r_4 基因由于与不合适的 r_1 基因匹配造成个体适应度值很高,r_4 优秀基因流失的问题。

1. 实验方案

设定和判别 r_1 理论子区间约束和 r_4 物理约束空间双冗余度隐式遗传逆解实验一样的摄影机器人初始状态(CRCT)和目标点位姿(paT)。限制 r_1 在其理论有效低位子区间中,限制 r_4 在其物理约束内取值。在 r_1 理论有效低位子区间内平均选取 20 个值。根据这 20 个 r_1 值,计算对应的 r_4 的取值范围。选择中间值作为 r_4 数值,与 r_1 组成一个个体。结果见表 8-7 初始种群个体组成初始种群矩阵 **gInitPop**。

表 8-7　根据目标点计算初始种群个体

r_1	r_{4TPMin}	r_{4TPMax}	$r_4(r_{4Mid})$	初始种群个体
−699.03	1 599.999	1 600	1 599.999 6	[−699.03,15 99.996]
−560.08	1 471.227	1 600	1 535.613 4	[−560.08,1 535.613 4]
−421.13	1 343.016	1 600	1 471.508 0	[−421.13,1 471.508 0]
−282.19	1 215.412	1 600	1 407.706 1	[−282.19,1 407.706 1]
−143.24	1 088.466	1 600	1 344.233 0	[−143.24,1 344.233 0]
−4.29	962.233	1 600	1 281.116 6	[−4.29,1 281.116 6]
134.66	836.776	1 600	1 218.388 1	[134.66,1 218.388 1]
273.6	712.164	1 487.032	1 099.597 7	[273.6,1 099.597 7]
412.55	588.473	1 357.484	972.978 7	[412.55,972.978 7]
551.5	465.79	1 228.613	847.201 9	[551.5,847.201 9]
690.443	344.211	1 100.493	722.351 8	[690.443,722.351 8]
829.39	223.843	973.204	598.523 8	[829.39,598.523 8]
968.34	104.808	846.843	475.825 8	[968.34,475.825 8]
1 107.28	0	721.519	360.759 5	[1 107.28,360.759 5]
1 246.23	0	597.357	298.678 7	[1 246.23,298.578 7]
1 385.18	0	474.504	237.251 9	[1 385.18,237.251 9]
1 524.13	0	353.127	176.563 7	[1 524.13,176.563 7]
1 663.07	0	233.425	116.712 4	[1 663.07,116.712 4]
1 802.02	0	115.626	57.813 0	[1 802.02,57.813 0]
1 940.97	0	0	0	[1 940.97, 0]

2. 遗传算法参数设置

在判别 r_1 理论子区间约束和 r_4 物理约束空间双冗余度隐式遗传逆解算法实验遗传参数设定的基础上，做出调整见表 8-8。

表 8-8　设定初始种群判别 r_1 理论子区间约束和 r_4 物理
约束空间双冗余度隐式遗传逆解算法参数设定

参数名称	参数值	主要代码	备注
初始种群	gInitPop	options = gaoptimset (options,'Initial Population',gInitPop)；	本实验共重复进行 10 次。种群规模为 20,截止代数为 10

3. 实验结果

对设定初始种群,判别 r_1 理论子区间约束和 r_4 物理约束空间双冗余度隐式遗传逆解算法进行 10 次测试,适应度函数最小值情况如图 8-14 所示。

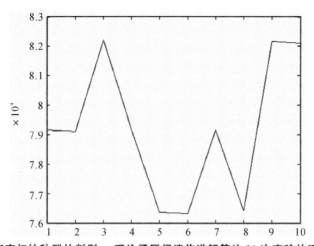

图 8-14　指定初始种群的判别 r_1 理论子区间遗传逆解算法 10 次实验的适应度最小值

单独每一次实验,适应度最小值和平均值随遗传代数的变化如图的实验结果如图 8-15 所示。

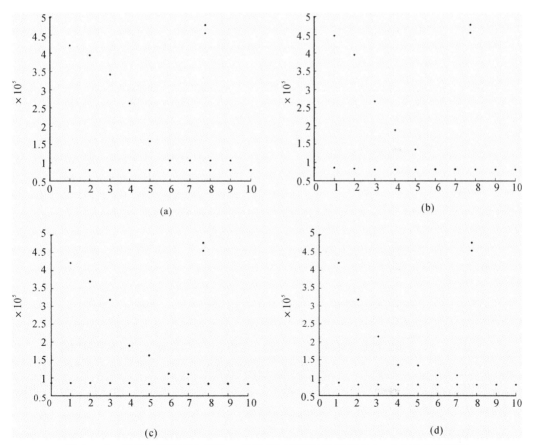

图 8-15　指定初始种群的判别 r_1 理论子区间遗传逆解算法 10 次实验收敛情况

(a)实验编号 1；(b)实验编号 2；(c)实验编号 3；(d)实验编号 4

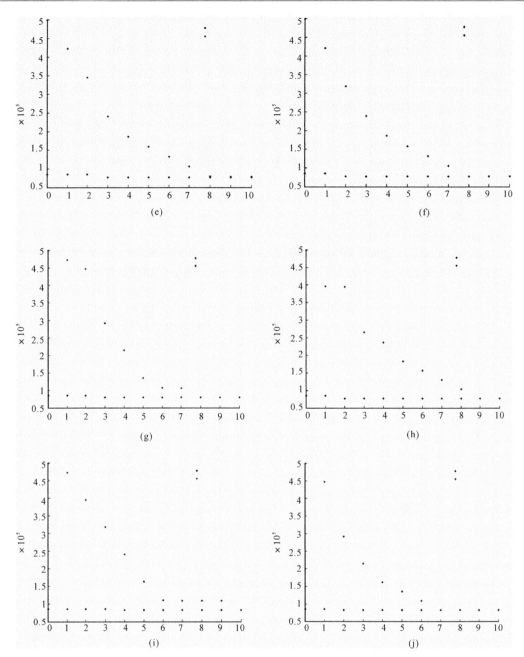

续图 8-15　指定初始种群的判别 r_1 理论子区间遗传逆解算法 10 次实验收敛情况

(e)实验编号 5；(f)实验编号 6；(g)实验编号 7；(h)实验编号 8；(i)实验编号 9；(j)实验编号 10

每次测试,算法用时约为 104.5 s。基本在第 8 代或者第 9 代时,适应度函数平均值与适应度函数最小值距离足够接近,优化结果收敛。

4. 实验分析

从实验结果看,虽然本例中,r_1 的理论有效低位区间中,在物理约束下,只有 10% 的有效区间占比,指定初始种群的遗传算法仍然可以得到稳定的优化解,并且算法用时很短。这说明,指定初始种群的遗传算法可以有效的解决初始种群随机性造成的不稳定缺陷。但是问题依然存在。在本例中,按照有效区间的占比,初始种群中,大约只有两个个体是有效区间内的。因为 10 次测试中,0 代时的适应度函数平均值非常接近 600 000。这说明,在本例中,大部分的理论有效区间内的个体在有物理约束下,依然是无优化效果的个体。因此在后续的选择、交叉和变异中,优秀基因的多样性依然不好。希望获得适应度函数值更小的个体,只能通过增加突变概率。但是突变的方向是随机的。其寻优的速度慢,效率低。

8.3.4　设定理论有效初始种群判别 r_1 理论子区间约束和 r_4 物理约束空间双冗余度隐式遗传逆解算法改进——模式搜索

从上面的实验结果可以看出,遗传算法在全局寻优方面有优势,但是缺点也暴露出来,面对比较复杂的适应度函数计算,种群规模和截止代数受运算时间的限制。在确定了最优个体可能存在的区间后,更加精确的局部寻优能力较差。通常要花费大量的时间才能得到一定的效果,这种投入超过了摄影机器人实际应用的时间成本承受能力。由 HijGAFcn 函数图像可知,本例中摄影机器人逆解区间内适应度函数值分布是有一定规律的,且不存在多个函数最小值。本书在遗传算法找到全局最优解的周边解后,采用模式搜索(General Pattern Search,GPS)来解决优化解中最优解的精确求解。

1. 模式搜索

模式搜索算法通过搜索当前点的周边点集,选出一个目标函数值比当前点的目标函数值小的点作为新的优化点。以新的优化点作为当前点,重复上面动作,直到满足截止条件,以此时的当前点作为最优解。周边点集称为网格,网格由当前点加上纯量倍数向量组得到。纯量倍数向量组称为模式[132]。

模式搜索的优点是不需要目标函数的梯度信息,目标函数也无可微,随机以及连续性要求。

本书在设定理论有效初始种群判别 r_1 理论子区间约束和 r_4 物理约束空间双冗余度隐式遗传逆解算法的基础上,将得到的优化解作为模式搜索的初始点,进一步寻找最优解。

2. 遗传算法参数设置

目标点位姿(**paT**)和摄影机器人当前状态(**CRCS**)与设定理论有效初始种群判别 r_1 理论子区间约束和 r_4 物理约束空间双冗余度隐式遗传逆解算法实验一致,在其遗传算法参数设置的基础上,做出调整见表 8-9。

表 8-9　结合模式搜索设定理论有效初始种群判别 r_1 理论子区间约束和 r_4 物理约束空间双冗余度隐式遗传逆解算法参数设定

参数名称	参数值	主要代码	备注
高阶网格函数(HybridFcn)	patternsearch	options = gaoptimset (options,'HybridFcn',@patternsearch);	patternsearch 适合用于含有约束的适应度函数值有规律的理论有效区间搜索

3. 实验结果

10 次测试算法运行总时间为 2 035.999 179 s,平均每次用时 203.6 s,约 3.3 min。

结合模式搜索设定理论有效初始种群判别 r_1 理论子区间约束和 r_4 物理约束空间双冗余度隐式遗传逆解算法的适应度函数最小值 10 次实验的结果如图 8-16 所示。

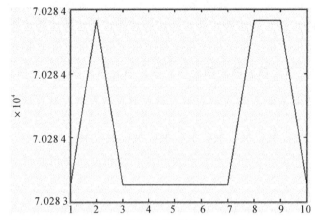

图 8-16 结合模式搜索设定理论有效初始种群判别 r_1 理论子区间约束和 r_4 物理约束空间双冗余度隐式遗传逆解算法 10 次实验的适应度最小值情况

10 次实验的函数适应度最小值基本确定在 70 283。

最优个体差别很小,基本确定为

$$[r_1 \quad r_4] = [1\ 401.923\ 79 \quad 0.000\ 001]$$

对应的摄影机器人各关节状态为

$$\mathbf{CRTS} = [1\ 401.9 \quad 0.523\ 60 \quad -0.019\ 31 \quad 0.000\ 001 \quad -2.567\ 96$$
$$0 \quad 1.016\ 47 \quad -2.617\ 994]^{\mathrm{T}}$$

摄影机器人达到目标位姿时的状态如图 8-17 所示。

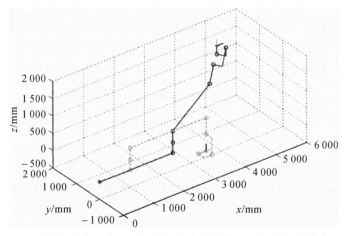

图 8-17 结合模式搜索设定理论有效初始种群判别 r_1 理论子区间约束和 r_4 物理约束空间双冗余度隐式遗传逆解算法解的目标位姿

4. 实验分析

从实验结果可以看出,每次实验都结果都基本一致,足够接近适应度函数的全局最小值。按照 10 个路径关键点计算,总时长约为 0.5 h,算法用时长度可以承受。

在相同的摄影机器人初始状态(**CRCS**)和目标点位姿(**paT**)设定,与双冗余度物理约束空间截止代数为 20 时隐式遗传逆解算法实验结果相比,各轴运动幅度见表 8 - 10。

表 8 - 10　**两种方法各轴运动幅度对比**

轴　号	初始状态值	双冗余度物理约束空间截止代数为 20 时隐式遗传逆解算法实验结果	结合模式搜索设定理论有效初始种群判别 r_1 理论子区间约束和 r_4 物理约束空间双冗余度隐式遗传逆解算法结果
r_1	0	7 296.7	1 401.9
θ_2	0	2.714 59	0.523 60
θ_3	0	−0.047 83	−0.019 31
r_4	0	505.9	0.000 001
θ_5	0	−2.373 23	−2.567 94
θ_6	0	0	0
θ_7	0	0.850 267	1.016 47
θ_{ee}	0	−0.427 00	−2.617 99

将各轴的运动轨迹与运动轴运动量权值 **CRMW** 对比可以看出,3 个负载惯量比较大的轴,底层直线运动轴、底层环形旋转轴和环形结构顶部俯仰旋转轴的运动量有明显减少。这意味着摄影机器人在达到目标点时,机器人的主体结构平移和旋转量很少,顶层直线结构远端俯仰旋转轴相较于环形结构顶部俯仰旋转轴承担更多的运动量。负载惯量较小的末端执行器姿态调整 3 组合轴,比双冗余度物理约束空间截止代数为 20 时隐式遗传逆解算法的运动量大。此结果满足预定优化目标,负载惯量小的轴运动量大,负载惯量大的轴运动量小。同时,顶层直线运动轴移动量约为 0,符合在高度可达的情况下,尽量少的移动顶层直线运动轴的思路。

从算法用时上看,双冗余度物理约束空间截止代数为 20 时隐式遗传逆解算法用时 100 s,结合模式搜索,设定理论有效初始种群,判别 r_1 理论子区间约束和 r_4 物理约束空间双冗余度隐式遗传逆解算法用时 200 s。虽然两者差距在 100 s。但是这并不妨碍它的正常使用。

从算法稳定性上看,双冗余度物理约束空间截止代数为 20 时隐式遗传逆解算法非常不稳定,几乎不能得到全局最优解,甚至有时连有效优化解都不存在。而结合模式搜索,设定理论有效初始种群,判别 r_1 理论子区间约束和 r_4 物理约束空间双冗余度隐式遗传逆解算法只在理论上存在很小的概率得不到有效解。实际中,可以得到全局最优解。

对不使用遗传算法,直接在理论有效初始种群的基础上,只进行一轮适应度函数计算,把适应度函数值最小的解作为最优解的方法,进行分析。不进行遗传算法的遗传计算,直接进行模式搜索。在本例中,因为通过对适应度函数进行枚举得到函数图像的大致形态。但是如果改变了摄影机器人的当前状态,改变了目标点位姿。那么 HijGAFcn 适应度函数是否还是有规律?是否还是只有一个最优解?这些问题没有定论。有遗传算法做全局搜索,既能在全局角度找到优化解,还能在一定程度上解决由于物理限制,理论有效解中实际无效的情况。在遗传算法中,由于基本都是理论优秀基因,通过遗传计算,找到附近有效解的概率还是很大的。如果确实没有最优解存在,那说明这个 r_1 理论有效子区间或者不存在有效解,或者有效解实在太少。此时如果直接使用模式搜索,初始搜索点很难确定,能搜索到优化解的概率非常小。如果在遗传算法的结果上,放弃这个 r_1 理论有效子区间,直接搜索另外一个 r_1 理论有效子区间,找到优化解,可为模式搜索打下良好基础。同时,使用遗传算法的情况下,逆解时间在实际可承受范围内。综上,保留遗传算法。采用遗传算法加模式搜索的算法。

综上所述,结合模式搜索,设定理论有效初始种群,判别 r_1 理论子区间约束和 r_4 物理约束空间双冗余度隐式遗传逆解算法,运动优化效果很理想。

8.4 小   结

为在实际应用可接受的运算时间内稳定、可靠的得到全局最优解,本章在摄影机器人冗余自由度运动范围分析的基础上,讨论并试验了多种改进方式的基于遗传算法的摄影机器人运动学逆解算法,最终得到了一种满足实际应用要求的改进算法。

双冗余度理论约束空间嵌套隐式遗传逆解算法,可以找到优化解。但是由于遗传算法的对象为种群,因此造成运算量过大,运算时间过长,且容易收敛到局部最优解的后果。为提高运算速度,放弃遗传算法的嵌套使用,提出 r_1 理论约束和 r_4 物理约束空间双冗余度隐式遗传逆解算法。该算法的运行时间得到明显改善。通过对 r_1 子区间的分析,提出判别摄影机器人主体结构与目标点相对位置法,提前确定最优解所在的 r_1 子区间。此方法可进一步缩短运算时间,并且提高优化解的质量。但是依然容易陷入局部优化解,且算法稳定性差,可能会出现无优化解的情况。造成这些缺点的主要原因是,低有效解占有比条件下,初始种群的随机性使得有效解数量少或者没有,优秀基因多样性差且容易流失。实验证明,通过提高种群规模和提高截止代数,并不能高效率弥补缺点。优化效果的微小提高需要大量的运算时间投入,不适用。本书从另一角度应用摄影机器人冗余自由度运动范围分析结论,通过设定理论有效初始种群,得到了稳定的优化效果,克服了低有效解占有比条件下初始种群随机生成的缺点。算法的运行时间非常理想。最后,在设定理论有效初始种群的遗传算法得到的优化解附近,通过模式搜索法,精确定位全局最优解。该算法的运行时间在实际应用的可承受范围内。为清晰表述,将各种基于遗传算法的摄影机器人逆解方法及其效果总结见表 8-11。

表 8-11　摄影机器人逆解算法效果对比

遗传反解算法	有效优化解存在性	有效优化解存在稳定性	全局最优解存在性	算法运行时间要求
基于关节空间显式遗传逆解算法	几乎不存在	*	*	不满足
双冗余度物理约束空间隐式遗传逆解算法	存在	很不稳定	几乎不存在	满足
双冗余度物理约束空间隐式遗传逆解算法-扩大种群规模	存在	很不稳定	几乎不存在	不满足
双冗余度理论约束空间嵌套隐式遗传逆解算法	存在	比较稳定	几乎不存在	不满足
r_1 理论约束和 r_4 物理约束空间双冗余度隐式遗传逆解算法	存在	不稳定	几乎不存在	满足
判别 r_1 理论子区间约束和 r_4 物理约束空间双冗余度隐式遗传逆解算法	存在	不稳定	几乎不存在	满足
判别 r_1 理论子区间约束和 r_4 物理约束空间双冗余度隐式遗传逆解算法-扩大种群规模	存在	不稳定	几乎不存在	不满足
判别 r_1 理论子区间约束和 r_4 物理约束空间双冗余度隐式遗传逆解算法-增加截止代数	存在	不稳定	几乎不存在	不满足
判别 r_1 理论子区间约束和 r_4 物理约束空间双冗余度隐式遗传逆解算法-设定理论有效初始种群	存在	很稳定	优化解接近最优解	满足
判别 r_1 理论子区间约束和 r_4 物理约束空间双冗余度隐式遗传逆解算法-设定理论有效初始种群＋模式搜索	存在	很稳定	全局最优解	满足

第四部分

基于物理样机和辅助函数的算法验证

第9章 摄影机器人最优逆解 物理样机实现

本章在自主研发设计的摄影机器人物理样机"京晶1号"平台上,以最优逆解为上位机输入命令,驱动物理样机运动到指定目标点,用便携式三坐标测量系统进行运动效果检测。

9.1 摄影机器人物理样机

平衡摄影机器人自重和结构刚度是机构设计难点。北京航空航天大学和北京建筑大学联合实验室在综合考虑电影拍摄需求、现代摄像机尺寸和重量,以及对已有摄影机器人充分调研和性能分析的基础上,自主设计研发了摄影机器人"京晶1号"。摄影机器人运动轴和关键部件名称如图9-1所示。该物理样机设计了动态顶压驱动机构,有效补偿了齿轮副的啮合间隙,减小了机构振动,设计了几何约束自解耦空间固定螺母的丝杠传动机构,实现了顶层直线机构的伸缩。控制方面采用 UMAC 运动控制卡配合伺服电机。物理样机载重量为30 kg,自重1 000 kg。整机采用模块化设计,拆装方便。摄像机最大有效高度为4.68 m。速度设计参数和各轴运动范围见表9-1。

图 9-1 摄影机器人运动轴和关键部件命名

表 9-1 摄影机器人"京晶1号"性能参数

速度参数	
轨道速度	$1 \text{ m} \cdot \text{s}^{-1}$
臂架摆动速度	$20° \cdot \text{s}^{-1}$
臂架抬高速度	$20° \cdot \text{s}^{-1}$
臂架移动速度	$30 \text{ cm} \cdot \text{s}^{-1}$
臂架远端轴转动速度	$30° \cdot \text{s}^{-1}$
摄像机旋转	$40° \cdot \text{s}^{-1}$
摄像机倾斜	$40° \cdot \text{s}^{-1}$
摄像机滚动	$40° \cdot \text{s}^{-1}$
摄像机镜头距离地面最大高度	4.68 m

各轴运动范围		
轴名称	轴代号	运动范围
底层直线运动轴	r_1	$-3\,000 \sim 10\,000$ mm
底层环形旋转轴	θ_2	$-170°\sim170°$
环形结构顶部俯仰旋转轴	θ_3	$-25°\sim 40°$
顶层直线运动轴	r_4	$0 \sim 1\,600$ mm
顶层直线结构远端俯仰旋转轴	θ_5	$-180°\sim 0°$
末端执行器姿态调整旋转轴	θ_6	$-150°\sim 150°$
末端执行器姿态调整俯仰轴	θ_7	$-60°\sim 240°$
末端执行器姿态调整翻滚轴	θ_{ee}	$-150°\sim 150°$

　　摄影机器人综合减速比由电子齿轮、机构传动比以及电机编码器分辨率构成。通过综合减速比(Integrate Reduction Ratio,IRR),可以方便将上位机输入指令和物理实际运动距离(角度)进行换算。例如,上位机输入位置指令为 y(单位为 counts),机器人运动轴实际运动物理量为 x[直线运动时,单位为 mm,旋转运动时,单位为(°)],有 $y_n = x_n \cdot \text{IRR}_n(n=1, 2,\cdots,8,$代表轴号)。同时,综合减速比考虑了物理样机电机的实际旋转方向设定与理论正向旋转约定的关系,以系数的正负予以表达。摄影机器人物理样机的综合减速比见表9-2。

表 9-2 摄影机器人物理样机综合减速比

轴	综合减速比	轴	综合减速比
底层直线运动轴	1 284	底层直线结构远端俯仰旋转轴	76 896
底层环形旋转轴	-8 962	末端执行器姿态调整旋转轴	-4 456
推举直线运动单元 (环形结构顶部俯仰旋转轴)	41 943	末端执行器姿态调整俯仰轴	-52 691
顶层直线运动轴	34 953	末端执行器姿态调整翻滚轴	2 635

9.2　目标点空间位置测量工具简介

Metronor 系统是一种大尺寸高精度便携式三坐标测量机,主要构件有数码相机、高性能移动工作站型笔记本和光笔,光笔型号为 CLP 6800,如图 9-2 所示。空间点的三坐标测量采用 Solo 测量模式,测量精度为±0.03 mm。所有的测量信息,在 PowerINSPECT 软件中进行处理,包括多点构成的复杂几何元素,以及复杂几何元素之间的几何关系。

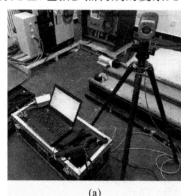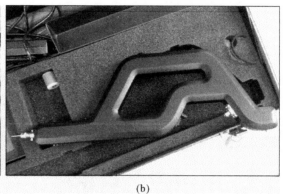

(a)　　　　　　　　　　　　　　(b)

图 9-2　Metronor 三坐标测量系统

(a)主要部件;(b)测量用光笔

在使用前,已经对数码相机和光笔进行校准。使用过程中,数码相机的摆放位置决定了有效探测区间,有经验公式可供参考,其详细论述及其他细节信息参见文献[148]。以数码相机的内部坐标系作为测量坐标系。测量时,操作人员手持光笔,在数码相机的有效拍摄范围内,对目标点进行测量,光笔外侧的 LED 要指向数码相机。操作状态如图 9-3 所示,为数码相机中的截图。

图 9-3　三坐标测量系统使用

9.3　物理样机零状态校准

摄影机器人物理样机在实际按照最优逆解运行之前,需要对摄影机器人物理样机进行运动学参数标定。标定后摄影机器人拥有更精确的运动轨迹。本书暂不考虑摄影机器人的连杆参数误差(机构设计过程保证误差在一很小的范围内),只对摄影机器人的初始零位状态进行校准。初始零位状态越接近,得到的数据驱动下的物理样机逆解目标位姿就越接近理论值。

摄影机器人初始零状态校准,主要指尽可能消除物理样机各个连杆上坐标系之间的几何相对位置关系与理论几何相对位置关系的误差。校准的难度在于,摄影机器人运动学模型中的连杆在物理样机上并不存在,甚至没有一个物理参考几何形状。本书对摄影机器人连杆上各个坐标系逐个进行分析和校准。

9.3.1 环形结构顶部俯仰旋转轴校准

环形结构顶部俯仰旋转轴在初始零位状态时,使得顶部直线运动轴所在平面平行于底层直线运动轴所在平面。选择顶层直线结构的铝型材下表面作为顶层直线运动轴轴线的代表平面 A。选择底层直线导轨的上表面作为底层直线运动轴轴线的代表平面 A。校准前、后的物理样机如图 9-4 所示。

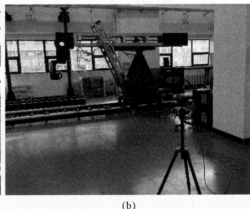

(a)   (b)

图 9-4　环形结构顶部俯仰旋转轴物理样机校准

(a)环形结构顶部俯仰旋转轴校准前;(b)环形结构顶部俯仰旋转轴校准后

在三坐标测量系统中,校准过程如图 9-5 所示。校准前、后的关键几何面都在有效拍摄区间内。校准前,两平面夹角为 177.159°。校准后,两平面夹角为 179.893°。

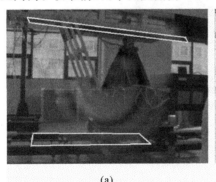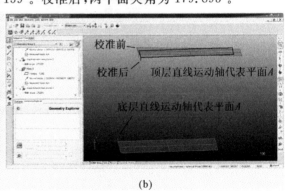

(a)   (b)

图 9-5　环形结构顶部俯仰旋转轴校准过程

(a)数码相机视角;(b)环形结构顶部俯仰旋转轴校准数据

9.3.2 顶层直线结构远端俯仰旋转轴校准

顶部直线结构远端俯仰旋转轴在初始零状态时,顶层直线运动轴轴线与末端执行器姿态调整旋转轴轴线夹角为90°。选择顶层直线结构的铝型材下表面作为顶层直线轴轴线代表平面 A,选择末端执行器姿态调整旋转轴轴承外套下表面作为末端执行器姿态调整旋转轴轴线的代表平面 A。校准前、后的物理样机如图9-6所示。

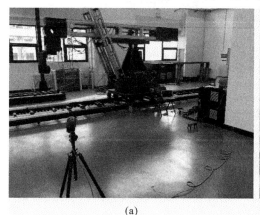 

(a) (b)

图9-6 顶层直线结构远端俯仰旋转轴物理样机校准

(a)校准前;(b)校准后

在三坐标测量系统中,校准过程如图9-7所示。校准前、后的关键几何面都在有效拍摄区间内。校准前,两平面夹角为 $3.457°$。校准后,两平面夹角为 $0.187°$。

(a) (b)

图9-7 顶层直线结构远端俯仰旋转轴校准过程

(a)数码相机视角;(b)校准数据

9.3.3 末端执行器姿态调整旋转轴校准

末端执行器姿态调整旋转轴在初始零状态时,姿态调整俯仰轴轴线与顶层直线结构远端俯仰轴轴线夹角为 $0°$。选择姿态调整俯仰轴上游结构件背面作为末端执行器姿态调整俯仰轴轴线的代表平面,选择姿态调整旋转轴轴承外侧面作为顶层直线结构远端俯仰旋转轴轴线的代表平面。校准前、后的物理样机如图9-8所示。

(a)　　　　　　　　　　(b)

图 9-8　末端执行器姿态调整旋转轴物理样机校准

(a)校准前;(b)校准后

在三坐标测量系统中,校准过程如图 9-9 所示。校准前后的关键几何面都在有效拍摄区间内。校准前,两平面夹角为 $67.827°$。校准后,两平面夹角为 $179.365°$。

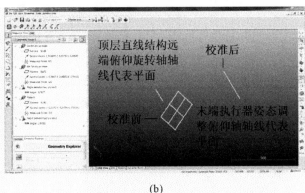

(a)　　　　　　　　　　(b)

图 9-9　末端执行器姿态调整旋转轴校准过程

(a)数码相机视角;(b)校准数据

9.3.4　顶层直线运动轴校准

顶部直线运动轴在初始零状态时,环形结构顶部俯仰旋转轴轴线与顶层直线结构远端俯仰旋转轴轴线的水平距离为 2 500 mm。选择与环形结构顶部俯仰旋转轴轴线在同一平面的顶部直线结构位置作为环形结构顶部俯仰旋转轴轴线的位置。选择顶层直线结构远端俯仰旋转轴轴承圆弧外套的最低点作为顶层直线结构远端俯仰轴的轴线位置。由于这两个点不在同一垂直面上,故将整段长度分成两个部分分别测量。第一部分为顶层直线结构远端俯仰旋转轴轴承圆弧外套的最低点到顶部直线结构远端俯仰旋转轴的安装板平面的距离。第二部分为安装版平面到与环形结构顶部俯仰旋转轴轴线在同一平面的顶部直线结构位置的距离。两部分分别测量后再进行相加。校准前、后的物理样机如图 9-10 所示。

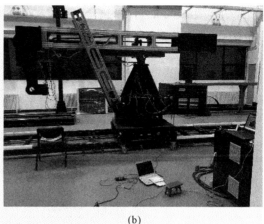

(a)　　　　　　　　　　　　　　　　(b)

图 9 - 10　顶层直线运动轴物理样机校准

(a)顶层直线运动轴校准前；(b)顶层直线运动轴校准后

在三坐标测量系统中，校准过程如图 9 - 11 所示。校准前、后的关键几何元素都在有效拍摄区间内。校准前，两位置距离为 2 534.769(320.839＋2 213.930) mm。校准后，两位置的距离为 2 500.309(320.839＋2 179.470) mm。

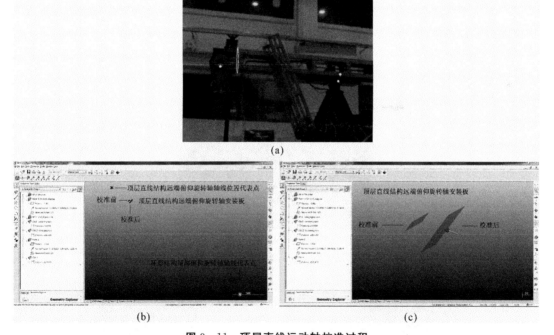

图 9 - 11　顶层直线运动轴校准过程

(a)数码相机视角；(b)整体校准数据图；(c)安装板校准前后位置局部图

9.3.5　底层环形旋转轴校准

底层环形旋转轴在初始零状态时，底层直线运动轴轴线与顶层直线运动轴轴线平行。由于底层直线导轨侧表面很小，不利于测量，故选择导轨基座的侧表面作为底层直线运动轴

轴线的代表平面 B。选择顶层直线结构铝型材的侧表面作为顶层直线运动轴轴线的代表平面 B。校准前、后的物理样机如图 9-12 所示。

(a)   (b)

图 9-12 底层环形旋转轴物理样机校准

(a)底层环形旋转轴校准前；(b)底层环形旋转轴校准后

在三坐标测量系统中，校准过程如图 9-13 所示。校准前、后的关键几何面都在有效拍摄区间内。校准前，两平面夹角为 $1.635°$。校准后，两平面夹角为 $1.048°$。

(a)

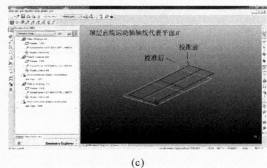

(b)   (c)

图 9-13 底层环形旋转轴校准过程

(a)数码相机视角；(b)整体校准数据图；(c)校准前后位置局部图

9.3.6 末端执行器姿态调整俯仰轴和翻滚轴校准

末端执行器姿态调整俯仰轴在初始零状态时,姿态调整翻滚轴轴线与姿态调整旋转轴轴线垂直。选择姿态调整翻滚轴轴承输出面作为姿态调整翻滚轴轴线的代表平面,选择姿态调整旋转轴轴承外套前侧面作为顶层直线运动轴轴线的代表平面 B。两平面夹角为 $0°$ 时,代表各自的轴线相互垂直。末端执行器姿态调整翻滚轴在初始零状态时,末端执行器坐标系实体支架的 xOz 平面与姿态调整俯仰轴轴线垂直。选择姿态调整俯仰轴结构件背面作为姿态调整俯仰轴轴线的代表平面(避免末端执行器坐标系实体支架遮挡住姿态调整俯仰轴输出面)。经过测量,两个轴已经基本和初始零位状态一致,无须再调整。末端执行器姿态调整俯仰轴的两测量平面夹角为 $0.146°$,末端执行器姿态调整翻滚轴的两测量平面夹角为 $0.320°$。物理样机的状态如图 9-14 所示。

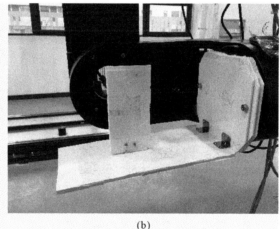

(a)   (b)

图 9-14　末端执行器姿态调整俯仰轴和翻滚轴物理样机校准

(a)俯仰轴;(b)翻滚轴

在三坐标测量系统中,两轴校准时采用相同的数码相机拍摄视角,如图 9-15 所示。校准前、后的关键几何面都在有效拍摄区间内(此时为末端执行器姿态调整俯仰轴校准,未安装末端执行器坐标系实体支架)。

图 9-15　末端执行器姿态调整俯仰轴和翻滚轴校准数码相机视角

9.4 最优逆解数据驱动物理样机运动实验

摄影机器人初始零位状态为

$$\mathbf{CRCS} = \begin{bmatrix} 0 & 0 & 0 & 0 & 0 & 0 & 0 & 0 \end{bmatrix}^T$$

此时,基于逆解世界坐标系的末端执行器坐标系位姿矩阵为

$$\mathbf{paZ} = \begin{bmatrix} 0 & 0 & 1 & 3\,500 \\ 0 & -1 & 0 & 0 \\ 1 & 0 & 0 & -330 \\ 0 & 0 & 0 & 1 \end{bmatrix}$$

指定目标空间点位姿矩阵为

$$\mathbf{paT} = \begin{bmatrix} 1 & 0 & 0 & 5\,000 \\ 0 & 1 & 0 & 1\,500 \\ 0 & 0 & 1 & 1\,500 \\ 0 & 0 & 0 & 1 \end{bmatrix}$$

则目标点位姿坐标系在末端执行器坐标系中的位姿齐次矩阵为

$$\mathbf{paT^Z} = (\mathbf{paZ})^{-1} \cdot \mathbf{paT} = \begin{bmatrix} 0 & 0 & 1 & 1\,830 \\ 0 & -1 & 0 & -1\,500 \\ 1 & 0 & 0 & 1\,500 \\ 0 & 0 & 0 & 1 \end{bmatrix} \tag{9-1}$$

由设定理论有效初始种群,结合模式搜索的,判别 r_1 理论子区间约束和 r_4 物理约束空间双冗余度隐式遗传逆解算法得到的最优解为

$\mathbf{CRTS} = \begin{bmatrix} 1\,401.9 & 0.523\,60 & -0.019\,31 & 0 & -2.567\,96 & 0 & 1.016\,47 & -2.617\,994 \end{bmatrix}^T$

借助表 8-5 和式(2-10),得到上位机位置输入指令向量为

$\mathbf{StU} = \begin{bmatrix} 1\,800\,168 & -268\,860 & 796\,132 & 0 & -11\,313\,862 & 0 & -3\,105\,818 & -395\,250 \end{bmatrix}^T$

设定末端执行器坐标系如图 9-16 所示。

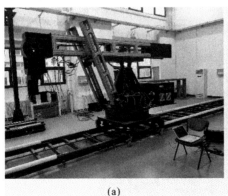
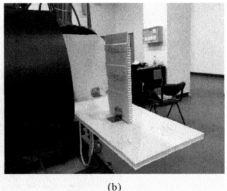

(a)   (b)

图 9-16 末端执行器坐标系支架

(a)含末端执行器坐标系的摄影机器人;(b)坐标系支架的测量面

末端执行器坐标系用 3 个空间点来表示。分别为坐标系原点 O,x 轴方向上的点 x 和 z 轴方向上的点 z。使用 Metronor 系统测定上面 3 个目标空间点坐标。实验时,数码相机的摆放位置和拍摄视角如图 9-17 所示。此拍摄位置可保证摄影机器人运动过程中,末端执行器坐标系位姿一直处于 Metronor 系统有效测量范围之内。

图 9-17 摄影机器人最优逆解数码相机摆放位置和视角

(a)数码相机摆放位置;(b)数码相机拍摄视角

摄影机器人初始零位状态和达到目标状态时,末端坐标系 3 空间点测量结果如图 9-18 所示。

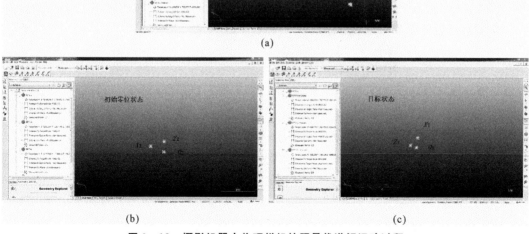

图 9-18 摄影机器人物理样机按照最优逆解运动过程

(a)末端执行器坐标系位姿测量结果;(b)初始零位状态特写;(c)目标状态特写

末端坐标系 3 坐标点测量详细数据见表 9-3。

表 9 - 3　末端坐标系 3 坐标点测量数据

零位状态	O_Z	$(1\ 281.147, -1\ 217.745, -7\ 351.774)$
	X_Z	$(1\ 278.963, -1\ 170.012, -7\ 361.370)$
	Z_Z	$(1\ 248.746, -1\ 219.657, -7\ 362.201)$
目标状态	O_T	$(-686.575, 762.754, -6\ 850.280)$
	X_T	$(-731.258, 756.734, -6\ 868.342)$
	Z_T	$(-688.626, 795.572, -6\ 854.896)$

其中,所有点的坐标都是相对于 Metronor 系统内部的世界坐标系,称为测量世界坐标系{M}。末端执行器坐标系符合右手定则,y 轴方向向量由 z 轴和 x 轴单位向量叉乘获得,见表 9 - 4。

表 9 - 4　末端坐标系方向向量

	向　量	单位向量
$O_Z X_Z$	$\begin{bmatrix} -2.184 & 47.733 & -9.596 \end{bmatrix}^T$	$\begin{bmatrix} -0.044\ 8 & 0.979\ 4 & -0.196\ 9 \end{bmatrix}^T$
$O_Z Y_Z$		$\begin{bmatrix} 0.3106 & -0.1734 & -0.9333 \end{bmatrix}^T$
$O_Z Z_Z$	$\begin{bmatrix} -32.401 & -1.912 & -10.427 \end{bmatrix}^T$	$\begin{bmatrix} -0.950\ 4 & -0.056\ 1 & -0.305\ 9 \end{bmatrix}^T$
$O_T X_T$	$\begin{bmatrix} -44.683 & -6.02 & -18.062 \end{bmatrix}^T$	$\begin{bmatrix} -0.92 & -0.1239 & -0.3719 \end{bmatrix}^T$
$O_T Y_T$		$\begin{bmatrix} -0.384\ 8 & 0.104\ 9 & 0.917\ 0 \end{bmatrix}^T$
$O_T Z_T$	$\begin{bmatrix} -2.051 & 32.818 & -4.616 \end{bmatrix}^T$	$\begin{bmatrix} -0.061\ 8 & 0.988\ 4 & -0.139 \end{bmatrix}^T$

由表 9 - 4 得到末端执行器坐标系在测量坐标系中,初始零位状态时的齐次矩阵为

$$\mathbf{paZ}^M = \begin{bmatrix} -0.044\ 8 & 0.310\ 6 & -0.950\ 4 & 1\ 281.147 \\ 0.979\ 4 & -0.173\ 4 & -0.056\ 1 & -1\ 217.745 \\ -0.196\ 9 & -0.933\ 3 & -0.305\ 9 & -7\ 351.774 \\ 0 & 0 & 0 & 1 \end{bmatrix}$$

末端执行器坐标系在测量坐标系中,目标状态时的齐次矩阵为

$$\mathbf{paT}^M = \begin{bmatrix} -0.92 & -0.384\ 8 & -0.061\ 8 & -686.575 \\ -0.123\ 9 & 0.104\ 9 & 0.988\ 4 & 762.754 \\ -0.371\ 9 & 0.917 & -0.139 & -6\ 850.280 \\ 0 & 0 & 0 & 1 \end{bmatrix}$$

由此,可得到以 $\mathbf{paZ}$ 为基准坐标系时,$\mathbf{paT}$ 相对于 $\mathbf{paZ}$ 的位姿齐次矩阵为

$$\mathbf{paT}^Z = (\mathbf{paZ}^M)-1 \cdot \mathbf{paT}^M = \begin{bmatrix} -0.055 & -0.065 & 0.998 & 1\ 856.540 \\ 0.083 & -0.996 & -0.061 & -1\ 426.166 \\ 0.998 & 0.082 & -0.002 & 1\ 516.816 \\ 0 & 0 & 0 & 1 \end{bmatrix} \quad (9-2)$$

与式(9-1)比较,两者的距离很小。

由式(4-2)、式(4-3)和式(4-4),得到末端坐标系的实际位姿与理论计算位姿的位置偏差(单位为 mm)和姿态偏差为

$$\begin{cases} dP = 80.240\ 9 \\ dA = 0.156\ 9 \end{cases}$$

摄影机器人运动到目标位置时,物理样机的实际状态如图 9 - 19 所示。与逆解算法仿真得到的预期结果对比,可以看到,摄影机器人物理样机达到了指定的目标位姿。

图 9 - 19　摄影机器人物理样机到达目标点位姿

造成物理样机的目标位姿与理论仿真的目标位姿误差的原因,主要有以下 5 点(按照影响大小排序):

(1)由于底层轨道的侧面无法作为测量面,只能将底层直线运动轴轴线的代表平面 B 作为测量面。其平面度较差,为 1.008。

(2)摄影机器人连杆参数误差。

(3)三坐标测量系统人为操作误差。

(4)摄影机器人初始零位状态校准的累积误差。

(5)其他 7 个运动轴轴线的代表平面的测量面的几何和位置误差。

还有其他误差影响因素,由于不是主要误差来源,这里不一一罗列。

9.5　小　　结

本章利用 Metronor 便携式三坐标测量系统作为目标点空间位置测量工具。将设定理论有效初始种群,结合模式搜索的判别 r_1 理论子区间约束和 r_4 物理约束空间双冗余度隐式遗传逆解算法得到的最优解结果在物理样机上进行验证。设定与仿真实验一致的摄影机器人初始零位状态和目标点位姿。在计算并验综合减速比基础上,校准了摄影机器人物理样机的初始零位状态,使其尽量接近理论值。最后,将最优逆解转化为上位机指令值,控制摄影机器人移动到目标位姿。实际测量的末端执行器位姿与理论计算位姿基本一致,逆解算法结果在物理样机上得到实现。

第 10 章　随机生成空间坐标系的数学描述

对于冗余度机器人位置级不同运动学反解算法,需要检测算法的有效性、速度和收敛情况。在机器人的工作空间中,人为设置目标位姿的方法缺少全面性论证。通过数学方法论证算法性能,需要较长的研究时间,并且缺少对算法运行速度和收敛性的直观感受。一种简单有效的方式是随机生成多目标位姿。这里详细论述随机生成空间坐标系的数学分析,并编写相关程序实现此功能。

10.1　算法应用场景

PRRPR-S 型双冗余度机器人,主要用于摄像机的运动控制。由于冗余机器人位置级运动学反解有无穷个,故优化反解算法不唯一,且优化结果不稳定。对于不同的反解算法,需要测试算法是否可以收敛,算法的运行速度以及收敛程度。通过一定精度的遍历算法,可确定单个目标位姿全局最优解的所在小区间。以此为基准,可判定其他算法的收敛效果。算法效率的验证,一般采用实验例。在位置级空间中,第一种实验例是目标位姿,即使用不同的算法反解同一个特定的目标位姿。第二种实验例是目标轨迹,但是轨迹只是工作空间的一个较小子集。位置级实验例方法在一定程度上可以了解算法性能,但是缺少对完整工作空间的全面认识。

在速度级空间中,除了上述两种位置级空间的实验例形式外,还有一种实验例是目标球面,即在选定机器人初始状态后,以当前末端点为圆心,半径为 r 的球面上以平均分布概率选取目标方向。这种方案主要用于速度级反解性能评价,无法全面反应位置级目标空间。

面向完整工作空间的位置级算法性能描述主要有 3 种方式。第一种是人为设置多目标位姿样本,使其尽可能布满工作空间。由于本机型工作空间大,不仅有位置信息,还有姿态信息,故该方法无法在较短时间内得到全面性结果。如果人为设置少量目标位姿样本,测试方法有失全面性。第二种是通过数学论证。该方法可以精确描述反解算法性能,但是缺少对性能直观感受。第三种采用蒙特·卡洛法,即在工作空间内随机生成多个目标位姿样本,记录不同算法的结果空间距离,通过统计计算判定算法性能。该方法具有直观性和一定程度的全面性。但是目前只有随机生成位置目标样本的算法。本书基于蒙特·卡洛法,详细论述随机生成位姿目标样本(空间坐标系)的数学分析,通过编写程序在摄影机器人工作空间中生成随机位姿样本空间,为位置级运动学反解算法评价提供目标空间的全面描述。

第 2 部分论述了如何生成一个随机三维坐标系。首先给定坐标系的数学描述,之后按照重要度排序,考虑向量之间的约束关系,依次对坐标系原点、关键姿态轴、第二关键姿态轴以及第三姿态轴进行数学分析。同时有推论结果与实际情况匹配,佐证论述的正确性。第 3 部分通过计算机编程,在摄影机器人工作空间内随机生成了多目标位姿样本。第 4 部分对文章进行了总结。

10.2　笛卡儿坐标系随机生成数学分析

设 N、O 和 A 分别是坐标系 x 轴、y 轴和 z 轴的单位向量,P 为坐标系原点位置。记

$$N=\begin{bmatrix} N_x & N_y & N_z \end{bmatrix}^{\mathrm{T}}$$
$$O=\begin{bmatrix} O_x & O_y & O_z \end{bmatrix}^{\mathrm{T}}$$
$$A=\begin{bmatrix} A_x & A_y & A_z \end{bmatrix}^{\mathrm{T}}$$
$$P=(P_x,\quad P_y,\quad P_z)$$

则用 4×4 矩阵表示空间坐标系,记

$$T_G=\begin{bmatrix} N_x & O_x & A_x & P_x \\ N_y & O_y & A_y & P_y \\ N_z & O_z & A_z & P_z \\ 0 & 0 & 0 & 1 \end{bmatrix}$$

随机生成笛卡儿坐标系过程分为 4 步:第一步,随机生成坐标系原点位置;第二步,随机生成关键姿态向量 A;第三步,随机生成姿态向量 N;第四步,随机生成姿态向量 O。

10.2.1　随机生成坐标系原点位置

坐标系原点位置的 3 个坐标之间没有约束条件,只需要控制原点坐标在工作空间约束范围内随机选取。

10.2.2　随机生成关键姿态向量 A

摄影机器人应用环境中,摄像机的拍摄方向为关键方向,用 z 轴的单位向量 A 表示。

约束 1:A 向量长度为 1,有

$$A_x^2+A_y^2+A_z^2=1 \tag{10-1}$$

在满足式(10-1)时,随机确定 A_x。由于 A_y 和 A_z 尚未确定,有

$$A_x\in[-1,1] \tag{10-2}$$

选定 A_x 后,随机确定 A_y,在满足公式(10-1)时,有

$$A_y\in\left[-\sqrt{1-A_x^2},\sqrt{1-A_x^2}\right] \tag{10-3}$$

选定 A_y 后,在满足公式(10-1)时,有

$$A_z=\pm\sqrt{1-A_x^2-A_y^2} \tag{10-4}$$

其中,A_z 的正、负值各有 50% 的选择概率。

10.2.3 随机生成姿态向量 N

在确定 z 轴单位向量 A 之后，x 轴单位向量 N 必过 P 点，且与 z 轴垂直，可见 x 轴只有一个自由度。只要确定一个参数，x 轴就确定。

约束 1：N 向量与 A 向量相互垂直，有

$$A_x \cdot N_x + A_y \cdot N_y + A_z \cdot N_z = 0 \qquad (10-5)$$

约束 2：N 向量长度为 1，有

$$N_x2 + N_y2 + N_z2 = 1 \qquad (10-6)$$

当 $A_x \neq 0$ 时，在满足式（10-5）条件下，有

$$N_x = -\frac{(A_y \cdot N_y + A_z \cdot N_z)}{A_x}$$

将上式代入式（10-6），有

$$N_z^2(A_z^2 + A_x^2) + N_z(2A_zA_yN_y) + N_y^2(A_x^2 + A_y^2) - A_x^2 = 0$$

整理得

$$N_z = \frac{-N_yA_yA_z \pm \sqrt{-N_y^2(A_x4 + A_x^2A_y^2 + A_x^2A_z^2) + A_x^4 + A_x^2A_z^2}}{A_x^2 + A_z^2} \qquad (10-7)$$

为保证 N_z 有实数解，根号内参数有限制，即

$$-N_y^2(A_x^4 + A_x^2A_y^2 + A_x^2A_z^2) + A_x^4 + A_x^2A_z^2 \geqslant 0$$

整理得

$$N_y^2 \leqslant \frac{A_x^2(A_x^2 + A_z^2)}{A_x^2(A_x^2 + A_y^2 + A_z^2)} = A_x^2 + A_z^2 = \sqrt{1 - A_y^2} \qquad (10-8)$$

$$N_y \in [-\sqrt{1 - A_y^2}, \sqrt{1 - A_y^2}]$$

在此范围内随机选取 N_y。

由式（10-8）得

$$N_y \in [-1, 1]$$

在 N_x 和 N_z 没有确定的情况下，上述推论结果符合实际情况。同时，N_y 的取值受限于 A_y，也符合实际直观感受。同理其他两个分量，N_x 和 N_z，也由同样的结论。

随机选定 N_y 后，由式（10-8），N_z 的正、负取值概率各为 50%。这个结果符合直观感受，单位向量 A 确定后，N_y 确定后，N 向量只有两种对称的可能情况。再根据式（10-5），可以唯一确定 N_x，有

$$N_x = -\frac{(A_y \cdot N_y + A_z \cdot N_z)}{A_x} \qquad (10-9)$$

当 $A_x = 0$ 时，由式（10-1）得

$$A_y^2 + A_z^2 = 0 \qquad (10-10)$$

同时，由式（10-5）得

$$A_yN_y + A_zN_z = 0 \qquad (10-11)$$

当 $A_y = 0$ 时，那么由式（10-1），必有 $A_z = \pm 1$。由于在随机生成关键姿态向量步骤中，A 向量已经确定了，故无须讨论此时 A_z 的取值概率。由式（10-5）得

$$N_z = 0 \tag{10-12}$$

由式(10-6)得

$$N_x^2 + N_y^2 = 1$$

整理得

$$N_y = \pm \sqrt{1 - N_x^2} \tag{10-13}$$

通过式(10-13),在 N_x 随机选定后,可确定 N_y。N_y 的正、负选取概率各为 50%。

为保证 N_y 有实数解,根号内参数有限制,即

$$1 - N_x^2 \geqslant 0$$

整理得

$$N_x \in [-1, 1] \tag{10-14}$$

在此范围内随机选取 N_x。

对于 $\boldsymbol{N}$ 向量,在 N_y 和 N_z 没有确定的情况下,N_x 的取值范围与上述此推导取值范围一致。

当 $A_y \neq 0$ 时,由式(10-11)得

$$N_y = -\frac{A_z}{A_y} \cdot N_z \tag{10-15}$$

代入式(10-6),有

$$N_z^2 (A_z^2 + A_y^2) + N_x^2 A_y^2 - A_y^2 = 0$$

联立式(10-10),有

$$N_z^2 = \frac{-N_x^2 A_y^2 + A_y^2}{A_z^2 + A_y^2} = A_y^2 (1 - N_x^2)$$

整理得

$$N_z = \pm \sqrt{A_y^2 (1 - N_x^2)} \tag{10-16}$$

通过式(10-16),在 N_x 随机选定后,可确定 N_z。N_z 的正、负选取概率各 50%。

为保证 N_z 有实数解,根号内参数有限制,即

$$A_y^2 (1 - N_x^2) \geqslant 0$$

整理得

$$N_x \in [-1, 1] \tag{10-17}$$

在此范围内随机选取 N_x。

同样的,对于向量 $\boldsymbol{N}$,在 N_y 和 N_z 没有确定的情况下,N_x 的取值范围与上述此推导取值范围一致。

10.2.4　随机生成姿态向量 $\boldsymbol{O}$

y 轴的单位向量 $\boldsymbol{O}$ 可通过 z 轴向量 $\boldsymbol{A}$ 和 x 轴向量 $\boldsymbol{N}$ 获得(右手坐标系),即

$$\boldsymbol{O} = \boldsymbol{A} \times \boldsymbol{N} \tag{10-18}$$

综上所述,通过式(10-2)~式(10-4),可以随机生成向量 $\boldsymbol{A}$。

当 $A_x \neq 0$ 时,根据式(10-7)~式(10-9),可以随机生成向量 $\boldsymbol{N}$。

当 $A_x = 0, A_y = 0$ 时,根据式(10-12)~式(10-14),可以随机生成向量 $\boldsymbol{N}$。

当 $A_x = 0$，$A_y \neq 0$ 时，根据式(10-15)～式(10-17)，可以随机生成向量 $\boldsymbol{N}$。根据式(10-18)，可以随机生成向量 $\boldsymbol{O}$。

10.3 笛卡儿坐标系随机样本程序实现

在摄影机器人项目中，随机生成目标位姿的空间为长方体。具体为，在轨道方向 1 到 10 m，宽 7 m，高 6 m 的工作空间内随机生成满足均匀分布的 500 个目标位姿坐标系。算法采用 MATLAB 软件环境实现，为降低图像显示复杂度，目标位姿显示 z 轴(红色)和 x 轴(黑色)，不显示 y 轴。

程序结果如图 10-1 所示。

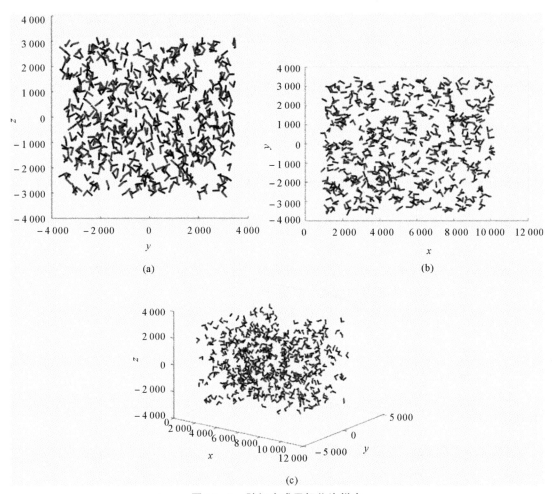

图 10-1 随机生成目标位姿样本
(a)正视图；(b)侧视图；(c)轴侧图

10.4　小　　结

　　为采用蒙特·卡洛法描述多轴机器人运动学反解算法性能,首先需要得到工作空间内的目标位姿的随机样本。对随机生成笛卡儿坐标系进行了详细的数学分析,通过编写程序获得了摄影机器人工作空间内的目标位姿随机样本。可以作为基础元素应用到其他研究中。

结 束 语

一个经常被问问题是:摄影机器人有用么？现在有不少摄影机追踪技术,且在拍摄中应用很广。但是摄影机器人有个特性——机电特性,可以获得超出人工或者机械辅助拍摄能力的视觉效果,提升艺术表现力。如同多轴加工机床的研发,我国机床师傅的水平很高,手工机床基本满足绝大多数的产品生产。但是对于多轴协作的机械加工,再厉害的工匠,也没法完成。摄影自动化,有一定概率也会发展出超越人工的阶段。假如现在做的内容,可以未来有一点点的帮助,哪怕是有人看了之后感觉,特种型的机器人不好用,笔者也会非常开心。开展摄影机器人研究的初衷,是看到国外影视作品的特效镜头,感觉这是一个不错的方向。让国产影片也能有闪光瞬间。当前项目距离应用还有相当的距离。基于臂型的摄影机器人配合高速摄影摄影机也是一个有前景的发展方向。假如一不小心有人坚持看到这里,希望您不要被本书的内容束缚,也不用纠结具体的理论推导过程。推荐您多看一些影视拍摄幕后视频,可以快速了解特效拍摄方法,主要关注获得过奥斯卡视觉特效奖的影片即可。如果您对数学分析特别想整明白,欢迎您直接联系笔者。书上万字,实质也就一句话而已。为了叙述的严谨,才出现了 10 万字。不过放心,笔者没有堆叠字数的私心。值得一提的是,本书的随机生成空间坐标系和运动学模型标定原理解析两部分,是机器人领域通用的技术,希望能帮到大家。

最后,总结本书的主要内容、创新点和未来工作方向。

本书围绕位置级摄影机器人运动学逆解和优化进行了深入研究和论述,主要工作包括以下 4 点。

(1)收集、整理了摄影机器人发展现状和相关理论的研究进展,阐明简化摄影机器人控制的意义。

(2)建立了 8 自由度 PRRPR-S 型机器人的运动学模型,并做了深入研究。

(3)提出的逆解算法可在实际时间要求范围内,稳定地收敛至位置级全局最优解;简化了摄影机器人的操作难度;提高了影视拍摄的工作效率。

(4)在校准零位状态的物理样机上,实现以最优逆解数据驱动摄影机器人运动至目标位姿。

在启发式算法论述方面,以摄影机器人为应用平台,根据算法效果反馈,逐步优化,直到满足场景使用需求。本书的主要创新包括以下几点：

(1)讨论了 PRRPR－S 型机器人的工作空间，提出了复杂判定空间转化为多个标准子空间的工作空间隶属度判定方法。

(2)基于关节空间的显式遗传逆解算法由于解空间维数高，维度广，无法获得摄影机器人的有效优化解。本书通过待定冗余自由度，借助扩展试探法，提出隐式遗传逆解算法，提高了解的质量。

(3)利用摄影机器人的结构特点，结合 TRFour 函数，对冗余自由度范围进行限制，通过设定理论有效初始种群，使遗传算法稳定收敛到优化解，时间符合实际要求。

(4)增加模式搜索的改进算法可稳定收敛到全局最优解。算法运行时间满足实际要求。

在当前研究基础上，未来还可以做以下方面研究。

(1)摄影机器人隐式适应度函数的性质研究。适应度函数分布规律和性质的研究，可进一步简化逆解算法。

(2)研究操作性更强的摄影机器人运动控制方式。放弃计算机窗口的输入模式，利用虚拟现实 VR 技术使镜头的移动更加方便。

(3)研究结构优化和新型材料，使得摄影机器人自重更轻，载重量大，增强机构刚性和提高减振效果。

(4)研究减少振动的控制算法，得到更加稳定的拍摄效果。

参考文献

[1]《魔弦传说》幕后制作特辑[EB/OL]. http://video. sina. com. cn/p/ent/m/f/hlw/doc/2017-01-13/193165527811. html.

[2]《星际穿越》制作大揭秘[EB/OL]. http://news. mtime. com/2014/11/25/1534444-all. html#p3.

[3]《地心引力》诞生记[EB/OL]. http://107cine. com/stream/25582/.

[4]《阿凡达》揭秘幕后特效制作[EB/OL]. http://news. mtime. com/2010/01/01/1422357-3. html.

[5] 工业光魔《星球大战外传:侠盗一号》特效制作花絮[EB/OL]. http://tieba. baidu. com/p/5346084486.

[6] 原力觉醒视效(VFX)分解说明[EB/OL]. http://www. bilibili. com/video/av3637381/.

[7] 李安《少年派的奇幻漂流》特效揭秘[EB/OL]. http://www. iqiyi. com/w_19rtpj5xwl. html.

[8] The Third Floor[EB/OL]. http://thethirdfloorinc. com/.

[9]《火星救援》的高科技制作[EB/OL]. http://107cine. com/stream/72624/.

[10]《奇异博士》特效制作揭秘[EB/OL]. http://www. ali213. net/news/html/2017-2/280595. html.

[11] 揭秘《奇幻森林》动物特效新标杆[EB/OL]. http://news. mtime. com/2016/04/22/1554717-all. html.

[12] 贺京杰. 摄影机运动控制设备发展现状分析[J]. 现代电影技术,2019(4):36-38.

[13] 贺京杰,汪苏,王春水. 虚拟制作中摄影机器人作用分析[J]. 现代电影技术,2017(10):44-45.

[14] CHRIS EDWARDS 驻足北京:虚拟现实与虚拟制作的全球前景[EB/OL]. http://www. sohu. com/a/126962655 - 502190.

[15] 刘进. 先进的摄影机运动控制系统[J]. 影视技术,2004(5):7-11.

[16] VARIZOOM. VarizoomUSA[EB/OL]. http://www. varizoom. com/default. asp.

[17] KESSLER. Cinedrive[EB/OL]. http://www. kesslercrane. com/cinedrive.

[18] CAMBLOCK. Motion Control[EB/OL]. http://camblock. com/.

[19] KINETICCAMERA. kineticcamera[EB/OL]. http://www. kineticcamera. ca/.

[20] ZEWIDE. Easy Camera Control[EB/OL]. http://www. zewide. com/.

[21] 奥视佳. 奥视佳(OTHKA)摄像机运动控制系统[EB/OL]. http://baike. baidu. com/ link? url=ldFyLgXq7zI393aNYAyigLh50ULENPPmK17wOzyYL DT5WNfCqf6qIh2EIiJ ymOfmvo0N4RRx3YD8bRqht4t9OK.

[22] GENERAL LIFT. Motion Control Rigs[EB/OL]. http://www. general-lift. com/.

[23] MRMC. Mark Roberts Motion Control[EB/OL]. http://www. mrmoco. com/.

[24] PACIFICMOTION. Motion Control[EB/OL]. http://pacificmotion. net/.

[25] DENAVIT J,HARTENBERG R S. A kinematic notation for lower-pair mechanisms based on matrices[J]. Journal of Applied Mechanics,1995,21(5):215-221.

[26] SADLER J P. Kinematics and dynamics of machinery[M]. New York: Harper & Row,1983.

[27] WHITNEY D E. Mechanical assemblies:their design manufacture and role in product development[M]. New York:Oxford University Press,2004.

[28] JUDD R P,KNASINSKI A B. A technique to calibrate industrial robots with experimental verification[J]. IEEE Transactions on Robotics and Automation,1990,6(1): 20-30.

[29] VEITSCHEGGER W K. A method for calibration and compensation of robot kinematic errors[C] // Proc of IEEE International Conference on Robotics and Automation. 1987:39-44

[30] STONE H W. Statistical performance evaluation of the S-model arm signature identification technique[C] // Proc of IEEE International Conference on Robotics and Automation. 1988:939-946.

[31] ZHUANG H Q,ROTH Z S. A complete and parametrically continuous kinematic model for robot manipulators[J]. IEEE Transactions on Robotics and Automation . 1992,8(4):451-463.

[32] KAZEROUNIAN K,QIAN G Z. Kinematic calibration of robotic manipulator[J]. ASME Journal of Mechanisms,Transmission and Automation in Design,1989(111): 482-487.

[33] CHEN I M,YANG G L,TAN C T. Local POE model for robot kinematic calibration [J]. Mechanism and Machine Theory,2001,36(11):1215-1239.

[34] CECCARELLI M. A formulation for the workspace boundary of general n-revolute manipulates[J]. Mechanism and Machine Theory,1996,31(5):637-646.

[35] LITVIN F L,FANGHELLA P, TAN J,et al. Singularities in motion and displacement functions of spatial linkages[J]. ASME J Mechanism Tran and Auto in Design-Transactions,1986,108(4):516-523.

[36] LITVIN F L,YI Z,CASTELLI V P,et al. Singularities,configurations,and displacement functions for manipulators[J]. Int J Robot Res,1986,5(2):52-65.

[37] JO D Y,HAUG E J. Workspace analysis of closed loop mechanisms with unilateral constraints[C] // in Proc. ASME Design Auto. Conf. ,Montreal,1989,9(17-12):

53-60.

[38] HAUG E J,WANG J Y,WU J K. Dexterous workspaces of manipulators:I. analytical criteria[J]. Mech of Struc s and Mach,1992,20(3):321-361.

[39] SEN D,SINGH B N. A geometric approach for determining inner and exterior boundaries of workspaces of planar manipulators[J]. Journal of Mechanical Design,2008, 130(2):22306.

[40] WANG J Y,WU J K. Dexterous workspaces of manipulators,Part 2:computational methods[J]. Mech of Struc and Mach,1993,21(4):471-506.

[41] SHU M,KOHLI D,DWIVEDI S H. Workspaces and Jacobian surfaces of regional structures of industrial robots[C]// in Proc. the 6th World Congress on Theory of Mach. and Mech. ,New Delhi,India,1986:988-993.

[42] LIPKIN H,POHL E. Enumeration of singular configurations for robotic manipulators[J]. ASME J Mechanical Design,1991(113):272-279.

[43] SHAMIR T. Remarks on some dynamical problems of controlling redundant manipulators[J]. IEEE Tran on Auto Control,1990,35(3):341-344.

[44] LAI Z C,YANG DCH. A new method for the singularity analysis of simple six-link manipulators[J]. Int J Robot Research,1986,5(2):66-74.

[45] TOURASSIS V D,ANG M H. Identification and analysis of robot manipulator singularities[J]. Int J Robot Research,1992(11):248-259.

[46] KWON S J,YOUNGIL YOUM,WAN K C. General Algorithm for Automatic Generation of the Workspace for n-link Redundant Manipulators[J]. IEEE Adv Robot, 1991(2):1722-1725.

[47] ABDEL MALEK K,YANG J Z. Workspace boundaries of serial manipulators using manifold stratification[J]. Int J Adv Manufacturing Technology,2006,28(11/12): 1211-1229.

[48] OTTAVIANO E, HUSTY M, CECCARELLI M. Identification of the workspace boundary of a general 3-R manipulator[J]. ASME J Mech Design, 2006 (128): 236-242.

[49] WANG Z F,JI S M,SUN J H,et al. A methodology for determining the reachable and dexterous workspace of parallel manipulators [C]// in Proc. IEEE Int. Conf. on Mech. and Auto,2007(1−5):2871-2876.

[50] YANG J Z,ABDEL M K,ZHANG Y Q. On the workspace boundary determination of serial manipulators with non-unilateral constraints[J]. Robot and Computer Integrated Manufacturing,2008,24(1):60-76.

[51] LU Y,SHI Y,HU B. Solving reachable workspace of some parallel manipulators by computer-aided design variation geometry[C]// in Proc. the Institution of Mech. Engineers part C-J. Mech. EngineeringScience,2008,222(9):1773-1781.

[52] WANG L Q,WU J R,TANG D D. Research on workspace of manipulator with com-

plicated constraints[C]// 7th World Congress on Intelligent Control and Automation,2008(1):995-999.

[53] YANG X,WANG H,ZHANG C,et al. A method for mapping the boundaries of collision-free reachable workspaces[J]. Mechanism and Machine Theory,2010,45(7):1024-1033.

[54] 徐文福,李立涛,梁斌,等. 空间 3R 机器人工作空间分析[J]. 宇航学报,2007,28(5):1389-1394.

[55] BERGAMASCHI P R,NOGUEIRA A C,DE FATIMA P S S. Design and optimization of 3R manipulators using the workspace features[J]. Applied Mathematics and Computation,2006,172(1):439-463.

[56] CECCARELLI M,LANNI C. A multi-objective optimum design of general 3R manipulators for prescribed workspace limits[J]. Mechanism and Machine Theory,2004,39(2):119-132.

[57] GOSSELIN C A J. The optimum kinematic design of a planar three degree-of-freedom parallel manipulator[J]. ASME Journal of Mechanisms,Transmissions,and Automation in Design,1988,110(1):35-41.

[58] GOSSELIN C,ANGELES J. A global performance index for the kinematic optimization of robotic manipulators[J]. Journal of Mechanical Design,1991,113(3):220-226.

[59] 郭希娟,耿清甲. 串联机器人加速度性能指标分析[J]. 机械工程学报,2008,44(9):56-60.

[60] 郭希娟. 机构性能指标理论与仿真[M]. 北京:科学出版社,2010.

[61] 石志新,罗玉峰. 机器人机构的全域性能指标分析[J]. 机器人,2005,27(5):38-40.

[62] 马香峰. 机器人机构学[M]. 北京:机械工业出版社,1991.

[63] CRAIG J J. Introduction to robotics - mechanics and control [J]. 2nd. Mechanics and Control,Addison-Wesley Publication Company,2010:388-423.

[64] LEE C S G,ZIEGLER M. Geometric approach in solving inverse kinematics of PUMA robots[J]. IEEE Transactions on Aerospace and Electronic Systems,1984(6):695-706.

[65] ASFOUR T,DILLMANN R. Human-like motion of a humanoid robot arm based on a closed-form solution of the inverse kinematics problem[C]. IEEE/RSJ International Conference on Intelligent Robots and Systems,2003(2):1407-1412.

[66] PEIPER D L. The kinematics of manipulators under computer control[R]. Stanford Univ Calif Dept of Computer Science,1968:32-66.

[67] 田野,陈晓鹏,贾东永,等. 仿人机器人轻型高刚性手臂设计及运动学分析[J]. 机器人,2011,33(3):332-339.

[68] 毕诸明,蔡鹤皋. 六自由度操作手的逆运动学问题[J]. 机器人,1994,16(2):92-97.

[69] 董明晓,周以齐. PUMA 机器人逆运动学求解新方法[J]. 组合机床与自动化加工技术,2000(10):19-21.

［70］姜宏超,刘士荣,张波涛. 六自由度模块化机械臂的逆运动学分析［J］. 浙江大学学报（工学版）,2010(7):1348-1354.

［71］ALI M A,PARK H A,LEE C S G. Closed-form inverse kinematic joint solution for humanoid robots［C］. IEEE/RSJ International Conference on Intelligent Robots and Systems,2010:704-709.

［72］KALLMANN M. Analytical inverse kinematics with body posture control［J］. Computer Animation and Virtual Worlds,2008,19(2):79-91.

［73］DUFFY J. Analysis of mechanisms and robot manipulators［M］. London:Edward Arnold,1980.

［74］GOLDENBERG A A,BENHABIB B,FENTON R G. A complete generalized solution to the inverse kinematics of robots［J］. IEEE Journal of Robotics and Automation,1985,1(1):14-20.

［75］ANGELES J. On the numerical solution for the inverse kinematics problem［J］. International Journal of Robotics Research,1985,4(2):21-37.

［76］DAMAS B,SANTOS VICTOR J. An online algorithm for simultaneously learning forward and inverse kinematics［C］. IEEE/RSJ International Conference on Intelligent Robots and Systems,2012:1499-1506.

［77］AYUSAWA K,NAKAMURA Y. Fast inverse kinematics algorithm for large DOF system with decomposed gradient computation based on recursive formulation of equilibrium［C］. IEEE/RSJ International Conference on Intelligent Robots and Systems,2012:3447-3452.

［78］RAGHAVAN M,ROTH B. Kinematic analysis of the 6R manipulator of general geometry［C］. The fifth International Symposium of Robotics Research,1990:568-574.

［79］MANOCHA D,CANNY J F. Efficient inverse kinematics for general 6R manipulators［J］. IEEE Transactions on Robotics and Automation,1994,10(5):648-657.

［80］KANOUN O,LAMIRAUX F,WIEBER P B. Kinematic control of redundant manipulators:generalizing thetask-priority framework to inequality task［J］. IEEE Transactions on Robotics,2011,27(4):785-792.

［81］CHEN C,JACKSON D. Parameterization and evaluation of robotic orientation workspace:a geometric treatment［J］. IEEE Transactions on Robotics, 2011, 27 (4): 656-663.

［82］LENAR I J. An efficient numerical approach for calculating the inverse kinematics for robot manipulators［J］. Robotics,1985.

［83］XIA Y,WANG J. A dual neural network for kinematic control of redundant robot manipulators［J］. IEEE Transactions on Systems,Man,and Cybernetics,Part B:Cybernetics,2001,31(1):147-154.

［84］印峰,王耀南,魏书宁. 基于类电磁和改进 DFP 算法的机械手逆运动学计算［J］. 自动化学报,2011,37(1):74-82.

［85］NEARCHOU A C. Solving the inverse kinematics problem of redundant robots operating in complex environments via a modified genetic algorithm［J］. Mechanism and Machine Theory,1998,32(3):273-292.

［86］马化一,张艾群,张竺英. 一种基于优化算法的机械手运动学逆解［J］. 机器人,2001,23 (2):137-141

［87］TCHON K. On inverse kinematics of stationary and mobile manipulators［C］// 2001 Proceedings of the Second International Workshop on Robot Motion and Control. Location:Bukowy Dworek,Poland,2001:39-44.

［88］刘松国. 六自由度串联机器人运动优化与轨迹跟踪控制研究［D］. 杭州:浙江大 学,2009.

［89］KUCUK S,BINGUL Z. The inverse kinematics solutions of industrial robot manipulators［C］// Mechatronics,2004. ICM'04. Proceedings of the IEEE International Conference. Turkey:ISSN,2004:274-279.

［90］周东辉. 冗余度机器人机构学研究［D］. 北京:北京航空航天大学,1994.

［91］YOSHIKAWA T. Manipulability and redundancy control of robotic mechanisms［C］. IEEE International Conference on Robotics and Automation,1985(2):1004-1009.

［92］ZHANG X,YU Y Q. Motion control of flexible robot manipulators via optimizing redundant configurations［J］. Mechanism and Machine Theory,2001,36(7):883-892.

［93］XIANG J,ZHONG C,WEI W. General-weighted least-norm control for redundant manipulators［J］. IEEE Transactions on Robotics,2010,26(4):660-669.

［94］CHAN T F,DUBEY R V. A weighted least-norm solution based scheme for avoiding joint limits for redundant joint manipulators［J］,EEEE Transactions on Robotics and Automation,1995,11(2):286-292.

［95］BAERLOCHER P,BOULIC R. Task-priority formulations for the kinematic control of highly redundant articulated structures［C］. IEEE/RSJ International Conference on Intelligent Robots and Systems,1998:323-329.

［96］BAILLIEUL J,HOLLERBACH J,BROCKETT R. Programming and control of kinematically redundant manipulators［C］,IEEE International Conference on Decision and Control,1984(23):768-774.

［97］MACIEJEWSKI A A,KLEIN C A. Obstacle avoidance for kinematically redundant manipulators in dynamically varying environments［J］. International Journal of Robotics Research,1985,4(3):109-117.

［98］BAILLIEUL J. Avoiding obstacles and resolving kinematic redundancy［C］. EEEE International Conference on Robotics and Automation,1986(3):1698-1704.

［99］KHATIB O. Real-time obstacle avoidance for manipulators and mobile robots［J］. International Journal of Robotics Research,1986,5(1):90-98.

［100］ZHANG Y,WANG J. Obstacle avoidance for kinematically redundant manipulators using a dual neural network［J］. IEEE Transactions on Systems,Man,and Cybernetics,Part B:Cybernetics,2004,34(1):752-759.

[101] KIM J,MARANI G,CHUNG W K,et al. A general singularity avoidance framework for robot manipulators:task reconstruction method[C]//IEEE International Conference on Robotics and Automation,2004(5):4809-4814.

[102] MARANI G,KIM J,YUH J,et al. A real-time approach for singularity avoidance in resolved motion rate control of robotic manipulators[C]. //IEEE International Conference on Robotics and Automation,2002(2):1973-1978.

[103] MAYORGA R V,WONG A K C. A singularities avoidance method for the trajectory planning of redundant and nonredundant robot manipulators[C]. //IEEE International Conference on Robotics and Automation,1987(4):1707-1712.

[104] ZORJAN M,HUGEL V. Generalized humanoid leg inverse kinematics to deal with singularities[C]//IEEE International Conference on Robotics and Automation, 2013:4791-4796.

[105] VUKOBRATOVIC M,KIRCANSKI M. A dynamic approach to nominal trajectory synthesis for redundantmanipulators[J]. IEEE Transactions on Systems,Man,and Cybernetics,1984(4):580-586.

[106] SUH K,HOLLERBACH J M. Local versus global torque optimization of redundant manipulators[C]//IEEE International Conference on Robotics and Automation, 1987(4):619-624.

[107] LUCK C L,SUKHAN LEE. Self-motion topology for redundant manipulators with joint limits[C]//Proc of IEEE Conf On Rob and Auto,1993:626-631.

[108] 赵建文,杜志江,孙立宁. 7自由度冗余手臂的自运动流形[J]. 机械工程学报,2007,43(9):132-37.

[109] 陆震. 冗余自由度机器人原理及应用[M]. 北京:机械工业出版社,2007.

[110] LIEGEOIS A. Automatic Supervisory Control of the Configuration and Behavior of Multibody Mechanisms[J]//IEEE Transactions on Systems,Man and Cybernetics, 1977(12):868-871.

[111] CHAN T F,DUBEY R V. A weighted least-norm solution based scheme for avoiding joint limits for redundant manipulators[J]. IEEE International Conference on Robotics and Automation,1993. Proceedings. ,1993(3):395-402.

[112] BAILLIEUL J. Kinematic Programming Alternatives for Redundant Manipulators[C]//Proceedings of IEEE International Conference on Robotics and Automation, Boston,MA,USA,1985.

[113] YOSHIKAWA T. Manipulability of robotics mechanism[J]. Inter J of Robotics Research,1985,4(2):3-9.

[114] DUBEY R V,EULER J A,BABCOCK S M. An efficient gradient projection optimization scheme for a seven-degree-of-freedom redundant robot with spherical wrist[J]. Proceedings 1988 IEEE International Conference on Robotics and Automation,

Volume 1,IEEE Catalog No. 88CH2555-1,Computer Soc,1988(1):28-36.

[115] 李鲁亚.冗余自由度机器人控制研究[D].北京:北京航空航天大学,1994.

[116] HOLLERBACH J M,SUH K C. Redundancy resolution of manipulator through torque optimization[J]. IEEE Journal of Robotics and Automation 1987,3(4):308-316.

[117] KAZEROUNIAN K,NEDUNGADI A. An alternative method for minimization of the driving forces in redundant manipulators[A]. Proceedings of IEEE International Conference on Robotics and Automation[C]. 1987:1701-1706.

[118] JONGHOON PARK,CHUNG W K,YOUM Y. Behaviors of extended jacobian method for kinematic resolutions of redundancy[J]. IEEE,1994:89-95.

[119] CHARLES A K,CAROLINE CHU-JENG,SHAMIM AHMED. A new formulation of the extended jacobian method and its use in mapping algorithmic singularities for kinematically redundant manipulators[J]. IEEE Transactions on Robotics and Automation,1995,11(1):50-55.

[120] TAN FUNG CHAN, RAJIV V, DUBEY A. Weighted least-norm solution based scheme for avoiding joint limits for redundant joint manipulators[J]. IEEE Transactions on Robotics and Automation,1995,11(2):286-292.

[121] 祖迪,吴镇炜,谈大龙. 一种冗余机器人逆运动学求解的有效方法[J]. 机械工程学报, 2005,41(6):71-75.

[122] 潘博,付宜利,杨宗鹏,等.面向冗余机器人实时控制的逆运动学求解有效方法[J].控制与决策,2009,24(2):176-180.

[123] SUNG Y W. A constrained optimization approach to resolving manipulator redundancy[J]. Journal of Robotic Systems,1996,13(5):275-288.

[124] LEE S,BEJCZY A K. Redundant arm kinematic control based on parameterization [C]. IEEE International Conference on Robotics and Automation,1991:458-465.

[125] BADLER N I,TOLANI D. Real-time inverse kinematics of the human arm[J]:Center for Human Modeling and Simulation,1996(73):392-401.

[126] KREUTZ-DELGADO K, LONG M, SERAJI H. Kinematic analysis of 7-DOF manipulators[J]. The International Journal of Robotics Research. 1992,11(5):469-481.

[127] SHIMIZU M,KAKUYA H,YOON W K,et al. Analytical inverse kinematic computation for 7-dof redundant manipulators with joint limits and its application to redundancy resolution[J]. IEEE Transactions on Robotics,2008,24(5):1131-1142.

[128] SINGH G K,CLAASSENS J. An analytical solution for the inverse kinematics of a redundant 7DoF manipulator with link offsets[C]//IEEE/RSJ International Conference on Intelligent Robots and Systems,2010:2976-2982.

[129] 崔泽,潘宏伟,韩增军.仿人7自由度机械臂位置层面轨迹规划研究[J].机械制造, 2012,50(9).

[130] 马博军,方勇纯,张雪波.具有冗余自由度的移动操作臂逆运动学分析[J].控制工程, 2008,15(5):614-618.

[131] 马华栋,徐志农,杨辰龙,等.冗余自由度超声检测机器人的逆运动学分析[J].控制工程,2012,19(3):490-493.

[132] MITCHELL M. An Introduction to genetic algorithms[J]. An Introduction to Genetic Algorithms,1998,24(4-5):325-336.

[133] JOEY K,PARKER,DAVID E,et al. Inverse kinematics of redundant robot[M]. John Wileg & Sons,Inc. ,1989.

[134] 刘永超,黄玉美,王效岳,等.基于遗传算法的柔型多功能机运动学逆解[J].西安理工大学学报,1999,15(1):101- 105

[135] 蔡锦达,李郝林.基于生物遗传学的机器人位姿控制方法[J].应用科学学报,1999,17(2):216- 220

[136] 李明林,陈乐生.一种用于机械手控制的遗传算法[J].福州大学学报,2003,31(3):308-311

[137] 王立权,张铭钧,袁正友,等.基于遗传算法的机械手运动学逆问题求解方法[J].哈尔滨工程大学学报,1998,19(6):10 16.

[138] 金媛媛.机器人逆运动学的模拟退火自适应遗传算法研究[D].重庆:重庆大学,2007.

[139] 周骥平,朱兴龙,陶晔,等.基于小生境遗传算法的机械臂运动学逆解[J].扬州大学学报(自然科学版),2004,7(1):28-31.

[140] JOEY K P. Inverse Kinematics of Redundant Robots Using Genetic Algorithms [C]//Proceedings of IEEE International Conference on Robotics and Automation, Scottsdale,AZ,1989.

[141] 赵爽,李立,白瑞松.基于量子遗传算法的超冗余度机器人逆解优化[J].机械传动,2013(11):85-88.

[142] 李士勇,李盼池.量子计算与量子优化算法[M].哈尔滨:哈尔滨工业大学出版社,2009.

[143] CHIRIKJIAN G S,BURDICK J W. A modal approach to hyper-redundant manipulator kinematics[J]. IEEE Transactions on Robotics and Automation,1994,10(3):343-354.

[144] 艾跃.基于差分演化的冗余自由度机器人多目标性能准则优化[D].哈尔滨:哈尔滨理工大学,2011.

[145] MITCHELL M. An introduction to genetic algorithms[J]. An Introduction to Genetic Algorithms,1998,24(4/5):325-336.

[146] The MathWorks,Inc. Genetic algorithm and direct search toolbox user's guide[R]. Version 2,2006.

[147] 贺京杰,汪苏.摄影机器人发展现状和分析[J].现代电影技术,2015(6):45-48.

[148] METRONOR. Metronor 使用手册[R]. Metronor AS 2015.

[149] PAUL R P. Robot manipulators:mathematics,programming,and control[M]. Cam-

bridge：MIT Press，1982.

［150］姜柏森.一种变几何桁架机器人运动学建模及轨迹规划算法［D］.上海：上海交通大
学，2015.

［151］崔泽，张世兴，崔玉乾.冗余度机器人运动轨迹规划问题的仿真研究［J］.计算机仿真，
2016(3)：268-273.

［152］ATAWNIH A，PAPAGEORGIOU D，DOULGERI Z. Kinematic control of redun-
dant robots with guaranteed joint limit avoidance［J］. Robotics and Autonomous
Systems，2016(79)：122-131.

［153］STÖGER C，GATTRINGER H，MAYR J. Possibilities and challenges in kinematic
modeling of highly redundant，non-holonomic and omnidirectional mobile robots［J］.
Pamm，2014，14(1)：83-84.